Alois Raimund Hein

Die bildenden Künste bei den Dayaks auf Borneo

Ein Beitrag zur allgemeinen Kunstgeschichte

Alois Raimund Hein

Die bildenden Künste bei den Dayaks auf Borneo
Ein Beitrag zur allgemeinen Kunstgeschichte

ISBN/EAN: 9783743629462

Hergestellt in Europa, USA, Kanada, Australien, Japan

Cover: Foto ©ninafisch / pixelio.de

Weitere Bücher finden Sie auf **www.hansebooks.com**

TODTENHAUS DES RADJA SINEN.

DIE
BILDENDEN KÜNSTE
BEI DEN
DAYAKS AUF BORNEO.

EIN BEITRAG ZUR ALLGEMEINEN KUNSTGESCHICHTE.

VON

ALOIS RAIMUND HEIN
K. K. PROFESSOR UND AKADEMISCHER MALER

MIT EINEM TITELBILDE, ZEHN TAFELN, NEUNZIG TEXT-ILLUSTRATIONEN
UND EINER KARTE.

WIEN, 1890.
ALFRED HÖLDER
K. U. K. HOF- UND UNIVERSITÄTS-BUCHHÄNDLER
I, ROTHENTHURMSTRASSE 15.

ALLE RECHTE VORBEHALTEN.

Druck von ADOLF HOLZHAUSEN in Wien.

DIE

BILDENDEN KÜNSTE

BEI DEN

DAYAKS AUF BORNEO.

»Für das Studium der Geschichte schriftloser Völker bilden die ethnologischen Museen selbst die Texte, weil von ihnen die einzigen der über sie zugänglichen Documente vereinigend, besonders in der Ornamentik, als symbolische Vorstufe der Schrift.«

Bastian, Allgemeine Grundzüge der Ethnologie.

INHALTS-UEBERSICHT.

	Seite
Vorbemerkung	IX
Einleitung	1

Die künstlerische Begabung der Naturvölker. — Geschichtlicher Rückblick. — Dayakstämme.

Baukunst 9

Anlage der Kampongs. — Schädelhäuser. — Todtenhallen. — Opferhäuschen.

Plastik 21

Religiöser Charakter derselben. — Die Mythologie der Dayaks. — Hampatongs. — Thierbilder. — Das »knjalan«. — Masken. — Verzierte Menschenschädel. — Modellirungen.

Malerei 39

Das Bemalen von Gebrauchsgegenständen. — Ostasiatische Gesichtsmasken und Fratzenbilder. — Die Rākschasas. — Der chinesische Drache. — Die Tigermasken auf den Schilden der Chinesen. — Die Dämonenschilde der Dayaks und To ri adjas.

Technische Künste 87

Textilarbeiten. — Gewebe. — Geflechte. — Arbeiten in Holz, Bambu, Horn und Bein. — Metallarbeiten. — Thonarbeiten.

Tätowiren 141

Tätowirwerkzeuge. — Tätowirpatronen.

Schlusswort 151

Allgemeine Betrachtungen über die künstlerischen Hervorbringungen der Dayaks. — Araber, Hindus und Chinesen auf Borneo. — Die Malayen. — Die Dayakfrauen und ihr Antheil an der Kunst.

Nachtrag 169

Erklärung der Tafeln 173
Tabellarische Uebersicht des Inhaltes der Tafeln 178
Zusammenstellung der Ornamente, welche auf Objecten vereinigt vorkommen 179
Tabellarische Uebersicht der auf die Tafeln bezüglichen Textstellen . . . 180
Verzeichniss der Museen 182
Quellen-Index 183
Index 186

VORBEMERKUNG.

Die vorliegende Arbeit fusst halb auf ethnologischem und halb auf kunstwissenschaftlichem Boden. Nothwendigerweise muss die Zwiespältigkeit einer zu bewältigenden Aufgabe deren Lösung erschweren. Darin liegt vielleicht auch eine Erklärung des Umstandes, dass der hier gewagte Versuch ohne Vorläufer dasteht. Die nachfolgenden Betrachtungen — den Kunstleistungen der aboriginen Bevölkerung Borneos gewidmet — behandeln einen Gegenstand, der, wenngleich von einsichtsvollen Reisenden nicht vollkommen unbeachtet gelassen, doch bis jetzt einer gesonderten und eingehenden Würdigung nicht unterzogen worden ist. Was ich darüber im Vorliegenden zu bieten vermag, ist allerdings auch nur ein Bruchtheil. Die Objecte, nach denen ich die meinen Schlussfolgerungen zu Grunde liegenden Ornamente aufgenommen habe, befinden sich der Mehrheit nach in der ethnographischen Sammlung des k. k. naturhistorischen Hofmuseums in Wien.

Diese Collection enthält, was Borneo betrifft, zu ihrem grössten und weitaus wichtigsten Theile nur Gegenstände, welche in einem bestimmten, verhältnissmässig eng begrenzten Landstriche erworben wurden, da sich ausser der reichen, mit seltener Gründlichkeit und Sachkenntniss zusammengestellten Sammlung, die wir den eifrigen und erfolgreichen Bemühungen des Herrn Dr. Felix Isidor Bacz verdanken, nur vereinzelte und nicht immer vollkommen genau bestimmbare Objecte verschiedenartiger Provenienz in unserem Besitze befinden. Dr. Bacz, welcher als Militärarzt auf Borneo viele Expeditionen zu Wasser und zu Lande mitmachte und häufig in die Lage kam, innerhalb eines bestimmten Districtes seinen Wohnsitz zu wechseln, sammelte bei diesen Gelegenheiten, sowie während der zahlreichen Dienstreisen, die ihn in die einzelnen Landschaften seines Rayons führten, in den Ländereien des Kapuasstromes und seiner Nebenflüsse jene Gegenstände, welche gegenwärtig den Grundstock der Dayaksammlung des Wiener Museums bilden. Manche für den Transport zu umfangreiche oder schwer zu beschaffende Objecte, so namentlich die Modelle von Booten, Häusern u. dgl., liess er auch in seinem Hause zu Nangya-Badau von Batang-lupar-Dayaks anfertigen und konnte bei der Auswahl der Arbeitskräfte umsomehr völlig frei und unbehindert verfahren, als eigentliche »Handwerker, welche sich ausschliesslich mit der Anfertigung des einen oder des andern Gegenstandes befassen, nicht gefunden werden«, und jeder Eingeborne vielmehr alles zu seinem Haushalte Nöthige selbst zu machen pflegt.

Von den 134 Ornamenten, welche ich — nach später zu besprechenden Gesichtspunkten — in 10 Tafeln zusammengestellt habe, stammen 9 von Gegenständen aus der 1877 acquirirten Verlassenschaft des Hofrathes Heuglin, 2 aus dem Nachlasse des Zuckerfabrikanten Richter in Königssaal, 2 von der Weltumseglung der Fregatte »Novara«, 4 von dem praktischen Arzte Dr. Leo Moskovics in Batavia, 5 von dem niederländischen Hauptmanne Herrn Louis von Ende, 3 von Dr. Czurda, 2 von Freiherrn von Jacquin, 2 aus der Collection Schilling und 105 von Objecten, welche Dr. Bacz gesammelt hat. Da nun, wie aus dieser Zusammenstellung ersichtlich ist, die überwiegende Mehrheit der hier reproducirten Ornamente den Dayaks des Kapuasstromes angehört, so erklärt es sich von selbst, dass diese Abhandlung vornehmlich der bildenden Kunst der Bewohner dieses Gebietes von Borneo gewidmet ist, weil allgemeine Schlüsse bei der oft grossen Verschiedenheit der einzelnen Stämme und bei der, gerade was diesen Punkt anbelangt, bedauerlicherweise sehr lückenhaften Literatur nach manchen Richtungen unzulässig erscheinen dürften.

Dessenungeachtet war ich eifrig bemüht, die vorhandenen Schriftquellen auch mit Bezug auf die übrigen Districte der Insel so vollständig, als mir dies möglich war, heranzuziehen und die gewonnenen spärlichen Daten an den entsprechenden Stellen des Textes anzuführen. Was die Darstellung der Ornamente betrifft, so muss ich, um allen Missverständnissen von vorneherein zu begegnen, hervorheben, dass es mir bei der Wiedergabe der Formen und Reihungen vor allen Dingen um das möglichst richtige und vorurtheilslose Erfassen des der Decoration zu Grunde liegenden Gedankens zu thun war. Wenn also in rhythmischen Reihen oder in bei den Dayaks allerdings auffallend selten vorkommenden Dessins ein und dasselbe Grundmotiv bei öfterer Wiederholung leichte, durch die Mängel der technischen Herstellung, durch Unvollkommenheit der Werkzeuge, durch Zufälligkeiten oder durch offenbare Launenhaltigkeit des schrankenlos sich selbst überlassenen Ornamentisten hervorgerufene Varianten aufweist, dann wurde von mir immer nach längerer Ueberlegung diejenige Form gleichsam als Typus des von dem Erfinder zweifellos beabsichtigten Ornamentmotivs zur Nachbildung ausgewählt, welche nach meinem Dafürhalten den vorerwähnten ornamentalen Gedanken in möglichster Unzweideutigkeit, Schärfe und Eigenartigkeit ausspricht. Ich glaubte zu einem solchen Verfahren um so eher berechtigt zu sein, als der Hauptzweck meiner Arbeit die Untersuchung und Feststellung des in den künstlerischen Arbeiten der Dayaks sich äussernden Decorationsprincipes ist, eine Untersuchung, die durch das penible, den freien Ueberblick versperrende Hereinziehen der tausend kleinen Zufälligkeiten an Klarheit und Bestimmtheit nothwendig verlieren müsste, ohne darum der Wahrheit näher zu kommen.

Wenn — wie dies in so origineller Weise in den Formen auf Tafel II, Nr. 8, und auf Tafel VII, Nr. 10, hervortritt, worauf übrigens später noch einmal ausführlicher zurückzukommen sein wird — die freischaffende Phantasie des nur für sich arbeitenden und daher nur vor seinem eigenen Geschmacke verantwortlichen Künstlers entweder durch zufällig aus der Eilfertigkeit der Arbeit, aus plötzlich eingetretenem Ueberdrusse oder durch absichtliches Stilisiren (welche Absicht in solchem Falle erst während der Arbeit, während des Componirens entstanden sein konnte) sich ergebende ganz neue und von den am Beginne einer und derselben Reihe stehenden Formen völlig verschiedene Bildungen aufweist, so wurden diese, wie in dem angeführten Falle, als neues selbstständiges Ornament, das es ja von diesem Augenblicke an auch ist, aufgefasst und getrennt behandelt. Die in den Tafeln enthaltenen Ornamente sind also keine sclavisch mit photographischer Treue dargestellten Zeichnungen, was namentlich bei den geometrischen Ornamenten schon darum nicht gut der Fall sein konnte, als die Dayaks nicht nur ohne die Behelfe und technischen Apparate, welche die Wissenschaft dem Europäer an die Hand gibt, ihre Conceptionen gemacht haben, sondern auch durch die Herstellung vieler der geflochtenen Objecte aus Rottan, Bambustreifen etc. gezwungen waren, Kreise und andere einfache, continuirliche Liniamente durch in vielen kleinen Stufen abgetreppte Curven zu ersetzen, deren Nachahmung die vorliegende Arbeit in ihrem Kernpunkte nicht gefördert hätte.

Trotzdem habe ich innerhalb dieser selbstgeschaffenen Einschränkungen stets versucht, soweit europäische Augen das vorurtheilslose Erfassen asiatischer Decorationsmotive verstatten, dem Charakter der Originale mit aller Treue nach Kräften gerecht zu werden.

Ich fühle mich gedrängt, an dieser Stelle den Directionen des k. k. naturhistorischen Hofmuseums, des k. k. Handelsmuseums zu Wien und des Museums für Völkerkunde zu Berlin für die mir in liberalster Weise ertheilte Erlaubniss zur Benützung der in den genannten Sammlungen enthaltenen Objecte meinen besten Dank auszusprechen.

Durch briefliche oder mündliche Mittheilungen, durch Uebersendung von Zeichnungen und durch beachtenswerthe Rathschläge förderten meine Arbeiten die Herren Dr. Felix Isidor Bacz in Wien, A. Werumeus Buning, Director des ethnographischen Museums in Rotterdam, Dr. A. Dedekind, Conservator am k. k. Handelsmuseum in Wien, F. Grabowsky in Marggrabowa (Ostpreussen), Dr. A. Grünwedel, Directorial-Assistent am Museum für Völkerkunde in Berlin, E. Guimet, Director des Musée Guimet in Paris, Josef R. v. Haas, österreichischer Consul in Schanghai, Dr. Bernhard Hagen in Deli auf Sumatra, Franz Heger, Custos am k. k. naturhistorischen Hofmuseum in Wien, Dr. F. Hirth in Berlin, C. W. Lüders, Vorstand des Museums für Völkerkunde in Hamburg, Hofrath A. B. Meyer, Director des ethnographischen Museums in Dresden, Dr. Eugen Oberhummer, Privatdocent in München, Dr. Hermann Obst, Vorstand des Museums für Völkerkunde in Leipzig, C. M. Pleyte Wzn., Conservator am ethnographischen Museum in Amsterdam, Dr. Karel Plischke in Pilsen, E. Regalia, Assistent am ethnographischen Museum in Florenz, Dr. Fritz Regel, Vorstand des ethnographischen Museums in Jena, A. v. Scala, Director des k. k. Handelsmuseums in Wien, Dr. H. Schauinsland, Director der naturwissenschaftlichen Sammlungen in Bremen, Dr. Gustav Schlegel, Professor in Leiden, J. D. E. Schmeltz, Conservator am Reichsmuseum in Leiden, Dr. A. Schreiber, Director des Museums der Rheinischen Mission in Barmen, Dr. Robert Sieger in Berlin, J. Spanjaard, Director der indischen Schule in Delft, Justizrath C. L. Steinhauer in Kopenhagen und Johann v. Xántus, Custos am

Nationalmuseum in Budapest, welchen ich für ihre schätzenswerthe Unterstützung sehr verpflichtet bin.

Die Correctur des ganzen Werkes und die Zusammenstellung des Index hat mein Bruder Dr. Wilhelm Hein besorgt; um die sorgfältige Ausführung der Platten, welche mit Ausnahme der von den Herren W. A. Meyn in Berlin, C. M. Pleyte Wzn. in Amsterdam, Dr. Fritz Regel in Jena und Willem Tomassen in Leiden gezeichneten Schilde, sowie des Schildes aus Hamburg, welchen Herr C. W. Lüders photographiren liess, nach meinen eigenen Aufnahmen angefertigt wurden, hat sich die Firma Reisser & Werthner in Wien verdient gemacht; in Bezug auf Ausstattung und Druck hat die Firma Holzhausen ihren bewährten Ruf gerechtfertigt und die mancherlei Schwierigkeiten des Satzes, welcher wegen eines in den Annalen des k. k. naturhistorischen Hofmuseums in Wien erschienenen theilweisen Separatabdruckes dieser Abhandlung bedeutenden Umänderungen unterzogen werden musste, leicht und sicher überwunden.

Während des Druckes kam mir ein Schreiben von Herrn Dr. Hjalmar Stolpe in Stockholm zu, aus welchem ich entnehme, dass dieser Gelehrte auf seiner Reise durch Europa in den Jahren 1880 und 1881 ebenfalls Materialien zu einem dem vorliegenden ähnlichen Werke sammelte, bis jetzt aber eine Publication desselben nicht veranstaltete. Ich fühle mich in der Würdigung verwandter Bestrebungen verpflichtet, meine Leser von dieser Thatsache in Kenntniss zu setzen, indem ich gleichzeitig meiner Befriedigung darüber Ausdruck verleihe, dass die von mir in Angriff genommenen Fragen in der richtigen Erkenntniss von deren hoher Bedeutung auch von anderer Seite aufgefasst wurden.

Möge diese Abhandlung als ein bescheidener Beitrag zur allgemeinen Kunstgeschichte betrachtet werden und jene nachsichtige Aufnahme finden, die ein in mancher Beziehung erster Versuch für sich in Anspruch zu nehmen gezwungen ist.

Wien, im Juli 1889.

Der Verfasser.

EINLEITUNG.

EINLEITUNG.

Die Regungen des ästhetischen Gefühls und die dadurch bedingten und daraus hervorgehenden künstlerischen Leistungen der Naturvölker sind von der Kunstwissenschaft bis jetzt nur wenig oder gar nicht beachtet worden. Noch geringeren Umfanges und noch unbestimmterer Art als die äusserst lückenhaften Kenntnisse, welche uns die sogenannte Universalgeschichte über viele zweifellos grossartige sociale und politische Umwälzungen vermittelt, die sich in früheren Jahrhunderten auf aussereuropäischem Boden abgespielt haben mussten, sind die unklaren Vorstellungen, die wir über die geschichtliche Entwicklung des künstlerischen Bildungsganges jener Völker besitzen, welche, der Interessensphäre der europäischen Staaten bis zum Anbruche der Neuzeit vollständig entrückt, ihre ausserhalb aller Beobachtung liegende Culturausgestaltung sich selbst unbewusst durchlebten, ohne andere Zeugen dafür zu hinterlassen als schwankende Traditionen und die leider oft sehr vergänglichen Producte ihrer Schaffensfreude. Da, wie aus dem nachweislichen Vorkommen verschiedener ornamentaler Urmotive bei Völkern aller Erdtheile und Zonen und aus vielen sich bis zu vollkommenster Identität steigernden Uebereinstimmungen, die auf gegenseitige Entlehnung oder auf Vorbildlichkeit schon wegen unüberbrückbarer räumlicher Getrenntheit nicht zurückgeführt werden können, Anlage und Fortschritt in der Entwicklung der Völkerpsyche auf allen Punkten der Erde überraschende Parallelen aufweisen, so wäre aus der genaueren Kenntniss und Analyse der elementaren Kunstanfänge, wie sie uns bei den Naturvölkern heute noch begegnen, ein Calcül für den ursprünglichen Werth und Gehalt unserer eigenen frühesten Kunstübung mit ziemlicher Wahrscheinlichkeit abzuleiten.[1])

Freude an künstlerischer Bethätigung, bedeutendes Darstellungstalent, feine Naturbeobachtung und empfindungsvolles Verständniss für wohlabgewogene Verhältnisse finden sich bei Naturvölkern selbst auf vergleichsweise tiefen Culturstufen ungemein häufig.

Die künstlerische Begabung, allerdings je nach den einzelnen Rassen sehr verschieden und selbst bei einer und derselben Rasse in Bezug auf Stämme und — wie dies ja auch

---

[1]) »Im Verhältniss zu geschichtlichen Schöpfungen, welche uns (in den Culturvölkern) die Physiologie ethnischer Organismen in lebenskräftig gewonnener Abgeschlossenheit vorführen, bieten die Beobachtungen bei den Naturstämmen (in der Ethnologie) den Einblick in embryologische Vorstufen der Entwicklung, um so auf einen Anfang zurückzugehen, der sonst (historischer Weise) nicht zu gewinnen wäre.« Bastian, Indonesien. Berlin 1883, Bd. II, p. XXV.

bei uns der Fall ist — in Bezug auf das specielle Talent vereinzelter Individuen innerhalb eines gewissen Umfanges sehr auseinandergehend, scheint von dem Civilisationsgrade eines Volkes im Allgemeinen ziemlich unabhängig zu sein. Der Anreiz zu irgend einer Art bildnerischer Bethätigung liegt als einer der sich am frühesten entwickelnden Keime unveräusserlich in der menschlichen Natur, und wie das Kind den Zeichenstift unter allen seinen Spielsachen mit Vorliebe immer und immer wieder heraussucht, so sehen wir auch die Völker in den Kindheitsstadien ihrer Entwicklung mit den Versuchen bildlicher Darstellung die ersten Spuren beginnender Cultur bethätigen und solchergestalt durch andauernde Uebung auf diesen Gebieten eine relativ hohe Stufe der Ausbildung erreichen, die häufig genug mit ihren sonstigen Leistungen in fast unvereinbarem Gegensatze sich befindet. So erzählt Wallace[1]) von den Papuas von Dorch auf Neu-Guinea, dass sie grosse Holzschnitzer und Maler seien, wovon die Aussenseiten ihrer figurenbedeckten Häuser, ihre mit durchbrochener Arbeit geschmückten Bootsschnäbel und ihre von geschmackvollem und elegantem Schnitzwerk bedeckten Töpferschlägel und Tabaksdosen Zeugniss ablegen, und fügt hinzu, es sei seltsam, dass ein beginnender Kunstsinn mit einer so niedrigen Stufe der Civilisation zusammengehen könne. »Würden wir es nicht schon wissen, dass ein solcher Geschmack und solche Geschicklichkeit mit der äussersten Barbarei vereinbar sind, so würden wir es kaum glauben, dass dasselbe Volk in anderen Dingen allen Sinn für Ordnung, Bequemlichkeit und Wohlanstand gänzlich entbehrt. — Sie wohnen in den miserabelsten, gebrechlichsten und schmutzigsten Schuppen, welche durchaus von Allem entblösst sind, was Geräth genannt werden könnte; nicht ein Stuhl oder eine Bank oder ein Gestell steht darin. — Und doch haben sie Alle eine ausgesprochene Liebe für die schönen Künste und verbringen ihre Musszeit damit, Arbeiten zu verfertigen, deren guter Geschmack und deren Zierlichkeit oft in unseren Zeichenschulen bewundert werden würden!« Was Wallace in diesen Worten von den Papuas sagt, das lässt sich mit ziemlicher Berechtigung von den meisten Naturvölkern behaupten. So wissen wir durch K. v. d. Steinen, dass die Suyá am Schingu in Brasilien, durch den französischen Marinearzt Jules Crevaux, dass die Oyampi an den Quellen des Oyapock (Französisch-Guyana), durch R. Brough Smyth, dass die schwarzen Eingebornen Australiens treffliche Zeichner sind, und dasselbe wird von Williams für die Fidschi-Insulaner, von Hamy für die Kanaken Neu-Caledoniens, von Zöller für die Bewohner der Loangoküste, von Fritsch und Hübner für die Buschmänner, von Düben für die Lappländer bestätigt, welche Beispiele sich noch beträchtlich vermehren liessen.[2]) Wenn sohin das Vergnügen an künstlerischen Darstellungen bei den meisten Naturvölkern wahrgenommen werden kann, so besteht doch ein beträchtlicher Unterschied in Bezug auf die technischen Mittel der decorativen Hervorbringungen und namentlich auf die Gegenstände, welche denselben zu Grunde liegen. Im Allgemeinen wird man die bildliche Wiedergabe von in der Natur beobachteten Erscheinungsformen, das zeichnerische Festhalten des Geschehenen als den in allen Zonen feststehenden

---

[1] Wallace, Malayischer Archipel. Deutsche Ausgabe, Braunschweig 1869, II, 300 und 301.
[2] R. Andree, Ethnographische Parallelen und Vergleiche, Leipzig 1889, II. Bd., p. 56 ff.

Uranfang aller künstlerischen Bildungen betrachten können. Doch herrscht fast allenthalben das Figürliche vor, indess die Pflanze und insbesondere die Landschaft nur eine untergeordnete Rolle spielen. Das gilt von den oben erwähnten Völkern, und dieselbe Erscheinung begegnet uns auf das Markanteste ausgebildet in der reich entwickelten Thierornamentik der alten Inka-Peruaner.[1]) Freilich hat die zu ungezählten Malen vorgenommene Wiederholung desselben figürlichen Gebildes, verbunden mit der Unzulänglichkeit der künstlerischen Darstellung, im Laufe der Zeit zu schematischen, von dem ursprünglichen lebendigen Vorbilde sich immer mehr und mehr entfernenden, unveränderlich starren Stilformen geführt, in welchen das natürliche Leitmotiv nur schwer oder gar nicht wieder erkannt werden kann. Diese stilisirten Schemata, in jedem Falle das Ergebniss der künstlerischen Thätigkeit vieler Generationen und die ausgereifte Frucht jahrhundertelangen Schaffens, erlangen sodann traditionelle Geltung und werden als gesicherter Formenschatz — ein unverlierbares Volkserbgut — ohne viel Ueberlegung und ohne das Streben nach weiterer Variation genau nach dem Muster der Vorfahren zur Decoration der einzelnen Gebrauchsgegenstände verwendet. Wenn die Vorliebe für figürliche Darstellungen mit Bezug auf die künstlerischen Leistungen der meisten Naturvölker als charakteristisch angesehen werden darf, so befinden sich die Völker des malayischen Archipels in diesem Betracht in einer bemerkenswerthen Ausnahmsstellung. Nicht nur dass diese Region sich durch einen Reichthum an decorativen Hervorbringungen auszeichnet, wie er sich in solcher Fülle und getragen von einem so sicheren ästhetischen Gefühl unter den Naturstämmen an keinem Orte der Erde wiederfindet; wir sehen hier auch das Vorwalten — den figürlichen Schmuck gänzlich in den Hintergrund drängender — rein ornamentaler Bildungen, deren bis zum vollendet Typischen abgeschliffene Formen den klärenden Einfluss eines tausendjährigen Umbildungsprocesses verrathen. Geometrische und pflanzliche Motive, zu prägnanten Stilformen entwickelt und von — zumeist schwer constatirbaren — Reminiscenzen an das Thierreich nur gelegentlich und flüchtig gestreift, sind hier zu einem in fester Gestaltung schönheitsvoll gegliederten Schema der Verzierungskunst entfaltet, das allen Phasen des gewerblichen Lebens in zutreffender Weise gerecht wird. Was hier mit Bezug auf die Bewohner des malayischen Archipels ganz allgemein in flüchtigen Worten angedeutet wurde, das gilt ganz besonders für das Volk der Dayaks, welches, seiner hervorragenden künstlerischen Begabung und der reichen Mannigfaltigkeit seiner decorativen Schöpfungen wegen unter allen Naturstämmen vielleicht einzig dastehend, eingehende Betrachtung fordert und verlohnt.

Es möchte nicht ohne Fug behauptet werden, jetzt schon eine Schilderung der dayakischen Kunst zu geben, sei verfrüht. Wenn Schilderung gleichbedeutend wäre mit Geschichte, dann müsste dieser Behauptung ohne Vorbehalt beigepflichtet werden; denn eine Geschichte dieses Capitels der Kunst des Orients ist nach dem heutigen Stande der Forschung unmöglich und wird vielleicht unmöglich bleiben für alle Zeiten. Aber um so dringender gestaltet sich eben dadurch die Forderung nach dem unbefangenen Schildern

---

[1] Reiss und Stübel, Das Todtenfeld von Ancon in Peru, Berlin 1880—1887 ff.

dessen, was uns erhalten, was uns gegenwärtig gegeben. Das erschreckend rasche Zurückweichen und Verschwinden eigenartiger Völkernaivetät vor dem Ansturme fremdländischer Cultur und die Wahrnehmung, dass die in unseren Museen aufgespeicherten Schätze trotz sorgfältigster Conservirung einem mitunter jähen Verderben entgegengehen, machen es zur Pflicht, die flüchtigen Erscheinungen wenigstens in der Beschreibung und im Bilde festzuhalten, so lange man ihrer noch habhaft werden kann. (Bastian.) Das Gewicht dieser Erwägung mag das Wagniss des vorliegenden bescheidenen Versuches rechtfertigen.

Wenn es überhaupt schwer wird, in die früheste Jugendzeit der Menschengeschichte hinabzusteigen, so gestaltet sich die Absicht eines solchen Beginnens vollkommen belanglos einem Volke gegenüber, das einer autochthonen Historiographie gänzlich entbehrt, und über welches auch die umwohnenden Culturvölker in früheren Jahrhunderten nur wenige und unzulängliche Aufzeichnungen bewahrt haben.

Da aber die Kunst bei jedem Volke kein ursprünglich Gegebenes, sondern ein allmälig Gewordenes darstellt, das sich aus der geistigen Anlage, aus der Natur des Landes, aus äusseren Verhältnissen und aus der unbewussten Aufnahme nachbarlicher Strömungen gesetzmässig entwickelt, so muss auf diese Bedingungen auch dort, wo sie sich nicht durch den geschichtlichen Nachweis ergeben, in den Besonderheiten der künstlerischen Erscheinungsformen gefahndet werden. »Was blos zeitlichen und örtlichen Werth hat und was von Weltgiltigkeit ist, und wie in aller Mannigfaltigkeit doch gemeinsame Bildungsgesetze walten, das kann uns nur klar werden, wenn wir die einzelnen Erscheinungen im Lichte des Ganzen anschauen.«[1])

Die früheste Geschichte Borneos ist in undurchdringliches Dunkel gehüllt, so wie die fast aller Länder der Erde. »Er is zelfs geen land, waarvan men ook maar zou kunnen verzekeren, dat zijne tegenwoordige of eenige voorafgaande bekende bevolking de vroegste was. In de meeste gewesten vindt men overblijfselen of overleveringen van vroegere rassen, die de tegenwoordige bewoners als onderscheiden van hun eigen beschouwen.«[2]) Ob nun Borneo, gleich dem gesammten indischen Archipel, in den ältesten Zeiten von einem Negervolke afrikanischen Ursprunges bewohnt gewesen sei, was viele Schriftsteller (van Lijnden, Schwaner, Veth) aus der in vielen Punkten bestehenden Uebereinstimmung der Sitten und Gewohnheiten, der Gottesdienstbegriffe und selbst der Sprachen ableiten wollen, darüber wird wohl eine Gewissheit kaum jemals zu erlangen sein. Im Allgemeinen wäre es leichter zu sagen, was die Bewohner der Inseln des indischen Archipels nicht sind, als zu bestimmen, was sie sind. Scharf hervorstechende Züge verschiedener Art lassen keinen Zweifel darüber aufkommen, dass eine ziemlich klar ausgesprochene Verwandtschaft der Aboriginer Borneos nicht nur mit den Bewohnern der übrigen Inseln des Archipels, sondern auch mit den Eingebornen von China, Siam, Annam und Tibet, sowie mit den ältesten Russen von Hindostan besteht.

---

[1]) Moriz Carriere, Die Kunst im Zusammenhang der Culturentwicklung und die Ideale der Menschheit. Leipzig 1871, Bd. I, V.
[2]) Logan in Veth, Borneo's Wester-afdeeling, Zaltbommel 1854, Bd. I, 157.

So viel ist gewiss, dass in den späteren, uns besser bekannten Perioden der Geschichte dieser Inselwelt zahlreiche Colonien von Hindus eine bereits hochentwickelte Cultur vom Festlande herübergebracht haben, deren Spuren bis heute nicht völlig verwischt sind, und ebenso sicher ist es, dass zu allen Zeiten chinesische Glückssucher sich schaarenweise hier angesiedelt und die einheimische Bevölkerung in vielen Theilen des Landes fast verdrängt haben. Aber diese Urbevölkerung, im Allgemeinen allerdings unter dem Collectivnamen der Dayaks bekannt, zerfällt wieder in sehr viele, wesentlich von einander verschiedene Stämme, deren jeder in Bezug auf Sprache, Lebensweise, religiöse Vorstellungen und den Gesammtzustand der Cultur eine deutlich gesonderte Stellung einnimmt.[1] Schon der Name »Dayak«, dessen Ableitung, Bedeutung und Herkunft nicht genau ermittelt werden kann, ist eine Bezeichnung, welche die Eingebornen Borneos nicht selbst auf sich anwenden, und die (nach Perelaer) von den Europäern den Bewohnern dieses Landes ihres wackelnden Ganges wegen als Spottname beigelegt wurde. »Dajak is een verkorting van het woord dadajak, dat in de taal des lands beteekend: wankelend loopen.« In Hardeland's dayakisch-deutschem Wörterbuche ist »dadajak« übersetzt mit »wackelnd gehen«. In der Sprache des Landes heissen die Stämme, welche wir Dayaks nennen: Olo ot; Olo ngadju; ausserdem wird diese Benennung durch Anfügung einer localen Bezeichnung näher bestimmt, daher Olo ngadju Kapuas, die Leute um oberen Kapuas; Ot danum Kahayan, die Ots am Flusse Kahayan etc.[2] Valentijn (1726) nennt die Eingebornen »Borneers«, was wohl darauf schliessen liesse, dass damals die Bezeichnung »Dayaks« entweder noch nicht bekannt oder wenigstens nicht üblich war; Buffon (1749) kennt nur »habitans de Borneo«, Forster (1783) gebraucht den Namen Beyajos und erst bei Radermacher (1780) finden wir die Bezeichnung Dajak oder Dajakker. Crawfurd glaubt dieses Wort auf einen Stamm gleichen Namens in Nordwest-Borneo zurückführen zu können; »the word is most probably derived from the name of a particular tribe, and in a list of the wild tribes of the north western coast of Borneo furnished to me by Malay merchants of the country, one tribe of this name was included«, wozu A. B. Meyer[3] die Bemerkung macht, er würde es nicht für unwahrscheinlich halten, dass der Name Dajak »von einem speciellen Volksstamme des Namens herrührt und später verallgemeinert wurde, sei dieses nun zuerst von den Malayen und dann von den Europäern, sei es von letzteren zuerst geschehen, ähnlich wie es z. B. mit dem aus Burni (jetzt

---

[1] »Pour ce qui concerne mes propres observations, j'ai remarqué une grande diversité de race entre les tribus; quelques-unes ont les traits et presque la carnation des Portugais, tandis que d'autres offrent le type et le teint africain. En observant ces différences, j'ai restent d'autant plus sensibles que les tribus ne forment aucune alliance entre elles, on est porté à croire, que la population de cette île, si peu en rapport avec son immense étendue, provient de quelques navigateurs malheureux, venus des îles de l'Archipel de l'Asie et de l'Afrique et jetes successivement sur divers points de la côte.« Pers in Veth, Borneo I. p. 163.

[2] Olo = Mensch; Ot, Bezeichnung für einen Volksstamm in Central-Borneo; die Ot danum, Wasser-Ot, werden nach den Flüssen Kapuas, Katingan, Kahayan und Duson beigenannt; ngadju = flussaufwärts. Vergl. Hardeland, Dajakisch-deutsches Wörterbuch, Amsterdam 1859, p. 2 s. v. adju; p. 399 s. v. olo und p. 302 s. v. ot.

[3] A. B. Meyer, Ueber die Namen Papua, Dajak und Alfuren. Wien 1882. p. 11 und 16.

Bruni) entstandenen Namen Borneo¹) der Fall gewesen ist. Die Anzahl der Dayakstämme Borneos ist heute noch unbekannt; die Schätzung derselben ergibt sehr verschiedene Resultate. Alle Forscher nehmen eine bedeutende Anzahl von Stämmen an; auch die Sprache gliedert sich nach den Stämmen in verschiedene Dialekte; Crawfurd²) behauptet, »the Dyaks of Borneo are divided into probably not fewer than a hundred different tribes or nations speaking as many different tongues«. Die Aboriginer haben bei der beträchtlichen Grösse der von ihnen bewohnten Insel (nach Mr. Melvill de Carnbee's im »Moniteur des Indes« publicirter Berechnung 6012 Myriameter³) weder eine Vorstellung von der Ausdehnung und Beschaffenheit derselben, noch auch kennen sie der Mehrzahl nach den Namen Borneo, obschon der Portugiese Lorenzo de Gomez (1518) die Angabe macht, dass die Eingebornen des nördlichen Inseltheiles ihr Land selbst Braunai oder Brauni⁴) nennen. Nach Dr. Leyden⁵) heissen die Bewohner der südlichen und westlichen Districte Dayaks, während die Bewohner des Nordens den Namen Idaan und jene des Ostens die Namen Tirun oder Tidung führen. Eine eingehendere Classification der Dayakstämme hat v. Kessel versucht, indem er dieselben in fünf Hauptgruppen schied; zur ersten, der »nordwestlichen Gruppe«, rechnet er die Bewohner von Sarawak, Sambas, Landak, Tayan, Meliau und Sanggau; zur zweiten, der »malayischen Gruppe«, diejenigen von Batang lupar, Redjang, Blitang, Sapauk, Sintang, Silat, Suhait, Salimbau, Piassa, Djongkong und Bunut; zur dritten, der »parischen Gruppe« (offenbar gleichbedeutend mit den Kayans der englischen Schriftsteller), zählt er die Dayaks des Ostens an den Flüssen von Kutai und Pasir, am Malo und Madai im Kapuasgebiete; die vierte Gruppe sind sodann die Biadjus, die an der Südküste im Gebiete von Bandjermasin wohnen, und die fünfte, am tiefsten stehende Gruppe sind die nomadischen, gänzlich uncultivirten Punans am Oberlaufe des Mahakamflusses und die Manketans.⁶) Es ist von vorneherein klar, dass eine so bedeutende Anzahl von Stämmen, die sich, wie bereits erwähnt, in Bezug auf Sprache, Gewohnheiten, Religion und Lebensweise nicht unwesentlich von einander unterscheiden, auch in den künstlerischen Leistungen unmöglich vollkommen übereinstimmen kann; da aber viele von diesen Stämmen den Europäern nur sehr oberflächlich bekannt sind, so muss die Schilderung der Kunst dieses merkwürdigen Volkes vorläufig auf Einzeldarstellungen beschränkt bleiben.

¹) The natives and the Malays, formerly, and even at this day, call this large island by the exclusive name of Pulo Kalamantan, from a sour and indigenous fruit so called, J. Hunt, Sketch of Borneo, or Pulo Kalamantan in Keppel, Expedition to Borneo, vol. I. p. 381.
²) John Crawfurd, A sketch of the Geography of Borneo, in Journ. of the Royal geographical Society, Bd. XXIII. 1853. p. 76.
³) Womach Borneo um 258 Myriameter grösser als Sumatra und um 3724 Myriameter grösser als Java wäre. Nach Ratzel, Völkerkunde, II. 363, misst Borneo 13600 Sumatra 8000 und Java 2400 deutsche Quadratmeilen.
⁴) Temminck im Journ. of the Ind. Archip. and East. Asia. Singapore 1848, vol. II. p. 363.
⁵) Dr. Leyden, Sketch of Borneo, Transactions of the Batavian Society of arts and sciences, vol. VII, 1814, X. p. 54.
⁶) Pari ist der Name eines Volksstammes, welcher eben am Dusonstrome und von dort weiter nördlich und nordöstlich wohnt. Hardeland, a. a. O., p. 423.
⁷) Vergl. auch Waitz, Anthropologie, 1865, Bd. V, Th. I, p. 44.

BAUKUNST.

BAUKUNST.

Die Aeusserungen des Kunstgeistes weisen bei allen Culturvölkern in ihren edelsten und erhabensten Formen auf die Einflüsse der Religion zurück. Die grossartigen Tempelbauten des Alterthums, die hehren Dome des Mittelalters und der Renaissance, die tausendfältigen Bildwerke und Malereien, welche bestimmt waren, mit ihrer unsterblichen Schönheit das Innere dieser Gebäude zu adeln und den gläubigen Sinn der Menge zu bannen und zu läutern — sie alle hat das religiöse Bedürfniss des Menschen in die Erscheinung gerufen.

Religion und Kunst haben zunächst das Gemeinsame, dass sie an die Natur mit der Forderung treten, sich von einer Seele durchscheinen zu lassen, die in ihrem Mittelpunkte ruht, die reiche Erscheinungswelt aus sich ausstrahlt, und zugleich die Fäden der Wechselbeziehungen zwischen dem Menschen und der Natur lenkend zusammenhält.[1] Auch bei den Naturvölkern sind die Impulse, welche religiöses Empfinden zu künstlerischem Schaffen anreizen, in den meisten Fällen unschwer wahrzunehmen und nachzuweisen. Freilich bieten sich uns in jenen noch schwach entwickelten Ansätzen zur Kunstproduction, in jenen ersten Anfängen der Phantasiethätigkeit blos die Ahnungen des Gewollten, und die zufällig aufgegriffenen Formen werden von einem dunklen Gefühle getragen, das von der Schönheitsidee absichtlich oder unabsichtlich oft in weitem Bogen abirrt. Die diesen elementaren Bedingungen entspringenden, noch dem Traumleben der Menschheit angehörigen Gebilde liegen zumeist noch im Banne des Unorganischen, das ihnen starr anhaftet, und den religiösen Ideen fehlt die mythische Fassung, welche sich erst bei gesteigertem Können und bei concreter Vorstellung zum Persönlichen aufzuschwingen vermag.

Die Gliederung der bildenden Künste in Architektur, Plastik und Malerei lässt sich auch auf diesem Boden — die selbstverständliche Beschränkung auf das entsprechende bescheidene Mass vorausgesetzt — vollkommen durchführen; die relativ vorwiegendste Bedeutung fällt jedoch den technischen Künsten zu, denen die früher genannten zumeist nur accessorisch dienstbar sind. Wenn die Arbeit der Baukunst, welche in der »Darstellung des Schönen in der unorganischen Natur« gipfelt, eine »religiöse That«[2] sein soll, und

---

[1] A. Springer, Kunsthistorische Briefe. Prag 1857, p. 12.
[2] Schnaase, Geschichte der bildenden Künste. Düsseldorf 1866, Bd. I, p. 32 und 34.

wenn erst beim Tempelbau die architektonische Kunst wirklich zur Aeusserung gelangt, dann kann in diesem Sinne von einer Architektur der Dayaks nicht die Rede sein. Da aber doch nicht abgeleugnet werden kann, dass die früheste Bethätigung des Bautriebes allerorten und vor allem Andern dahin zielt, dem Menschen ein schützendes Obdach herzustellen,[1] und dass überall dort, wo die baulichen Leistungen bei der handwerksmässigen Befriedigung dieser ursprünglichen Erfordernisse nicht stehen bleiben, die Vergeistigung des blos Praktisch-Nothwendigen ihren, wenn auch noch so unscheinbaren, Anfang nimmt, schien es nicht gerathen, die Bauthätigkeit der Dayaks an diesem Platze mit Stillschweigen zu übergehen.

Die dayakischen Dörfer — malayisch Kampongs — sind in der Regel an den Ufern der Flüsse errichtet, doch können sie auch zuweilen mitten im Dickicht der Urwälder angetroffen werden. Häufig macht schon ein einziges Haus den ganzen Kampong aus, manchmal stehen ihrer mehrere zusammen, aber immer haben sie eine beträchtliche Ausdehnung. 30—150 Meter in der Länge, 6—10 Meter in der Breite, da es bei den Dayaks üblich ist, für eine grössere Anzahl von Familien nur ein einziges Haus zu erbauen. Diese langgestreckten Bauwerke ruhen, wie die Häuser der Malayen, etwa 2—5 Meter über dem Boden auf starken, roh behauenen Pfählen aus Eisenholz, welches den Einflüssen der constanten Feuchtigkeit der Luft und des Bodens vortrefflich zu widerstehen vermag.[2] Diese Pfeiler werden in regelmässigen Abständen in gegrabenen oder gebohrten metertiefen Löchern festgestampft,[3] und zwar so, dass etwa fünf Längsreihen von Pfählen, der inneren Eintheilung des Hauses entsprechend, angeordnet erscheinen, von denen die mittelste, welche, durch Querbalken verbunden, den Dachfirst zu tragen hat, die äussersten Reihen um etwa 2 Meter an Länge überragt. In manchen Gegenden (z. B. bei den Modangs) befindet sich unter dem Flur der wirklichen Wohnung noch eine zweite, nach allen Seiten offene Plattform etwa meterhoch über dem Boden, was natürlich eine grössere Erhebung des ganzen Gebäudes zur Voraussetzung hat. Dieser erhöhte Flur dient als Sammelplatz der Jugend und als jener Ort, wo sich in Gemeinsamkeit ein Theil des täglichen Lebens der Dorfbewohner abspielt; hier wird nämlich das heranwachsende Geschlecht mit Spiel und Ernst des menschlichen Daseins vertraut gemacht, und neben dem Schnurren des Drehkreisels und sonstigen Unterhaltungen werden auch die Handhabung des Mandau und des Kliau, sowie die Gesetze des Kriegstanzes eingeübt; hier halten zu Zeiten die Männer ihre Rathsversammlungen ab; hier beschäftigen sich die Frauen mit Webe- oder Flechtarbeiten, mit dem Stampfen von Reis oder sie obliegen der Kinderpflege.

---

[1] Lübke, Geschichte der Architektur, Leipzig 1870, p. 1.

[2] «When the people abandoned Santubong, they retired to Golah Tanah, where they established their town; the posts of some of their houses still remain, being of iron-wood, which may be said practically to last for ever». S. St. John, Life in the forests of the far East, London 1863, vol. I, p. 147. Vergl. auch ebd., vol. II, p. 31.

[3] Dabei kommt in manchen Gegenden auch die weitverbreitete Sitte des Einmauerns oder Lebendigbegrabens von Thieren vor. Andree, Ethnographische Parallelen und Vergleiche, Stuttgart 1878, Bd. I, p. 23.

In Gegenden, wo diese Art zu bauen nicht üblich ist, wird dieses offene erste Stockwerk des Hauses durch die niemals fehlende gemeinschaftliche Veranda ersetzt, welche das Gebäude seiner ganzen Ausdehnung nach durchzieht. In manchen Districten — in Longwai, Siramban etc. — sind die Häuser durch ein ganzes Labyrinth von Stiegen, Treppen, Gängen, Bretterplanken und Plattformen mit einander verbunden, welche auf Pfosten über dem Grunde ruhen, so dass man durch das ganze Dorf gelangen kann, ohne ein einziges Mal den Erdboden betreten zu müssen.[1]) Die Bekompayer am Barito bauen einen grossen Theil ihrer aus Bambumatten zusammengesetzten Häuser auf mit Rottan oder Eisenketten am Ufer befestigten Flössen. Dieselben dienen gleichzeitig als Wohnhäuser und als Aufbewahrungsräume und werden »rakits« genannt.[2]) Das verwendete Baumaterial ist in allen Fällen durchaus vegetabilischen Ursprungs und besteht aus Holz, Bambu, Palmblättern und Rottan, welch letzterer die Stelle unserer Nägel oder Schrauben vertritt, da die Dayaks gewöhnt sind, Alles durch Binden zu befestigen. Querbalken, Dachsparren, Latten, Dachbedeckung und Wände werden blos durch dieses elastische, zähe und schmiegsame Rohr vermittelst Knüpfung zusammengehalten und mit den tragenden Grundpfeilern verbunden.

Die undurchdringlichen Wälder Borneos sorgen gleicherweise für reiche Vielgestaltigkeit und für zum Theile unverwüstliche Gediegenheit des Materiales. Das Eisenholz, »kayu besi«[3]) oder »tabalien«, eine von den wenigen Holzarten, die hart genug sind, um selbst den zerstörenden Angriffen der weissen Ameise erfolgreichen Widerstand leisten zu können, nimmt unter den sämmtlichen Bauhölzern der Insel wohl den ersten Rang ein; das für Zimmerleute geeignetste Holz ist »kayu bawan«; zum Bootbau wird »kayu bintangor« verwendet;[4]) ausserdem kommt noch Teakholz, Ebenholz etc. vor; der Stamm der Nibung-Palme wird gespalten, zu Fussböden, ab und zu auch als Stützpfosten der Häuser gebraucht. Die Dachbedeckung findet auf verschiedene Weise statt. Entweder wird dazu Baumrinde benützt, die manchmal auch das Material zur Wandbekleidung darstellt, oder man bindet und näht getrocknete Blätter der Nipa-Palmen, Ataps (atap, malayisch: Dach), an die Latten des Dachgerüstes oder es werden zu diesem Zwecke Siraps verwendet. Dieselben bestehen aus kleinen, an einer Seite durchbohrten Eisenholzbrettchen, welche wie unsere Dachschindeln reihenweise an den Sparren und Querhölzern festgeknüpft werden. Die Häuser besitzen ausser den beiden in der Regel an den Schmalseiten angebrachten Haupteingängen noch die zu den Einzel-

---

[1] Siramban is one of the most curious villages I have seen; it is large, and the long houses are connected together by platforms of bamboo or by rough bridges — a very necessary precaution, as the numerous pigs root up the land, and as every description of dirt is thrown from their houses and never removed, it is almost impossible to walk on the ground. St. John, a. a. O., vol. I, p. 165.

[2] Dr. H. Breitenstein, Aus Borneo, Mittheilungen der k. k. geographischen Gesellschaft in Wien 1885, Bd. XXVIII, p. 195 und 200.

[3] Nicht Kajabesir, wie Bock schreibt. »Kayu pinalu or kapini (species of metrosideros) is named also kayu besi, or iron-wood, on account of its extraordinary hardness, which turns the edge of common tools.« William Marsden, The history of Sumatra, London 1811, p. 161.

[4] C. Bock, Unter den Cannibalen auf Borneo, Jena 1882, p. 205.

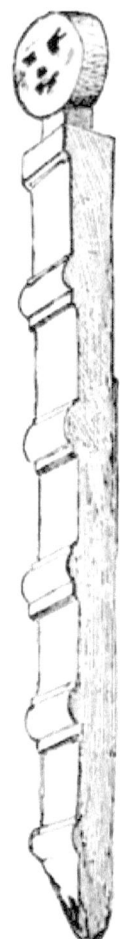

Fig. 1.
Weibliche
Treppenfigur,
aus Eisenholz
geschnitzt.
(Dr. Bacz.)

(I. Hm. Mus. Wien,
Inv.-Nr. 2982.
Orig.-Aufnahme.)
Vergl. Text Seite 14

wohnungen führenden Thüren, selten aber Fenster. Manche Gehöfte sind durch dicht nebeneinanderstehende Pallisaden umfriedet, die vermittelst Rottanschnüren an durchlaufende Querbalken festgebunden sind und ein mit Hilfe eines rohgezimmerten Holzbalkens verschliessbares Thor tragen. (Dr. Bacz.) Der Aufstieg zu dem Hause wird durch eine Treppe, ›tangga‹, vermittelt, die aus einem mit Rillen oder vorspringenden Querstreifen anstatt der Stufen versehenen massiven Eisenholzblock besteht und nicht selten die beiläufige Form einer menschlichen Gestalt¹) aufweist (Fig. 1). An beiden Seiten der schwer zu erklimmenden Treppe läuft manchmal ein schwaches, von schiefen, nach innen gerichteten Stützpfeilern getragenes Geländer empor, dessen jedoch die behenden Dayaks kaum bedürfen. Der Fussboden der Behausung besteht aus Bambustreifen oder schmalen Brettern, welche aber nicht dicht aneinandergereiht sind, sondern Abstände von oft mehreren Centimetern zwischen sich frei lassen, so dass bequem Abfälle und allerlei Unrath in den unterhalb des Hauses befindlichen Schweine- und Hühnerstall geworfen werden können. Die Veranda oder der gemeinschaftliche Vorsaal nimmt, wie bereits erwähnt, die ganze Front des Hauses ein, ist durch eine lange Wand gegen das Innere des Gebäudes abgeschlossen, und enthält neben jeder der zu den Einzelwohnungen führenden Thüren einen ausgehöhlten, zur Reisausschrotung bestimmten Holzblock sammt Klöppel. Ein zweiter gemeinschaftlicher Raum, die Halle der Männer, an Länge der Veranda gleichkommend, enthält die frei auf dem Fussboden aufliegenden, rechteckig aus vier Balken gezimmerten und mit Lehm ausgestampften Herde, darüber die in dem Rauche des Herdfeuers schmauchenden, mumificirten oder macerirten Schädel erschlagener Feinde — die hochgeschätzten Trophäen erfolgreicher Kopfjagden.

»Ausserdem sieht man in dieser Halle hier und da von der Decke an vier Schnüren herabhängende oder auf Querbalken horizontal ruhende, zuweilen schön geschnitzte Gestelle, auf welchen die Klingen der Parangs ruhen, während die Scheiden neben Schilden, angelehnten Lanzen, Kriegsanzügen und Helmen an den Pfeilern aufgehängt sind.« (Dr. Bacz.) Diese Halle bildet nicht nur den Berathungssaal der waffenfähigen, sondern auch den Wohn- und Schlafsaal aller unverheirateten Männer, welche letzteren von den ›lawangs‹ oder Einzelwohnungen aus-

---

¹) ›Die am oberen Ende der Treppe befindliche Maske ist nicht ganz ohne Bedeutung und hängt mit dem Aberglauben der Dayaks zusammen. Sie soll nämlich das ganze Haus vor den bösen Geistern beschützen. Ferner sollen im Raume unterhalb derselben nach Haus gebrachte, frisch abgeschlagene Köpfe provisorisch untergebracht werden.« (Dr. Bacz.)

geschlossen sind.¹) Ebenso werden fremde Gäste hier empfangen und beherbergt. Die unverheirateten Männer halten abwechselnd Nachtwache, da die Thüren zu dem gemeinschaftlichen Gange niemals geschlossen werden. — Am oberen Sekayam, im Gebiete von Sanggau, steht abgesondert von den grossen Wohnhäusern ein achteckiges Wachthaus mit spitz zulaufendem Dache, welches den Namen »pantjar« (Veth), »pangah« (van Lijnden), oder »pétee« (Tromp) führt und als Aufenthaltsort der ledigen Männer, als Herberge für die Gäste und als Räucherplatz für die geschnellten Köpfe dient. »Bij de Modang-Dajaks heeft elke kamer zijn trap en zijn eigen afgescheiden aandeel in de galerij. Bij dezen stam vindt men nog de bijzonderheid, dat daar vóór de woning van het hoofd een gebouw, „pétee" geheeten, is voor de ongehuwde mannen, tevens voor gasten, die zich bij andere stammen in de lange voorgalerij moeten ophouden. In zulk een „pétee" logeerde Carl Bock te Longwaij hij schijnt zich echter niet daarvan bewust te zijn geweest.«²)

Diese Einrichtung der Kampongs wird bei den Bergdayaks im Brunaigebiete gewöhnlich angetroffen. Spenser St. John spricht davon als von etwas Gewöhnlichem; jedes Dorf hat nach seiner Schilderung ein eigenes »head house«; in jenem von Sirambau zählte er 33 Schädel, in dem von Bomboh 32 und in Peninyau 21, nebst dem Schädel eines Bären, der während einer regulären Kopfjagd zur Beute des Stammes geworden war. In dem Dorfe San Pro übernachtete St. John in einem Schädelhause,³) welches seiner Neuheit wegen der üblichen Ornamente noch entbehrte.⁴)

Während Männerhalle und Corridor in den langgestreckten Kamponghäusern mit Latten gedeckt sind, die allerdings durch zahlreiche Fugen den Ausblick in den Dachbodenraum gestatten, wo Fischergeräthe, Matten, allerlei Waffen und verschiedenes Hausgeräth aufgespeichert liegen, sind die einzelnen Cabinen, welche als Familienwohnungen dienen, nach oben hin frei und statt des Plafonds dient die schiefabfallende Fläche des Daches, die es durch ihre starke Neigung auch mit sich bringt, dass die der Thür gegenüberliegende Wand niedriger ist als die anderen Wände des Raumes. Diese Fläche ist mit einer oder mehreren Klappen versehen, welche geöffnet werden können, um dem Rauche Abzug und dem Lichte und der Luft Zutritt zu gestatten. In jeder dieser Kammern befindet sich ebenfalls ein Herd von der oben geschilderten Construction, auf welchem das Familienmahl

---

¹) Veth, a. a. O., II, p. 260.
²) Tromp, Uit de Salasila van Kutei. Bijdragen tot de Taal-, Land- en Volkenkunde van Nederlandsch-Indie, XXXVII., 1888, p. 66.
³) Auch Keppel schildert in seinem Werke »Expedition to Borneo«, vol. II, p. 12, seinen nächtlichen Aufenthalt in einem Schädelhause der Singe Dayaks, welchem er den Namen »scullery« beilegt, und dessen um einen Centralherd angelegte kreisrunde Halle hunderte von manuisch eingeräucherten Schädeln enthalten haben soll.
⁴) S. St. John, a. a. O., vol. I, p. 197 und 193: »All head-houses have the same appearance, being built on high posts, and in a circular form, with a sharp conical roof. The windows are, in fact, a large portion of the roof, being raised up, like the lid of a desk, during fine weather, and supported by props; but when rain or night comes on, they are removed, and the whole appearance is snug in the extreme, particularly when a bright fire is lit in the centre, and throws a ruddy gleam on all the surrounding objects. Around the room are rough divans, on which the men usually sit or sleep.«

separat gekocht werden kann. Die Cabinen sind durch Bretterwände von einander geschieden, aber jede derselben hat einen unverschliessbaren Ausschnitt, der gross genug ist, um von einem erwachsenen Menschen bequem passirt werden zu können, so dass man also von einer Kammer aus alle rechts und links von derselben liegenden nicht nur gut überblicken, sondern auch, ohne eine Thüre öffnen zu müssen, in dieselbe gelangen kann. Die Häuser, »lamin«, der centralen Dayakstämme sind im Allgemeinen viel höher über dem Grunde angelegt als die der Dayaks des Südens. Da man in Borneo noch vier nomadisirende, nur von der Jagd und von den Früchten des Waldes lebende Stämme, die Ots, die Punans, die Dayas und die Baseps unterscheidet, so kann, was hier im kurzen Abriss von der Bauthätigkeit dieses Volkes gesagt wurde, auf diese herumziehenden Horden selbstverständlich keine Anwendung finden. Doch haben die Dayas und die Baseps schon theilweise das schweifende Leben verlassen und die ersteren sich in Kampongs von Sangkulirang, die letzteren sich in solchen von Kutai und Sembaliung vereinigt.[1])

Fig. 2.
Tata ramo-ramo, stilisirter Tiger aus Palembang, Sumatra. (Forbes).
Vergl. Text, Seite 17.

Was nun die künstlerische Ausschmückung dieser Wohngebäude anbelangt, so sind die Nachrichten hierüber leider nur kurz und beruhen zumeist auf allzuflüchtigen Aufzeichnungen der Reisenden. Aber doch stimmen alle Berichte darin überein, dass die Dayaks sich bei der Anlage und Ausgestaltung ihrer Behausungen selten von der Berücksichtigung der blos praktischen Erfordernisse allein leiten lassen und dass Verzierungen verschiedenster Art nahezu an allen Gebäuden gefunden werden. An jedem Hause, das einen Anspruch auf „Stil" macht, sind die Giebel mit einem grossen hölzernen Schnitzwerke verziert.[2]) Diese Giebelschnitzereien zeigen spiralige Windungen und ineinander verflochtene Ranken, wie sie ähnlich ebenfalls an den geschnitzten Arbeiten der dayakischen Kleinkunst angetroffen werden können, ab und zu wohl auch mehr oder weniger stilisirte Thierfiguren. Die stilisirende Umbildung der Thierkörper in einen durch nichts mehr an die Natur gemahnenden Complex von aneinandergeschobenen Spiralen findet sich im malayischen Archipel und auch auf Neu-Guinea nicht selten. Forbes[3]) erzählt von den Oganleuten (Residentschaft Palembang auf Sumatra), dass ihre Häuser alle sehr reich geschnitzt seien, und führt als Beispiel der verwendeten Verzierungen den in Fig. 2 nachgebildeten stilisirten Tiger »tata ramo-ramo« vor, dessen Auge zur Arabeske geworden ist und dessen Beine und Schwanz sich zu Spiralen entwickelt haben. Es gibt wohl kaum einen Europäer, der in dem hier mitgetheilten mathematischen Linienschema irgend ein wildes oder zahmes Thier erkennbar versinnlicht fände, aber die Ogans werden durch das seltsame Voltenconglomerat hinlänglich an die Natur erinnert, was sie schon dadurch darthun, dass sie das ornamentale

---

[1]) Trump, a. a. O., p. 60 und 73.
[2]) Bock, a. a. O., p. 224.
[3]) Henry O. Forbes, Wanderungen eines Naturforschers im malaischen Archipel, Jena 1886, p. 199 ff.

Conterfei mit dem Namen des Naturobjectes belegen. Die scharfsinnige Erläuterung ähnlicher, vielleicht auf malayischem Einflusse beruhender Beispiele von Neu-Guinea verdanken wir Uhle,¹) worauf übrigens später noch ausführlicher zurückzukommen sein wird. Ausser den Giebelverzierungen und den geschnitzten Aufgangstreppen finden wir an den Häusern der Dayaks noch verschiedenartigen plastischen und malerischen Schmuck. Ueber die oft an Hauswänden und Balken angebrachten geschnitzten Dämonenfiguren und Fratzenbilder wird noch in dem Capitel über die Plastik die Rede sein; frei in die Holzflächen geschnittene oder auf die Bretter gemalte Decorationen zeigen ebensowohl die Wandverkleidungen nach aussen²), als auch die Trennungswände in der Veranda, im Corridor und die Thürflächen der Einzelwohnungen. »De afbeeldingen van den kaaiman, welke men op de deuren en langs de wanden in elke woning, zoowel boven als beneden Boenoet aantreft, zijn weinig natuurlijk(!) evenmin als de gedaanten boven aan den trapbalk in de huizen langs de Malo. Het zijn menschenhoofden of menschen met zeer groote hoofden en zeer kleine, magere armen en beenen, van welke men zou kunnen denken, dat zij de Franschen op het denkbeeld gebragt hebben van sommige hunner diablerien.«³) Die Thüren zu den Familienkammern sind häufig mit vielerlei Figuren bemalt, manchmal sind auch Menschen- und Thiergestalten von abenteuerlichen Proportionen und Stellungen in die Thürbretter geschnitzt, durchaus Darstellungen, welche mit den religiösen Ideen der Dayaks und mit ihren abergläubischen Vorstellungen im Zusammenhange stehen, da sie wähnen, den bösen Geistern durch diese Bildwerke den Zutritt in das Innere der Gemächer verwehren zu können⁴) — ein Gebrauch indessen, der in dem C. M. B. an den Thüren unserer Bauernhäuser eine Parallele findet. Bei der ganz allgemeinen, culturgeschichtlichen Wichtigkeit und Bedeutung dieser nach mehr als einem Gesichtspunkte bemerkenswerthen künstlerischen Erzeugnisse ist es um so bedauerlicher und fast unbegreiflich, dass selbst in umfassenden Specialwerken und eingehenden Reiseberichten nur nebenhin ganz oberflächliche Mittheilungen über diesen Punkt gefunden werden können.

Eine eigenthümliche Art von Bauwerken sind die sogenannten Todtenhallen. Unter den verschiedenen bei den Dayaks üblichen Arten der Leichenbestattung besteht nämlich eine darin, die Körper der Abgeschiedenen in eigens zu diesem Zwecke errichteten, auf Pfählen ruhenden Häusern beizusetzen. Ein aus Eisenholz dicht gefügter Behälter (belik oder djirap), an welchem die Fugen gegen das Eindringen von Insecten mit einem aus Kalk und Damarharz bereiteten Kitt sorgfältig ausgestrichen werden, ruht auf reihenweise angeordneten, 3—6 Meter hohen Pfählen und wird von einem Dache aus Eisenholzplanken bekrönt, dessen Giebel durch kunstreiche Schnitzereien verziert sind. (Siehe Titelbild.)

¹) Dr. M. Uhle, Holz- und Bambusgeräthe aus Nord-West-Neuguinea. Leipzig 1886.
²) »In Breitenstein sah vor Lahay die ganze Front eines Kampongs mit schönen Arabesken bemalt. Mittheilungen der k. k. geographischen Gesellschaft in Wien, XXVIII. p. 250.
³) Van Lijnden in Veth, a. a. O., II. p. 245.
⁴) »Neben und über der Thüre hängen seltsam verkrüppelte Hölzer und neben dem Schlafplatze Tiger- und Krokodilszähne, um böse Geister fern zu halten. Mitten im Hause ist zwischen zwei mit menschlichen Gesichtern verzierten Pfosten ein Brett befestigt als Sitz für denjenigen, der bei Festen den Reisbranntwein — tuak — einzuschenken hat.« Hendrich's Bootreisen auf dem Katingan in Südborneo, Mittheilungen der Geographischen Gesellschaft zu Jena, Bd. VI. 1888, p. 1.

Manche Todtenhallen haben statt der Wände blos ein niedriges Geländer aus Bambu oder Eisenholz, dessen Gestänge mit schiefstehenden bunten Fähnchen geschmückt ist; innerhalb desselben stehen die Särge in Reihen und an den Säulen hängen Schweinsköpfe und in Körbchen verwahrt verschiedenartige Nahrungsmittel zur Wegzehrung für die Todten; an den Ecken der Einhegung sind lebensgrosse geschnitzte Figuren als Grabwächter aufgestellt. Wenn die Wände aus Brettern zusammengefügt sind, so zeigen dieselben nicht selten einen reichen plastischen oder gemalten Schmuck, welcher zumeist aus Darstellungen von vierfüssigen Thieren, Vögeln und Krokodilen besteht. Tromp[1]) citirt über diese Begräbnissart folgende Stelle aus Dewall's »Dagelijksche aanteekeningen«: »De Modangs begraven hunne dooden niet maar bergen de welgesloten en bepikte kist in een 9 à 10 voet hoog boven den grond op palen rustend, kamertje met planken wel digt gemaakt, en van een zeer goed en fraai gewerkt dak voorzien, dat, in stede van pannen, met over elkander gelegde dikke planken die over de geheele lengte reiken, gedekt is. In zoodanig beschot rusten een of meer dooden.« St. John[2]) theilt mit, dass unter den Kayans nur für die Reichen derartige Mausoleen errichtet werden, und dass die Armen sich auf einfache Weise beerdigen lassen. — Eine besondere Art von Bauwerken sind die Balei pali (verbotene Hütten), welche manche Dayaks errichten, um sich durch religiöse Weihen und allerlei Ceremonien auf bevorstehende Kopfjagden vorzubereiten. Dieselben ruhen auf vier Pfosten und sind durch ein nach allen Seiten ausgespanntes Gewirre von mit Schnitzereien und bunten Gegenständen behangenem Rottan gegen Jedermann abgesperrt, der nicht zu der ausgewählten Kopfjägerschaar gehört, welche sich in der Hütte 4—6 Tage lang aufhält, um aus dem Vogelfluge günstige Vorzeichen zu erspähen und durch Schnitzen zahlreicher Hampatongs die bösen Geister zu versöhnen.[3]) Zum Schlusse mögen noch die bei den Opfergebräuchen der Olo ngadjus verwendeten verschiedenartig gestalteten Miniaturbauten eine kurze Erwähnung finden.[4]) Bei einem Feste, welches den Zweck hat, Glück »blaku ontong« oder langes Leben »blaku tahaseng« zu erbitten, wird dem Tempon telon eine Hütte des Glückes »pasah ontong« errichtet. Dieselbe ist circa 1½ Meter lang und 1 Meter breit, aus Bambustäben nach viereckigem Grundriss zusammengefügt, am oberen Rande mit einem ornamentirten, an den Enden geschnitzten Zierleisten bekrönt, mit einer kleinen Vorhalle und einer steilen Treppe versehen und auf der Dachspitze mit einer aus Tunjungholz geschnittenen Ananasfrucht verziert. Ein anderes ähnliches, aber einfacheres Opferhäuschen ist der »samburup«, dessen vier- oder achteckiges dachstuhlartiges Gestell mit rothem oder buntem Kattun verhüngt wird, sobald die Opfergaben für Djata, den Wassergott, darin untergebracht sind.

Schwangere Frauen opfern dem Djata und Panti kleine, »balei panti« genannte Häuschen, welche entweder in einen Fluss versenkt oder in der Nähe des Hauses in den

---

[1] Tromp, a. a. O., p. 76.
[2] St. John, a. a. O., vol. I, p. 122.
[3] Ratzel, Völkerkunde, Leipzig 1886, Bd. II, p. 449 und 450.
[4] Vergleiche hierüber F. Grabowsky, Ueber verschiedene weniger bekannte Opfergebräuche bei den Olah Ngadju in Borneo, Internationales Archiv für Ethnographie, Bd. I, Heft IV, 1888, p. 130 ff.

Wipfel eines Baumes gehängt werden; denselben Zweck, böse Geister von dem Körper der Schwangeren abzuhalten, versieht die hüttenartige »pusah kangkamiak«, in welchen den Hantus Hühner geopfert werden.

Die Jayakische Bauweise wird vornehmlich, wie die der malayischen Völker überhaupt, durch das zu allgemeiner Geltung erhobene Pfahlbausystem charakterisirt. Auf Borneo sowohl, wie auf Java, Sumatra, Halmahéra, auf den Philippinen und den übrigen Inseln des Archipels werden alle Häuser stets auf Pfählen erbaut, die nur darin eine grosse Verschiedenheit aufweisen, dass sie von 1 Meter bis zu 12 und mehr Metern in der Höhe aufsteigen. Mit vielem Rechte wird daher Palembang das Venedig Sumatras, Bandjermasin dasjenige Borneos genannt. Dieser Pfahlbaustil herrscht keineswegs blos an der Küste, an den Flussufern oder in den Niederungen der Sümpfe, wo er durch die Bodenbeschaffenheit allein schon bedingt und gerechtfertigt wäre, und der Umstand, dass auch die Bergdayaks ihre Wohnungen genau nach demselben System construiren, lässt darauf schliessen, dass im Allgemeinen weniger die Furcht vor Ueberschwemmungen, als vielmehr die bei den Malayen so weit verbreitete Kopfjägerei und die dadurch hervorgerufene Sorge um die möglichst weitgehende Sicherung und Abschliessung der Wohnhäuser deren grössere oder geringere Erhebung über den Erdboden zur Folge gehabt hat.

Eine weitere Eigenthümlichkeit zeigt sich, und zwar wieder nicht nur bei den Dayaks, sondern im malayischen Baustile überhaupt in der Anlage der Bedachungen, welche steil ansteigen und bei beträchtlicher Höhe oft tief herabreichen. Auch diese Erscheinung findet ihre einfache Erklärung darin, dass bei den häufigen, ja sich fast täglich wiederholenden Niederschlägen, wodurch jene Gegenden sich auszeichnen, und bei der verhältnissmässig geringen Solidität, Dichte und Dauerhaftigkeit des Bedachungsmaterials ein geringerer Neigungswinkel der Dachflächen in gleicher Weise die Gefahr des Durchrieselns der Regenfeuchtigkeit, wie diejenige des raschen Verderbens der Hausdecke zu Folge haben müsste.

Die dritte, abermals für jene Landstriche in ihrer Gesammtheit geltende Allgemeinbeschaffenheit der Bauwerke besteht darin, dass dieselben bei aller, oft bis zu völliger Verwahrlosung gesteigerten Kümmerlichkeit ihrer primitiven Anlagen häufig eines feineren bildnerischen Schmuckes nicht entbehren, welcher sich in zierlich aus Rottan oder Palmfasern geflochtenen Wänden, in kunstreich geschnitzten Giebel-, Balken- oder Flächenverzierungen und in gemalten Darstellungen aller Art ausspricht, wodurch sich ein in völliger Ungebundenheit reger, wenn auch nicht völlig ausgebildeter Kunstsinn äussert.

Und so zeigt sich auch hier in den auf den elementarsten Bedingungen ruhenden baulichen Unternehmungen dieser einfachen Naturvölker wie überall auf der ganzen Erde das eine grosse Gesetz, dass der Baustil jedes Landes sich mit absoluter Nothwendigkeit ergibt aus dem Klima und der Bodenbeschaffenheit desselben, aus der Art des dort verfügbaren Baumateriales und aus den Sitten und Anschauungen, sowie aus den künstlerischen Bedürfnissen und Veranlagungen seiner Bewohner.

PLASTIK.

PLASTIK.

Die bildhauerischen Hervorbringungen der Dayaks, obschon sehr zahlreich, können uns eine besonders hohe Meinung von dem plastischen Gefühle dieses Volkes nicht beibringen. Ich sehe dabei von den Schnitzereien ornamentalen Charakters, welche später in dem Capitel über die technischen Künste eine eingehende Behandlung erfahren werden, vollständig ab und behalte nur jene selbstständigen, zumeist in Holz gearbeiteten Sculpturen im Auge, welche vollrunde, im Allgemeinen wenig naturalistisch gerathene menschliche und thierische Figuren darstellen. Diese plastischen Arbeiten hängen fast durchaus mit den religiösen Vorstellungen des Volkes zusammen, wie wir das auch in anderen Ländern und in fast allen Kunstepochen wiederfinden. Die Religion der Dayaks ist von allen Reisenden und Missionären, welche Borneo für längere oder kürzere Zeit besucht haben, mehr oder weniger eingehend geschildert worden. Dass diese Schilderungen, nebeneinander gehalten, sehr von einander abweichende Ansichten verrathen, kann uns nicht Wunder nehmen, da, wie bereits bemerkt worden, die einzelnen Stämme in Bezug auf ihre Mythologie beträchtliche Unterschiede aufweisen. Eine eingehende Abhandlung über die religiösen Begriffe der südlichen Stämme, der Ngadjus und Kahayans, hat Rev. T. F. Becker verfasst, welcher als Missionär an der Südküste Borneos gewirkt hat.[1]) Nach ihm concentrirt sich der dayakische Glaube zunächst in der Vorstellung von guten und bösen Geistern; von den ersteren gibt es zwei Gruppen, die höheren (Luftgeister) »sangiangs« und die tieferen (Wassergeister) »djatas«; der Collectivname der bösen Geister wie des Bösen überhaupt ist »talopapa«. Die guten Geister der höheren Region sind:

1. »Hatalla«[2]); dieser ist der Beherrscher der gesammten Geisterwelt; ihm ist Alles unterthan; seine Götterwohnung befindet sich auf dem hohen Berge »Bukit ngantonggadang«.

2. »Radja ontong« (der König des Glückes), auch »radja blawang bulau« (der König des Thores vom Golde) ist der nächste im Range; er ist stets mit Arbeit überhäuft

---

[1]) Rev. T. F. Becker, The Mythology of the Dyaks. Journal of the Indian Archip. Singapore 1849, vol. III, p. 102.

[2]) Nach Hardeland, a. a. O., p. 169, S. Müller, Land- en Volkenkunde (Verhandelingen over de natuurl. gesch. der Nederlandsch overzeesche bezittingen, Leiden 1839—1844), p. 401, und F. Grabowsky, Der District Dusson Timor in Südost-Borneo und seine Bewohner, Ausland 1884, p. 470, aus dem Arabischen [Allâh ta'âlâ الله تعالى »Gott, welcher erhaben ist«] entlehnt. Die Maanyans setzen nach Grabowsky sogar den arabischen Artikel vor und sagen: Alhatalla.

und seine Hände dürfen niemals ruhen; er gebietet über unermessliche Schätze an bulau, solake, garantong, blanga (Gold, Silber, Gongs und Töpfen), verfügt darüber jedoch nur nach dem Willen Hatalla's.

3. Tempon telon, Singumang, Bapapalu, Tempon kanarean, Menyamei,[1]) Radja hantangan, Sakunak, Lilang. Diese Geister dritter Ordnung stehen dem Menschen am nächsten und bestimmen deren Lebensloose. Tempon telon ist vornehmlich der Beschützer der Todten und führt die Seelen der Abgeschiedenen in einem eisernen Schiffe banama zu dem Flusse jenseits des Donners batangdanum katambungan njaho . Ihm zunächst an Kraft und Einfluss steht Singumang, dem aber nicht eine so bedeutende Körperstärke zugeschrieben wird als dem gewaltigen djarang bawan , dem dayakischen Herkules.

4. Antangs, Schicksalsvögel (*Haliastur intermedius*). Der Sage nach stammen diese rothbeschwingten Vögel von Sumbila-tiong, dem Sohne eines mächtigen Häuptlings der Kahayans ab, der die seither allgemein verbreitete Sitte des Köppenschnellens einführte und während des Freudenfestes über den ersten von ihm erbeuteten Kopf in einen Antang verwandelt wurde. Dem Fluge der Antangs wird prophetische Bedeutung beigelegt, und die Dayaks, welche die Auscupie sehr eifrig betreiben, treten nie eine Unternehmung an, ohne vorher günstige Anzeichen für dieselbe aus dem Vogelfluge und aus den Stimmen der Vögel abgewartet zu haben.

5. Djatas, Wassergeister. Sie bevölkern in ungeheurer Anzahl die Flüsse, Dschunggeln, Danaus (Inlandseen) und Antassans (Canäle), und von ihrer Gunst oder Ungunst hängt einzig die Zunahme oder auch die völlige Vernichtung der Dayakbevölkerung ab, da sie schrankenlos über die Fruchtbarkeit der Frauen gebieten; es wird ihnen daher auch von den Unfruchtbaren und Schwangeren geopfert, wie bereits früher erwähnt. Sie führen je nach der Localität verschiedene Namen, z. B. sultan kuning (Djata von Pulopetak), raden kudong (Djata vom Antassan Lopak), andin maling guna (Djata vom Kapuasflusse).

Zu den bösen Geistern gehören:

1. Radja sial (der König des Unglücks); er ist der Gefürchtetste von allen, bringt über die Menschen Elend, Krankheit und Kummer und kann im Falle der Ungnade, die sich Jemand bei ihm zugezogen, nur durch zahlreiche und ausgiebige Opfer wieder versöhnt werden. Er wohnt dem Radja ontong gerade gegenüber.

2. Kamiak, ist ein sehr böswilliger Geist, dem die Gabe zu fliegen eigen ist, und der von schwangeren Frauen auf das Aeusserste gefürchtet wird, da er sich stets bestrebt, in den Körper derselben unsichtbar einzudringen und die Geburt des Kindes entweder zu erschweren oder ganz unmöglich zu machen.[2]) Ihm wird in kleinen Häuschen in ähnlicher Weise wie dem Djata geopfert, wie bereits in dem Capitel über die Baukunst gesagt worden.

---

[1]) Nach Hardeland's dajacksch-deutschem Wörterbuche, Amsterdam 1859, p. 506, lauten die Namen: Singumang, Papaloi, Tempon kanaraan und Manyamäi.

[2]) Nach Hardeland, a. a. O., p. 227, sind die Kamiak oder Kangkamiak weibliche Hantuen, welche während des Gebärens gestorben sind. Die Hantuen dürfen nicht mit den schon auf S. 19 genannten Hantus verwechselt werden.

3. Radja hantuën (der König der Hantuën) hat keinen stabilen Wohnsitz und übt seine furchtbare, dämonische Gewalt in der Regel zur Nachtzeit aus, indem er sich seines ganzen Körpers entledigt und nur als geflügeltes Haupt seine grässlichen Fahrten antritt, in welcher Gestalt er die Gräber besucht, den Körpern der Frischbeerdigten die Herzen ausreisst, Schlafende entführt, um ihnen das Blut auszusaugen (Vampyrglaube), und bis zum Morgengrauen den Menschen vielfachen Schaden an Leben und Eigenthum verursacht, um welche Zeit er beim ersten melancholischen Schrei des Vogel Tantint zu seinem Körper zurückkehrt, um tagsüber unerkannt als Mensch unter den Menschen zu wandeln. Die Zahl der Hantuën ist eine ungeheure, und keine Familie ist sicher, in ihrem Kreise nicht eines oder mehrere Mitglieder dieser Dämonenschaar unerkannt zu beherbergen. Es gibt keine grössere Beleidigung, als von Jemandem zu vermuthen, er sei ein Hantuën, oder ihm gar den Namen eines solchen beizulegen. Während die bisher genannten Geister sich hauptsächlich in der Luft aufhalten, haben andere ihren Wohnsitz im Walde aufgeschlagen, und es gibt kaum einen Baum, der nicht wenigstens von einem dieser monströsen Ungeheuer zum Aufenthalte ausersehen worden wäre. Die bedeutendsten derselben sind:

4. Idjin Nyaring, Kariau, Pudjut und Bahutei, welch letzterer keine bestimmte Form hat und in den mannigfaltigsten Gestalten, namentlich als schwarzer Hund, zu erscheinen vermag, wodurch er natürlich nur noch gefährlicher wird.

5. Kukang ist der Name eines Dämons, der mit den Lebenden nichts zu schaffen hat, und dessen einzige Aufgabe es ist, die Seelen der Abgeschiedenen auf dem schmalen Pfade, welcher zum »lewu liau«, zu den Feldern des Elysiums führt, zu erwarten und mit ihnen einen schweren Kampf auszufechten, von dessen Erfolg die Aufnahme der Seelen in das Paradies abhängt.

Bei verschiedenen Stämmen heisst der oberste Gott »Mahatara«[1]); er hat sieben Töchter (Putir santang), so wie Hatalla, und ist mit diesem identisch. Nach der Vorstellung der Sarawakstämme haben zwei Geister von Vogelgestalt, Ara und Irik, die Welt erschaffen; die beiden ersten Menschen hiessen »tanah kumpok«, »which means ‚moulded earth' and from them the Dyak genealogy is traced down to the present day, to the number of over twenty generations«.[2])

Von der Sintfluth glauben sie, dass ein Drache sie veranlasst habe, der die Reisfelder der ganzen Gegend verwüstet und den man dafür getödtet hatte. Als man nämlich das Fleisch des seltsamen Ungeheuers in Bamburöhren kochte, ertönten Geisterstimmen daraus hervor, welche die Wolken des Himmels zusammenriefen und den unendlichen, Alles vertilgenden Regen auf die Erde herab beschworen. In der Panik, welche durch das plötzliche Hervorbrechen und durch das schnelle Anwachsen der Gewässer entstand, nahmen die Fliehenden als ihren kostbarsten Schatz auch die Bücher mit sich, die sie besassen. Die Einen, die Malayen, banden sich dieselben an Haupt und Schultern fest,

---

[1]) Nach einigen auch »dewata« (Dewa, sanskr. Gott) Dr. Leyden, Sketch of Borneo. Transactions of the Batavian society of arts and sciences, vol. VII, 1814, X, p. 50.
[2]) Rev. F. Dunn, The Dyaks of Sarawak, Borneo. Journal of the Manchester geographical society, vol. III, 1887, p. 223, 224.

während die Anderen, die Dayaks, sich die Lenden damit umgürteten. Während des Watens und Schwimmens wurden nun die Bücher der letzteren nass und verdarben, und damit ist den Dayaks die Kenntniss der Schrift für immer verloren gegangen. »Those who saved their books from the waters were the ancestors of the Malays and other nations wo possess a knowledge of letters.« (Dunn.) Einige der nördlichen Dayakstämme nennen die oberste Gottheit batara (vergl. skr. Awatâra); eine grosse Zahl guter und böser Geister ist diesem höchsten Wesen unterthan, so Stampandei, dem die Obsorge für das Menschengeschlecht zufällt, Pulang ganah, der die Fruchtbarkeit der Erde regelt, Singalong burong, der Gott des Krieges etc.[1] Die Dayaks der Westküste gebrauchen den Namen Djewata für den Begriff der Gottheit überhaupt und legen demselben zur näheren Bestimmung noch eine zweite Bezeichnung bei. Veth[2] bemerkt dazu, dat de naam Djewata of Djebata, die daarin aan de menigvuldige godheden der Dajaks als een generieke naam gegeven wordt, klaarblijkelijk het Sanskrietsche Dewata is, in de mythologie der Hindoes de naam der goede geesten, die den hemel van Indra bewonen. So gibt es in der Gegend von Sambas einen Djewata der Träume — Samangho —, einen Djewata des Berges Pamangkat — Dirooh —, einen Djewata Bari — den dayakischen Aesculap, etc. (Major Müller). Nachdem die Wälder, die Berge, die Ströme, die Luft von mit bestimmten Gewalten ausgestatteten Geistern bevölkert werden, so sind die Menschen jederzeit auf allen Seiten von den verschiedensten Djewatas umringt und deren förderndem oder verderblichem Einflusse unterworfen. Im Kapuasgebiete wird der Name Djewata blos der höchsten, allmächtigen und allgegenwärtigen Gottheit beigelegt; durch Djewata erst wurde Panita mit der Erschaffung des Himmels und der Erde, Panampa mit der Erschaffung des Lichtes und Payadju mit der Erschaffung des Menschen betraut; Pagingoh sorgt für den Unterhalt der Menschen und Paniring geleitet sie durch das Leben. (v. Kessel.) Ueber die Spuren alter hinduischer Cultur, die dereinst auf Borneo bestanden haben muss, und die, wie alle einschlägigen Schriften berichten, auch die Religion der Dayaks gewiss nicht unwesentlich beeinflusste, besitzen wir von Dalton[3] eine sehr interessante Mittheilung: »That the Dyaks are the aborigines of the country, I believe no one has hitherto doubted. Taking this for granted for a moment, for the sake of argument, how happens it that in the very inmost recesses of the mountains, as well as all over the face of the country, the remains of temples and pagodas are to be seen, similar to those found on the continent of India, bearing all the traits of Hindoo mythology? In the country of Waghoo, at least 400 miles from the coast, I have seen several of very superior workmanship, with all the emblematical figures so common in Hindoo places of worship. I cannot be mistaken, having travelled in Bengal as well as on the Coromandel coast, likewise over most parts of Java, where such remains are common; besides, I have with me facsimiles of several temples discovered on the latter island and brought into notice by Sir T. S. Raffles, with prints of many of the pagodas

---

[1] St. John, a. a. O., vol. I, p. 70, 71.
[2] Veth, a. a. O., vol. II, p. 304.
[3] Journal of the Royal Geographical Society, vol. XXIII, 1853, p. 82.

in India. The resemblance is exact, as are the images or statues, which are found in precisely the same positions as they are to be seen in continental India, Java, and some other islands of this Archipelago. I have seen some hundred stone images of such description, and many of brass; the (p. 83) latter, however, are not so common, as I have reason to believe the Dyaks melt those of that metal to fabricate fish-hooks, rings, and other articles of decoration. In most of the pagodas and temples, both within and without, are to be seen, in tolerably good preservation, hieroglyphical characters used by the Hindoos. Many of these, as well as the images, are much broken and defaced by the Ajis, or Mohamedan priests and their followers, the Arabs, who, like many sects of Christians, will tolerate no absurdities but their own.« Dass die Hindureligion an der östlichen, südlichen und westlichen Küste Borneos einst in hoher Bedeutung gestanden habe, ist wohl zweifellos, da sich noch bis auf den heutigen Tag verschiedene Namen sanskritischen Ursprungs erhalten haben.

So finden wir in Keppel unter den bei den Dayaks gebräuchlichen Götternamen auch »Jowata«, »Battara«, »Sakarra« und »Tuppa« angeführt, wovon die drei erstgenannten zweifellos hinduischen Ursprungs sind, was von »Tuppa« nur vermuthet, aber nicht mit Bestimmtheit behauptet werden kann. »These names, together with the burning of their dead, and other customs, leave no doubt on my mind that the Hindoo religion penetrated to this remote region, and most probably was implanted on some original Dyak superstitions.¹) Ausserdem weisen auch verschiedene Ortsnamen auf sanskritischen Ursprung hin, wie Sukadana,²) Kuta (die Festung), Pura (die Stadt), Karta (die Arbeit, die Geschicklichkeit), Kuti (die kleine Festung). In den Dayaksprachen finden sich neben Sanskritwörtern auch javanische (Bandjermasin = Salzgarten«, und es kann vielleicht sein, dass die Hinducultur auf dem Umwege über Java nach Borneo gelangte.³) Ein dem Antang ähnlicher Vogel (*Falco pondicerianus*⁴) wird auch in Indien als ein Vogel von glücklicher Vorbedeutung betrachtet, ebenso wie die Eule (der Todtenvogel der Chinesen), welchen die Dayaks als Verkünder bösen Schicksals fürchten, in Indien als Unglücksbote gilt.⁵) Das Krokodil, an vielen Punkten des indischen Archipels Gegenstand göttlicher Verehrung, wird von den Dayaks mit Scheu und Ehrerbietung behandelt; die Zähne dieses Thieres gelten als Talisman. In einzelnen Gegenden wollen Reisende die Existenz eines ausgebildeten Baumcultus und einer eigenartigen Verehrung verschiedener geheiligter Pflanzen wahrgenommen haben. (Low.)

---

1) Keppel, a. a. O., p. 358, Djewata = skr. देवता »dewath«; Batara = skr. अवतार »awatâra«; Sakarra = skr. शाक्र »sakra«, ein Beiname Indra's.

2) Von सुख »sukha« (Glück) und दान »dâna« (Geschenk). Professor Horace Wilson bei Crawfurd, Journal of the Royal geographical society XXIII, p. 85, nimmt सुख »ssaka« d'apogei als Ableitung; über die bei Keppel, a. a. O., I. p. 358, versuchte Erklärung kann man mit Stillschweigen hinweggehen.

3) Crawfurd in Journal of the Royal geographical society, vol. XXIII, p. 85.

4) Salomon Müller, Land- en Volkenkunde, p. 105 (in Verhandlingen over de natuurl. gesch. der Nederlandsch overzeesche bezittingen, Leiden 1839–1844).

5) Andree, a. a. O. I. p. 14.

Die kosmogonischen Legenden, in welchen sich die Weltvorstellung der Dayaks verdichtet, sprechen von fünfzehn der Erde gleich bevölkerten Weltkörpern, welche oben rund und unten flach sind, und erzählen, dass die Erde von einer riesenhaft grossen Weltschlange (vreesselijk grooten Naga of Draak[1]) getragen werde.

Die bei den Südsee-Insulanern so streng geübte Sitte des »tabu« finden wir in Borneo unter dem Namen »pamali«, wovon je nach dem Zwecke desselben und je nach den dabei vorgeschriebenen Ceremonien drei Arten unterschieden werden. Auch die Couvade (das Männerwochenbett) ist den Dayaks nicht fremd.[2]) Die Thatsache, dass ihnen der Genuss des Fleisches verschiedener Thiere (namentlich der Rinder) verboten ist, kann wohl als ein weiterer Beweis des Einflusses der Hindureligion betrachtet werden. »They say, that some of their ancestors, in the transmigration of souls, were formerly metamorphosed into these animals; and they slyly, or innocently add, that the reason why the Mohamedan Malays will not touch pork is, that they are afraid to eat their forefathers, who were changed into the unclean animal.«[3]) Da man bei den Dayaks von eigentlichen Cultusgebräuchen, sofern man nicht die Opferungen zur Versöhnung oder Bestechung böser Geister und Aehnliches hieher rechnen will, vollständig absehen muss, so kann selbstredend auch an die Existenz einer Priesterkaste nicht gedacht werden, umsomehr, als selbst bei grösseren Opferfesten immer der Häuptling oder der Dorfälteste die religiösen Ceremonien leitet oder deren Vollzug besorgt. Trotzdem gibt es eine eigene Classe von Zauberern oder Geisterbeschwörern, die eine theilweise fast priesterliche Würde bekleiden, und welche in verschiedenen Districten verschiedene Namen führen: Blians,[4] Basirs, Dukons, Manangs. Sie fungiren als Tänzer, sagen Gebet- und Zauberformeln auf und vertreten am häufigsten die Stelle des sogenannten Medicinmannes; es wird ihnen nämlich der Besitz einer höheren Gewalt und ein Einfluss auf die Mächte der Geisterwelt zugeschrieben, dessen sie sich in Krankheitsfällen, falls ihr Einschreiten in Anspruch genommen wird, zu bedienen vermögen. Da die medicinischen Kenntnisse der Dayaks sich auf in der Regel nur äusserliche Anwendung weniger Hausmittel zweifelhaften Werthes beschränken, und da überdies nach dem Glauben dieses Volkes jede Erkrankung dem verderblichen und boshaften Einflusse eines missgünstigen Dämons zuzuschreiben ist, so wird in allen schwierigeren Fällen, in denen das Bestreichen des Körpers mit den stets vorräthigen Mixturen den Dienst versagt, die Hilfe der Manangs in Anspruch genommen.

Der krankheiterregende Dämon ist stets von der Absicht erfüllt, die Seele des von ihm erkorenen Individuums in das Jenseits zu entführen; die Seele eines solchen Unglücklichen entfernt sich in dem Augenblicke, als der Dämon von dessen Innerem Besitz ergriffen, aus seinem Körper, und diese Entfernung steigert sich stets mit dem Zunehmen der Krank-

---

[1]) Veth, a. a. O., II, 308.
[2]) Prof. G. A. Wilken, De couvade bij de volken van den Indischen Archipel. Bijdragen tot de Taal-, Land- en Volkenkunde van Nederlandsch-Indië, XXXVIII, 1889, p. 235.
[3]) St. John, a. a. O., I, 180.
[4]) Balian oder Blian ist die Bezeichnung für Zauberweiber und öffentliche Tänzerinnen, welche demnach den hindostanischen Bayaderen und den javanischen Ronggings entsprechen. Hardeland, a. a. O., p. 33.

heit, so dass sie schliesslich zum gänzlichen, unabwendbaren Verluste der Seele, zum Tode führen kann.

Die Hauptaufgabe des Manang ist es nun, die ziellos umherschweifende Menschenseele, die nur von ihm allein gesehen werden kann, wieder einzufangen und zur Rückkehr in den siechen Leib zu bewegen, selbstverständlich erst nach vorhergegangener Tödtung oder Bethörung des Krankheitsgespenstes. Der Ausgang des Kampfes zwischen Manang und Dämon ist natürlich in jedem Falle ungewiss; erweisen sich die Zauberkünste des Manang als hinreichend kräftig, so äussert sich das durch eine glückliche Ueberwindung der Krisis und durch die völlige Wiederherstellung des Patienten; ist jedoch der Dämon übermächtig, dann kann seitens des Manang trotz aller Anstrengung der letale Ausgang nicht abgewendet werden, auf welchen Fall jedoch der schlaue Zauberkünstler die Angehörigen des Kranken in der Regel entsprechend vorzubereiten weiss, indem er bei dem Eintreten bedrohlicher Erscheinungen, bei Steigerung des Fiebers oder bei zunehmendem Kräfteverfall klagenden Tones erklärt, die Seele habe sich ins Ungewisse verirrt, er müsse ihr auf einen hohen Berg, in den dichten Urwald oder in die Weiten des Oceans folgen, und es werde vielleicht unmöglich sein, ihrer wieder habhaft zu werden. Der Manang beschränkt sich indessen nicht blos auf sein Zauberspiel, sondern führt zur Unterstützung seiner übernatürlichen Kräfte auch stets eine Medicinbüchse ›lupong‹ mit allerlei Pflanzenpräparaten und Talismanen ›obat‹ mit sich. Nach unermesslich langen Recitationen, Gesängen, Tänzen und feierlichen Umzügen, wobei häufig ein Concilium mehrerer Manangs einem ›Chefarzt‹ assistirt, erfolgt als Schluss immer das entweder erfolgreiche oder erfolglose ›nangkap semengat‹, das Einfangen der flüchtigen Seele, wobei in monotonen Weisen das Zauberlied gesungen wird:

> ›Trebai puna nepan di lamba kitap,
> Semengat lari nengah lengkap,
> Antu ngagai djaya djayap‹ etc.[1])

(›Die Taube fliegt kraftlos und ihr Gefieder leuchtet im Düster
  des Dschungelbaumes,
Die Seele schweift dahin in den Schluchten der Thäler,
Der Dämon folgt ihr unerbittlich in grausamer Hast‹ u. s. w.)

Sowohl Männer als Frauen können Manangs werden, und es gibt auch unter diesen wieder eine grosse Anzahl Rangstufen, ebenso wie es verschiedene Grade der Dämonenbeschwörung gibt, welche genau von einander geschieden werden. Einrichtungen ganz ähnlicher Art finden sich bei mehreren Völkern. ›It has been said that the „Pawang" and

---

1) Diese Priestergesänge sind dem Volke unverständlich, weil sie in der ›basa sangiang‹ abgefasst sind, welche von der Volkssprache verschieden ist; sie haben sich durch Tradition seit Jahrhunderten unverändert erhalten. Grabowsky, Ueber Aeusserungen geistigen Lebens bei den Olo Ngadju in Süd-Ost-Borneo, Bijdragen tot de Taal-, Land- en Volkenkunde van Nederlandsch-Indie XXXVIII, 1889, p. 143. Vergl. über die ›basa sangiang‹ die ausführliche Darlegung in Hardeland's Versuch einer Grammatik der dajakschen Sprache. Amsterdam 1858, p. 4—7.

the ‚Poyang' of the Malay Peninsula, and the ‚Datus' and ‚Si Bassos' of the Battaks of Sumatra, and the medicinemen of Borneo, are all offsprings and ramifications of the Shaman priests, the wizard physician of Central Asia. The Manang of the Dyaks certainly contributes his share to the proof of the assertion. A main point of the Shamanistic creed appears to have been that every object and force in nature has its ‚spirit', which could be invoked by the worshipper to confer things either good or bad. This entirely corresponds with Dyak religion;[1] the Manang, in certain of his functions, calls upon the spirits of the sun and moon, the spirits in heaven and earth, spirits in trees, hills, forests, lowlands, and rivers, to come to his aid; and if they are not equal to the ‚300 spirits of heaven, and 600 spirits of the earth' of Shamanism, they are a goodly company which the Manang professes to bring from all quarters to the house of his patient.‹[2]

Sowie der Aberglaube die Dayaks verleitet, den Quarzstücken, Glaskugeln und Krystallplättchen aus den Medicinkästchen der Manangs, den Krokodil- und Tigerzähnen, seltsam geformten Wurzeln und Holzklötzchen und vielen anderen Dingen übernatürliche Kraft und grossen Einfluss auf die Geisterwelt zuzuschreiben, ebenso halten sie an der Meinung fest, dass figürliche Darstellungen gleich anderen Talismanen die Götter zu bestimmen vermögen, und dass sie Böses abzuhalten, Gutes zu vermitteln im Stande sind. Eine genauere Untersuchung der sehr verschiedenartigen plastischen Productionen dieses Volkes würde höchst wahrscheinlich einen noch viel unmittelbareren Zusammenhang mit der Dayakmythologie ergeben, als bis heute nachzuweisen möglich ist; denn es unterliegt kaum einem Zweifel, dass die von den Reisenden schlechtweg als Holzpuppen, Fratzenbilder, Talismane, Figurenklötze und Götzengestalten kurz abgefertigten Schnitzwerke mehr als blos Symbole von einerlei Bedeutung, dass sie in vielen Fällen Personificationen ganz bestimmter Art sind. Das geht wohl auch aus den verschiedenartigen Zwecken hervor, zu denen sie gemacht werden, wie aus der verschiedenartigen Aufstellung, die ihnen zu Theil wird.

Eine besondere Gattung dieser Bildwerke, von den Biadjus ›hampatong‹[3] genannt, kann man zum Theile als Talismane, zum Theile als Abgottsbilder betrachten; jedenfalls stehen dieselben mit den religiösen Begriffen in unmittelbarem Zusammenhange, da sie nur aus dem Grunde geschaffen werden, um dem Eigner die Gunst der Götter zuzuwenden. Manche dieser Hampatongs bestehen blos aus einem Stückchen Holz, welches in einem ausgehöhlten Krokodilzahne befestigt und am Leibgurt getragen wird, manche sind kleine Holzstäbchen mit menschlichem Angesichte, manche zeigen Darstellungen der ganzen

---

1) Nach dem Glauben der Dayaks hat jedes Ding seine eigene Seele (genö); es giebt keinen unbeseelten Gegenstand. Hardeland, Wörterbuch, p. 125.

2) J. Perham, Manangism in Borneo, Journal of the Straits Branch of the Royal Asiatic society, 1887, Nr. 19, p. 102. 104.

3) Vergl. Hardeland, a. a. O., p. 151. und S. Müller, a. a. O., p. 401: ›Er zijn menigerlei en vreeselijke Hampatong's . . . . Sommige berigtgevers beschouwen de Hampatong's als afgodsbeelden; maar volgens de beteekenis van hunnen naam, vertegenwoordigen zij dienstknechten, zijnde die naam zeer waarschijnlijk, door zamentrekking gevormd, uit de Maleische woorden hamba, een dienaar, onderhoorige, en pâtong, een beeld.

menschlichen Gestalt, mit langen, aus dem Munde heraushängenden Zungen; die letzteren sind häufig auf einen Pfahl gestellt, auf welchem die Figur einer Eidechse oder einer Schlange in Schnitzwerk angebracht ist. Die Dayaks meinen durch sichere Zeichen, die ihnen im Traume mitgetheilt werden, von den Göttern selbst die Anweisung zu erhalten,

Fig. 3.
Aus Holz geschnitzte menschliche Figur. (Dr. Bacz.)
(Ethnogr. Mus. Wien. Inv.-Nr. 2804.
Orig.-Aufn.) Vergl. Text, Seite 32.

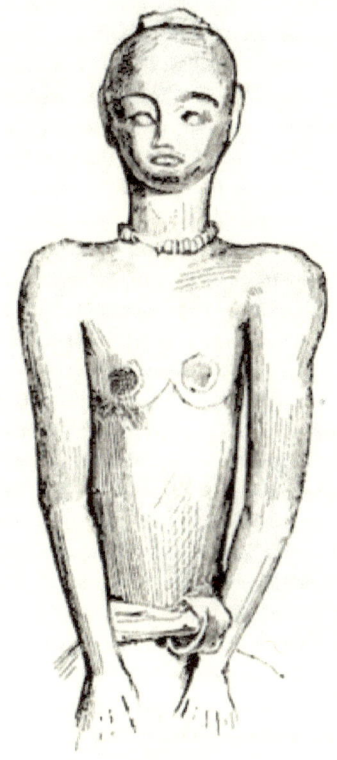

Fig. 4.
Oberkörper einer aus Holz geschnitzten weiblichen Figur. (Dr. Bacz.)
(Ethn. Mus. Wien. Inv.-Nr. 2898. Orig.-Aufn.)
Vergl. Text, Seite 32.

aus welchem Holze und in welcher Gestalt sie diese mythologischen Bildwerke zu schnitzen hätten, und stellen sie auch immer neben den Opfergaben auf, welche sie den betreffenden Gottheiten darbringen.¹) Die Dayaks vom Sekayam stellen Holzbildnisse von 30—100 Cm. Länge, Konto genannt, an die Pfosten ihrer Thüren oder an den Weg, welcher zu ihren

¹) Hupe in Veth, a. a. O., II, p. 308.

Wohnungen führt, und die Dayaks vom Kutingan thun dasselbe, um Seuchen von ihren Kampongs abzuhalten, indem sie der Meinung sind, dass die krankheitbringenden Hantu von diesen Holzstatuen abgehalten werden, bis zu den Bewohnern der Häuser selbst vorzudringen. »Onder de vrije Dajaks der binnenlanden schijnen even zulke ruwe menschelijke gedaanten, onder den naam van Battoks, als eene soort van grenspalen gebezigd te worden.« (Blume.) Die Wiener Sammlung enthält mehrere solcher Figuren, von welchen ich hier zwei in getreuer Abbildung vorführe.

Die eine derselben (Fig. 3) stellt eine menschliche (oder göttliche?) Gestalt dar und ist in derber Weise roh und klotzig geschnitten, so dass einzelne Gliederungen überhaupt nicht wahrgenommen werden können; nur die Darstellung des Kopfes mit dem Hutkegel lässt die Absicht des Bildners erkennen, eine an menschliche Formen erinnernde Figur in die Erscheinung zu rufen. Das Material ist weisses, weiches Holz, die Grösse des Gebildes kaum viel mehr als die der vorliegenden Illustration; Ohren, Nase und Mund sind durch kantige Einschnitte beiläufig charakterisirt, die Augen mit schwarzer Farbe aufgemalt; der kreisförmige Plinthos am Fussende lässt vermuthen, dass die Figur nicht zum Tragen oder Hängen, sondern blos zum Aufstellen bestimmt war. Wir haben in diesem kleinen Holzgötzen eine jener in den Dayaklanden zu Hunderten vorkommenden rohen Schnitzarbeiten vor uns, die umsoweniger einem höheren Ansprüche auf Kunstfertigkeit gerecht zu werden vermögen, als jeder Dayak ganz ohne Rücksicht auf bildhauerisches Talent, den religiösen Bedürfnissen des Augenblicks entsprechend, sich seinen Hampatong in aller Eile selbst anfertigt. – Auch die um so Vieles höher cultivirten Durchschnittsmenschen in Europa würden bei einem eventuellen künstlerischen Wettkampfe diese Dayakbildwerke mit ihren Leistungen nicht sehr weit überflügeln. – Fig. 4 zeigt den Oberkörper einer weiblichen Figur mit deutlich eingeschnittenen Angesichtstheilen, einem gut entwickelten Halse und fast übermässig breitem Schultergürtel, sowie mit langen und etwas steifen Armen und Händen. Die Proportionen des Körpers sind im Allgemeinen verfehlt, doch ist die Loslösung der Gliedmassen und das unterscheidende Auseinanderhalten der Hauptformen bereits glücklich angestrebt, und da die kernige, flotte Art der Darstellung viel Flüchtigkeit verräth, so lässt sich vermuthen, dass der Verfertiger mit dieser Arbeit keineswegs die Grenze seines Könnens erreicht hat. Die Füsse sind, offenbar mit Absicht, zu verbogenen Klumpen carrikirt; um die Mitte läuft ein Rottanband, welches einen Bauchring trägt, den Hals zieren Glasperlen. Haltung und Geberde der Figur sind in deren unterem Theile durchaus und in einem Grade obscön, dass dabei an unbewusste Naivetät kaum mehr gedacht werden kann. Breitenstein[1]) schreibt über Bildwerke dieser Art, die er im Gebiete des Barito gesehen, Folgendes: »Vor dem Hause hin und wieder ein Ampatong, das sind aus Eisenholz (?) geschnittene Figuren mit bis auf die Brust hervorragenden Zungen und stark entwickeltem Charakter ihres Geschlechtes, nach welchem sie auch in männliche und weibliche eingetheilt werden. Sie dienen gewissermassen zur Vogelscheuche, um nämlich

---

[1]) Dr. H. Breitenstein, Aus Borneo. Mittheilungen der k. k. geographischen Gesellschaft in Wien XXVIII. 1885, p. 247.

die in der Luft herumschweifenden Hantu's, bösen Geister, von den lebenden Menschen selbst abzuhalten, und speculiren dabei auf die Sinneslust dieser feindlichen Bewohner der Luft.« Kleinere Figuren dieser Art werden auch im Innern der Familienkammern und neben den Thüren derselben zum Schutze der Schlafenden aufgestellt. Die ganz allgemeine und unbezähmbare Lust am Bilderschnitzen und die absolute Volksthümlichkeit dieser künstlerischen Beschäftigung wird wohl am besten dadurch dargethan, dass die Anwesenheit von Bildwerken bestimmter Art bei den meisten wichtigen Begebenheiten des Lebens als unumgängliche Nothwendigkeit erachtet wird, und dass viele derselben die Bedeutung von Symbolen besitzen. So stellt jeder Kampong vor seiner Gemarkung einen hohen Pfosten mit einer geschnitzten Figur auf, sobald dessen Bewohner sich in einer erfolgreichen Schädeljagd ausgezeichnet haben; aus demselben Grunde wird am Dorfplatze als Wappen der Gemeinde eine Radjafigur an einer schrägen Stange befestigt; hölzerne Modelle von Bären, welche den Todten auf ihrer letzten Reise als Schutz zu dienen haben, hängt man an die Särge, und Begräbnissstellen werden fast immer mit geschnitzten Pflöcken bezeichnet. Bei Begräbnissfeierlichkeiten von Radjas oder Dorfhäuptlingen wird stets eine Menge von verschiedenartigen Bildwerken angefertigt;[1]) man schnitzt zu diesem Zwecke Tiger, welche dem Verstorbenen im Hades unausgesetzt zur Seite wandeln, Bären und Leoparden[2]); jedes Mausoleum wird mit einer grösseren Anzahl von Götzenbildern ausgestattet; ja der Geist eines Verstorbenen muss nach dem Glauben der Dayaks sofort nach dessen Tode über eine geschnitzte Figur »hampatong« schreiten, bevor er die weitere lange und gefährliche Wanderung ins Jenseits antreten kann; Nachbildungen von Krokodilen gelten als besonders wirksame Zaubermittel und werden oft in beträchtlichen Dimensionen ausgeführt; zu den »tiwahs« oder Todtenfesten werden Pfähle »sapundu« verwendet, welche aus Eisenholz geschnitzt sind und am oberen Ende Menschenköpfe mit herausgestreckter Zunge zeigen; bei den Kriegstänzen werden Alligatormasken oder auch Nachbildungen von Menschenköpfen aufgestülpt; selbst kleine Gegenstände des Hausrathes, Holzlöffel und dergleichen, besitzen als Handhabe ein ausgeschnitztes Krokodil oder sonst eine figürliche Darstellung u. s. w. Vor den Lawangs der Medicinmänner (Dukons) der Westküste werden zwei Baumstämme mit ausgeschnitzten und gefärbten Schlangenköpfen, welche man als Bildnisse der Hantus betrachtet, niedergelegt.[3]) Die Porträts der Abgeschiedenen, welche in den Gebieten von Mampawa, Landak und längs des Sekayam auf den Gräbern gefunden werden, lassen eine bemerkenswerthe Sorgfalt der Darstellung erkennen. Die Gliedmassen und Gelenke sind minder steif, die Muskeln besser angedeutet, als dies auf den Sculpturen der übrigen Districte gewöhnlich der Fall ist;[4]) doch verrathen,

---

[1]) Missionär Hendrich (Mittheilungen der Geographischen Gesellschaft zu Jena, Bd. VI, 1888, p. 96) fand in Manduing zwei Reihen hoher, sculptirter und mit Todtenköpfen behangener Mastbäume »pantars« genannt, die man bei einem Todtenfeste aufgerichtet hatte. Ueber die »pantars« vergl. auch Salomon Müller, a. a. O., p. 403, und Hardeland, a. a. O., p. 415.

[2]) Bock, Unter den Cannibalen auf Borneo, p. 259.

[3]) Veth, a. a. O., II, p. 232.

[4]) Vergl. die Bemerkungen von Hendrich über dayakische Sculpturen in den Mittheilungen der Geographischen Gesellschaft zu Jena, Bd. VI, 1888, p. 99, 103, 106, 107.

nach der Meinung des Herrn van Lijnden, auch diese Arbeiten zur Genüge, »dat de kunst bij de Dajaks nog in hare kindschheid is«.

An der Westküste besteht eine der Feierlichkeiten, welche der Bestattung eines Häuptlings die höhere Weihe geben sollen, darin, dass die Blutsverwandten desselben im Walde einen Baum fällen, woraus sie gemeinsam mit ihren einfachen Werkzeugen das Bildniss des Abgeschiedenen schnitzen, so gut sie dies vermögen. Sobald diese Arbeit zu ihrer Zufriedenheit beendet ist, ziehen sie dem aufgebahrten Todten die Kleider aus und behängen damit das Nachbild, welches sie nach der Beerdigung an dem Grabe als Denkmal aufrichten. Dort bleibt es sieben Tage stehen, während welcher Zeit verschiedene Festlichkeiten abgehalten werden. Nach dieser Zeit wird es in einer Bambueinfriedung des Kampongs aufbewahrt, bis mehrere Köpfe zu dem Zwecke geschnellt sind, um dem Radja im Jenseits die nöthige Dienerschaft zu sichern, worauf das Bildniss schliesslich

Fig. 5
Dayakisches Schnitzwerk »knjalan«. (Dr. Bacz.)
Ethnogr. Museum zu Wien. Inv.-Nr. 1891. Orig.-Aufnahme.) Vergl. Text, Seite 14.

auf einen eigens dazu bestimmten Platz in einer Lichtung des Waldes getragen wird, wo es neben den Porträtstatuen früher Verstorbener, gewappnet und bekleidet, in den Kreis der Denkmäler eingereiht wird. Diese Plätze werden in hohen Ehren gehalten, und die Dayaks sind der Meinung, dass Derjenige, welcher es wagen würde, eines dieser Holzbilder zu beschädigen, eines plötzlichen Todes sterben müsste. (v. Kessel.)

Sehr bemerkenswerth sind auch die von den Dayaks mit dem Namen »knjalan« belegten Schnitzwerke, wovon ich eines in der Sammlung des Wiener Hofmuseums gezeichnet habe (Fig. 5). Es gibt eine grosse Menge von Arbeiten dieser Art, welche nur in unbedeutenden Einzelheiten von einander abweichen und sich im Allgemeinen zum Verwechseln ähnlich sehen. Sie sind durchwegs aus weichem, sehr leicht zu bearbeitendem Holze verfertigt und schwarz oder bunt bemalt — Anfänge der polychromen Plastik; die Hauptfigur ist in der Regel der Nashornvogel, stets aber ein vogel- oder (seltener) ein reptilienartiges Ungethüm. Der breite, plattrundliche Körper trägt auf Rücken und Schweif eine Figurengruppe, gewöhnlich einen Menschen, der einen Bären festhält oder Aehnliches; den langgeschnäbelten Kopf, an welchem die Zunge und ein zwischen den Schnabelenden festgeklemmter Fruchtkern deutlich unterschieden werden können, ziert eine stolz emporstrebende, nach rückwärts eingerollte Volute von edlen Krümmungsverhältnissen, die mit dem oberen Ende des an der Fläche ornamentirten aufgerichteten Flügels zusammenwächst. Sowohl die verständnissvolle Stilisirung des Nashornvogels, als auch insbesondere das äusserst charakteristische Erfassen der plumpen Bärengestalt mit den breit aufgelegten Sohlen lassen eine scharfe und zutreffende Naturbeobachtung erkennen.

»Manchmal findet man auf einem »knjalan« mehrere Menschen- und Thiergestalten, welche mit Kopf und Schweif der Hauptfigur eine zusammenhängende, in derselben Ebene liegende Kette bilden.« (Dr. Bacz.) Der Nashornvogel steht bei den Dayaks in hoher Verehrung und gilt als Sinnbild der Stärke und Heldenhaftigkeit; darum dürfen auch nur erprobte Kopfjäger ihre Kriegsrüstung mit seinen Federn zieren; das »knjalan« selbst spielt in den Festen zur Feier erfolgreicher Kopfjagden eine besondere Rolle. Geschnitzte Nachbilder des Nashornvogels (*Buceros ruficollis*) werden auch in Neu-Irland häufig angetroffen, wo sie bei der Aufführung bestimmter Tänze von den Acteuren zwischen den Zähnen festgehalten werden.[1]

Fig. 6.
Dayakische Gesichtsmaske.
(Dr. Bacz.)
(Ethnogr. Mus. Wien, Inv.-Nr. 28/88. Orig.-Aufn.)
Vergl. Text, Seite 36.

Fig. 7.
Dayakische Gesichtsmaske.
(Dr. Bacz.)
(Ethn. Mus. Wien. Inv.-Nr. 28/87. Orig.-Aufnahme.)
Vergl. Text, Seite 36.

Fig. 8.
Verzierter Menschenschädel.
(Novara-Exp.)
(Ethn. Mus. Wien. Inv.-Nr. 5488. Orig.-Aufn.) Vergl. Text, Seite 36.

Fig. 9.
Verzierter Menschenschädel.
(Novara-Exp.)
(Ethn. Mus. Wien. Inv.-Nr. 5484. Orig.-Aufn. Vergl. Text, Seite 36.)

Bei den Festen nach beutereichen Schädeljagden werden ausser den »knjalans« noch eigene Tanzmasken in Verwendung genommen, deren man sich indessen ebenfalls bei

---

[1] O. Finsch, Ethnologische Erfahrungen und Belegstücke aus der Südsee. Annalen des k. k. naturhistorischen Hofmuseums. Wien 1888, III, p. 132 und 111. Vergl. hiezu auch die Mittheilungen von Martens in Zeitschrift für Ethnologie IX, 1877, p. 492, worin bemerkt wird, dass der Nashornvogel und das Krokodil in dem Aberglauben der Dayaks eine Rolle spielen, so dass möglicherweise diese Darstellungen nicht bloss einem künstlerischen Zwecke dienen.

anderen Gelegenheiten, bei der Abhaltung von Kriegstänzen, Erntefesten und bei der nicht seltenen Inscenirung von allerlei Mummenschanz bedient. Ich habe in den Figuren 6 und 7 zwei Abbildungen derartiger Masken beigeschlossen. Fig. 6 zeigt eine Maske (ramma) aus weichem Holze in roher Arbeit; der Kopf ist länglich, die Ohren sind schlecht angedeutet, die Augen nicht durchbohrt, der Gesichtsausdruck entbehrt jeglicher Bedeutung; Fig. 7 ist von besserer Arbeit und soll wahrscheinlich das Conterfei eines Europäers oder eines Malayen vorstellen, wenigstens lässt darauf der Umstand schliessen, dass die Augenbrauengegend und die Ober- und Unterlippe mit Büscheln von borstenartig hervorstehenden schwarzen Haaren besetzt sind, was, da die Dayaks sowohl Bart- als Augenbrauenhaare auszupfen, nur als Satyre auf die bärtigen Europäer oder die ihre Augenbrauen schonenden Malayen aufgefasst werden kann. Die Ohren dieser Maske sind mit Messingringen geschmückt, wie sie die Dayaks zu tragen pflegen. Die Rückseite besteht aus einer Leistenhaube, welche sich gut über den Scheitel des Trägers legen lässt, und die über dem Hinterkopfe mittelst zweier Schnürchen befestigt werden kann. Ausser diesen menschlichen Angesichtsbildern werden noch, wie bereits früher erwähnt wurde, Alligatormasken von oft beträchtlicher Grösse bei den Vermummungen angewendet.

Die Kriegstänze werden unter dem Klange der Musikinstrumente von den maskengeschmückten Männern in voller Ausrüstung mit Mandau und Kliau aufgeführt; »die Tanzenden beginnen damit, dass sie in einiger Entfernung von einander langsam rundum gehen, indem sie grosse Schritte machen, mit den Füssen auf den Boden stampfen und ein wildes Geschrei ausstossen. Allmälig kommen sie einander näher, und es entspinnt sich zwischen ihnen ein Scheinkampf mit der stumpfen Seite des Mandau. In den nackt aufgeführten Proben werden statt der Säbel Rottanstöcke gebraucht und die Arme und Rücken mit Baumrinde bedeckt. Das Geschrei nimmt mit der Hitze des Kampfes zu, die Zuschauer stimmen mit ein und bald erhebt sich ein wildes Gekreisch, welches von der Stärke ihrer Lungen Zeugniss ablegt.«[1]) Zu den plastischen Arbeiten, allerdings sehr zweifelhaften künstlerischen Werthes, müssen noch die Modellirungen gerechnet werden, welche die Dayaks häufig an den erbeuteten Schädeln anzubringen pflegen, und die sich wenig vortheilhaft von den oft grossartig componirten eingeritzten Ornamentdecorationen des Schädeldaches unterscheiden, wovon geeigneten Ortes noch gesprochen werden soll. Fig. 8 und 9 zeigen zwei durch Modellirung umgebildete Todtenköpfe. Bei beiden ist die Vorderansicht des knöchernen Schädels durch künstlich aufgelegte Angesichtstheile verdeckt und bei dem einen durch eine eigenthümliche, dunkle, pechartige Masse, bei dem anderen durch Bossirung und Stanniolauflage (?) an Stelle der natürlichen Höhlungen des Knochenkopfes wieder eine Art menschlicher Physiognomie erzeugt. Die Augen sind durch um ein Mittelstück kreisförmig angeordnete Nassaschnecken dargestellt, Nase und Mund durch Kneten, Formen und Eintiefen beiläufig angedeutet, die Augenbrauen in reihenweise angeordneten Büscheln eingesetzt, wenn der erbeutete Kopf nicht der eines Dayak war etc. Es erübrigt zum Schlusse, noch einer bestimmten Art kleiner Modellirungen zu

---
[1]) C. Bock, a. a. O., p. 249.

erwähnen, welche unter dem Namen ›hampatong sadiri‹ die einfachsten Opfergegenstände der Dayaks vorstellen; es sind dieses etwa 10 Centimeter lange, aus Reismehlteig geknetete Püppchen von Menschengestalt, welche Porträts versinnlichen und als Ersatz für wirkliche, lebende Menschen den Göttern zum Opfer angeboten werden sollen. Man legt dieselben als Stellvertreter eines Erkrankten unter das Haus und hofft dadurch denselben losgekauft zu haben und seine Wiedergenesung herbeizuführen, oder man wirft einen Hampatong sadiri ins Wasser, wenn Jemand durch ein Krokodil angegriffen worden ist und sich noch rechtzeitig retten konnte, damit der Wassergott Djata, den man sich in der Gestalt dieses Reptils verkörpert denkt, über den Entgang der Beute nicht erzürnt werde. Manchmal wird auch neben diesen Püppchen, welche en relief auf einem Bananenblatte ruhen, die Gestalt der Naga oder Weltschlange dargestellt.[1]) Diese skizzenhaften Bemerkungen über die plastischen Künste der Dayaks dürften bei aller Unvollständigkeit, welche die Unzulänglichkeit des heute verfügbaren Materiales nach sich zieht, doch ergeben haben, dass die dayekischen Schnitzereien und Modellirungen, an sich noch roh, derb und vielfach unnatürlich, doch von dem Volke niemals als eine blos sinnlose Spielerei betrachtet werden, da sie, in dem unmittelbarsten Zusammenhange mit den religiösen Vorstellungen stehend, eine geheimnissvolle, mythische Weihe besitzen, sowie der ausserordentliche Reichthum an Hervorbringungen dieser Art für jeden Unbefangenen als Beweis dafür gelten wird, dass dieses Volk in Bezug auf die plastischen Künste wenn schon nicht über einen grossen Schatz an fertigem Können, so doch über einen grossen Schatz an allgemeiner, schaffensfreudiger Kunstliebe verfügt.

[1]) Grabowsky, Ueber verschiedene, weniger bekannte Opfergebräuche bei den Oloh Ngadju in Borneo. Internationales Archiv für Ethnographie. Bd. I, Heft 4, 1888, p. 133, und Hardeland, a. a. O., p. 94, s. v. ›diri‹. Die Weltschlange nennen die Dayaks ›naga galang petak‹, die Naga, die Stütze der Erde, zum Unterschiede von den anderen Nagas, den Seeschlangen, welche den Regenbogen und das Abendroth erzeugen. Hardeland, a. a. O., p. 370. Eine Figur, die Erdschlange vorstellend, ›naga naroarang‹, als Zaubermittel gebraucht, befindet sich im Museum der Rheinischen Mission zu Barmen. (Katalog, I, p. 9, Nr. 69.)

MALEREI.

MALEREI.

Die noch kindliche Kunst greift mit Vorliebe zur Farbe,[1]) auch wo es ihr nicht darum zu thun ist, Werke der Malerei im strengen Sinne des Wortes hervorzubringen. Die Grenzen der Künste sind daher in ihren Anfangsstadien minder scharf umrissen als in den Zeiten fortgeschrittener Entwicklung. Der Kunsthistoriker von Fach begegnet auf seinem Wege, der ihn nur bei den Blütheepochen der Culturvölker zu beschaulicher Rast einladet, blos ausgereiften Richtungen von bestimmtem Gepräge. Wer es sich zur Aufgabe gemacht hat, seitab liegende Pfade zu wandeln, die zu den Anfängen menschlicher Entwicklung zurückleiten, der wird dort, wo er die Künste in ihrem Werdeprocess antrifft, auf eine streng systematische Eintheilung verzichten müssen und die Einzelgebiete nur in beiläufigem Umriss zu begrenzen vermögen. Der Naturmensch ist weder Maler, noch Bildhauer, noch Architekt, oder besser er ist alles das zusammengenommen, sobald Bedürfniss und Neigung ihn dazu anspornen. So finden wir bei den Dayaks die Farbe an vielen Werken, welche dem Kunsttriebe ihre Entstehung verdanken, sich geltend machen, und an ihren plastischen Arbeiten ist vielfach das Bestreben ersichtlich, dieselben durch Bemalen lebensvoller zu gestalten.

Auch die Gegenstände des Alltagsgebrauches zeigen nicht selten, selbst wenn sie durch Schnitzen, Schneiden, Ritzen u. s. w. in irgend einer Weise ornamentirt sind, ausserdem noch die Hervorhebung einzelner Partien durch aufgemalten Decor. Von diesen Erzeugnissen, deren Besprechung in den bezüglichen Abschnitten dieser Abhandlung bereits erledigt wurde, will ich indess hier absehen und nur jene künstlerischen Hervorbringungen in Berücksichtigung ziehen, deren Ausschmückung lediglich der Technik des Malens ihre Entstehung verdankt. Hierher gehört der auf Tafel 10, Nr. 13 dargestellte Deckel einer Hausapotheke, dessen geschmackvolles, eingehängte Spiralen enthaltendes Ornament durch Farbenauftrag gebildet ist. Die Hausapotheke »supon«, eine aus Baumrinde angefertigte grosse cylindrische Dose, dient zur Aufnahme verschiedener heilkräftiger Kräuter, Wurzeln und Früchte, sowie zur Bergung krankheitverscheuchender Amulette. Die Handhabe des auf seiner oberen Fläche in der angegebenen Weise verzierten kreisrunden Deckels besteht aus einem primitiv geschnitzten Menschenkopfe. Das gemalte Spiralenornament kommt, ins Geradlinige übersetzt, in der Teppichweberei des Orients überaus häufig vor; ich habe

---

[1]) Ludwig Eckardt, Vorschule der Aesthetik. Karlsruhe 1864. I, p. 302.

in Fig. 10 ein derartiges Textilmotiv zur Vergleichung in den Text eingeschaltet. Eine andere Gruppe der hier zur Besprechung gelangenden Dajakornamente sind die mit schwarzer Farbe auf Bastjacken gemalten Bordüren und Arabesken Tafel 8, Nr. 4, 6, 9, 12. Diese Jacken sind aus Bast oder aus derbgeflochtenen Stricken verfertigt und die vollendeten Kleidungsstücke sodann an einzelnen Theilen durch Malerei in der durch die Zeichnungen charakterisirten Weise verziert.

Während die Motive, welche ihre Entstehung der Webe- und Wirktechnik verdanken, ausschliesslich geometrische sind, treten hier, dem freieren Zuge der Malerei entsprechend, kühn geschwungene Bögen und reizvoll gegliederte, freicurvige Ornamente auf, wobei ich das Vorkommen einer Form, die dem griechischen Eierstabe fast völlig analog ist, nicht unerwähnt lassen kann. (Tafel 8, Nr. 12.) Auch die in demselben Ornamente unmittelbar über dem »Eierstabe« stehende Reihe erinnert sehr an griechische noch ungegliederte Palmetten.

Fig. 10.
Ornament von einem Daghestan-Teppich.
(Privatbesitz, Orig.-Aufnahme.)
Vergl. Text, Seite 42.

Die weitaus wichtigsten und originellsten Hervorbringungen der dayakischen Malerei sind jedoch die bizarren Decorationen der Schilde. (Tafel 7, Nr. 7; Tafel 9, Nr. 1, 3; Tafel 10, Nr. 6, 7, 8, 9, 10; vergleiche auch die vielen einschlägigen Textfiguren.) Die in der Regel bemalten Schilde »kliau«, »talawang«, »trabai« zeigen, wie sich aus einer vergleichenden Betrachtung der Illustrationen und der Tafelbilder ergibt, durchaus figurale Darstellungen, deren einzelne allerdings in einer solchen Vollständigkeit zum Ornamente umstilisirt sind, dass in ihnen kaum noch die Figurenelemente erkannt werden können. (Vgl. Tafel 9, Nr. 1 und 3.) Die dem Feinde zur Abwehr entgegengehaltene Vorderseite des länglich sechseckigen Schildes enthält in dem oblongen Mittelfelde, welches nach dem Abstriche der beiden oben und unten angesetzten gleichschenkeligen Dreiecke und nach Wegfall des von zwei oder vier schmalen, rechteckigen Bordüren beanspruchten Raumes verbleibt, das — in zumeist zwei Farben — gemalte Bild eines mehr oder weniger grotesk aufgefassten Dämons. Die Sitte, Wehr und Waffen, namentlich aber die dazu in besonders hohem Grade herausfordernde ausgedehnte Schildfläche durch allerlei Bildwerk auszuzieren, ist und war zu allen Zeiten Cultur- und Naturvölkern in gleicher Weise eigen. »So machen es die Wilden, so machten es die Alten, so die Mittelalterlichen und die Modernen, so ganz vor allem die Orientalen....«[1])

Mit welchem Stolze die Alten die Waffenzier betrieben, und wie namentlich die Schilde der griechischen Heerführer Meisterwerke reicher, sorgfältiger, ideenreicher und kostbarer Arbeit gewesen sind, lehren die ausführlichen Beschreibungen vom Schilde des

---

[1]) Jakob v. Falke, Aesthetik des Kunstgewerbes, Stuttgart 1883, p. 200.

Achilleus bei Homer und des Herakles bei Hesiod [1]) und wenn auch angenommen werden kann, dass die dichterische Phantasie Wunder vollkommenster Ausführung geschaut, deren Hervorbringung den Gold- und Waffenschmieden jener Zeit unmöglich gewesen wäre, so dürfte doch die poetisch verklärte Schilderung auf wirkliche Vorbilder von annähernd reicher Durchbildung zurückzuführen sein.

Zu den Schilddecorationen wurden im Alterthum ausser figurenreichen Darstellungen mit Vorliebe Masken und Fratzen gewählt; namentlich ist es das Haupt der Gorgo Medusa, einer der drei furchtbaren, die Menschen durch den blossen Anblick versteinernden Gorgonen, welches schon in der Mythe von Perseus der Athene als Schildzier angeboten, in der Folge eine ausgedehnte Anwendung zur Decoration von Brustharnischen und Schilden erfuhr. »Die ältere, archaische Darstellung bildet das Gorgonenhaupt hässlich, schreckend und abstossend; die spätere griechische Zeit (unter Praxiteles) formt es in starrer gewaltiger Schönheit. (Die sogenannte ‚Rondaninische Medusa' in der Glyptothek in München«.[2]) Aeschylus beschreibt die Gorgonen als geflügelte Jungfrauen mit ehernen Klauen und ungeheuren Zähnen, entsetzlichen Anblick gewährend, und das in den meisten Kunstperioden nachweisbare Behagen an der Darstellung geistvoll erfundener, ungewöhnlicher und abenteuerlicher Hässlichkeit dürfte mit ein Ansporn für das Zustandekommen vieler Medusendarstellungen gewesen sein, wie es ja auch bekannt ist, dass Michelangelo in seiner Jugend gerne verzerrte Fratzengesichter componirte, Lionardo abschreckende Physiognomien niederschrieb und die Meister der Renaissance von Raphael ab in den verschrobensten Grotesken schwelgten. Doch hat speciell die Verwendung der Gorgone zur Schilddecoration nicht blos einen künstlerischen Grund gehabt, sondern sie wurde auch durch die abergläubische Vorstellung begünstigt, dass dem dämonischen Haupte der Medusa die Kraft innewohne, Unheil abzuwehren, Gefahren zu bannen, Angriffe gegen die Person des Trägers wirkungslos zu machen. In den Dämonenschilden der Dayaks dürfen wir wohl mit Recht eine ethnographische Parallele constatiren. Wir

Fig. 11.
Chinesisches Fratzengesicht von einem flachen Fläschchen aus Nephrit. (Ambraser-Sammlung.)
(Ethnogr. Mus. Wien, Inv.-Nr. 10578. Orig.-Aufnahme.)
Vergl. Text, Seite 48.

---

[1]) Bruno Bucher, Reallexikon der Kunstgewerbe. Wien 1883, p. 342.
[2]) F. S. Meyer, Handbuch der Ornamentik. Leipzig 1888, p. 115.

mussten bereits bei der Betrachtung der plastischen Arbeiten dieses Volkes zu der Erkenntniss gelangen, dass dieselben, fast nur von religiösen Ideen getragen, den Ausdruck abergläubischer Furcht und abergläubischer Hoffnung versinnlichen. Und ganz ebenso wie die Hampatongs zu dem Zwecke angefertigt wurden, um den Kampong, das Reisfeld oder die Begräbnissstätte gegen Unbilden jeder Art durch übernatürlichen Zauber zu schützen, wird wohl auch dem Dämon, der mit drohenden Blicken und geöffnetem, hauerbesetztem Rachen dem Feinde von der äusseren Schildfläche entgegenstarrt, von den gläubigen Trägern der Schilde eine ähnliche Aufgabe zugemuthet worden sein.

Fig. 12.
Mascaron von einer chinesischen Nephrit-
vase.
(Ethnogr. Mus. Wien, Inv.-Nr. 11672.
Orig.-Aufnahme.)
Vergl. Text, Seite 15.

Inwieweit bei den ursprünglichen Gebilden dieser Art auf die abschreckende und einschüchternde Wirkung weitgehendster Hässlichkeit und wildester Abenteuerlichkeit gerechnet worden sein mochte, kann hier nicht näher untersucht werden. Hat ein solches Motiv bei der Ausführung dieser Schildereien mitgewirkt, dann sind die phantastischen Ungeheuer, welche uns dämonisch von den Schilden entgegengrinsen, zum Theile gewiss auch das Ergebniss eines Wettstreites, welcher im Kampfe ums Dasein nach einem stets drastischeren Mittel der Abwehr und der Einschüchterung suchte.

Bei dem unzweideutigen Bestreben nach möglichst vollendeter Grauenhaftigkeit der dargestellten teuflischen Physiognomien ist doch auf denjenigen Schilden, wo die Figur des Dämons nicht in Arabeskengewinde aufgelöst erscheint, die menschliche Gestalt als Vorbild noch in ihren Haupttheilen erkennbar. (Vergl. Fig. 27.) Man kann den Satz der Bibel, wonach Gott den Menschen nach seinem Ebenbilde geschaffen, mit grosser Berechtigung auch umkehren.[1]

Bevor ich nun auf die Besprechung der in den Illustrationen und Tafeln vorgeführten Schilde im Einzelnen eingehe, will ich versuchen, die Frage in Erwägung zu ziehen, ob diese seltsamen Schöpfungen der dayakischen Kunst auf einen fremdländischen Einfluss hinweisen, und wie die Annahme eines solchen etwa erklärt werden könnte. Die Darstellung von Masken, von bizarren Fratzengesichtern und eigenartig verzerrten oder

---

[1] »Aber die Sterblichen wähnen, die Götter entstünden wie Menschen,
Hätten menschlich' Gefühl und Stimme und Körpergestaltung.
Ochsen und Löwen würden wohl auch, wenn Hände sie hätten,
Und sie mit Meissel und Pinsel die Gottheit bilden sich könnten,
Aehnliches thun: dem Pferd wäre Gott ein Pferd und dem Ochsen
Wär' er ein Ochs; ein jeglicher würd' sich ähnlich ihn denken.«
(F. S. Mayer, a. a. O., p. 107.)   Xenophanes von Kolophon (600 v. Chr.).

45

ornamental stilisirten Physiognomien ist auf vielen Erzeugnissen der Kunst Ostasiens auffallend häufig; man kann sie als eines der beliebtesten Decorationsmotive bezeichnen. (Vergl. Fig. 11—17.)

Da sieht man in Spiralen und Ranken auslaufende menschliche oder thierische Gesichtsmasken, welchen die Partien des Unterkiefers gänzlich fehlen, bei denen Haare, Ohren, eventuell Hörner durch Arabeskengebilde ersetzt sind, solche, wo nur noch das Vorhandensein der Augen die Vorstellung eines Kopfes wachruft, und solche, wo spiralig eingerollte Nasenflügel oder willkürlich geschweifte Oberlippencurven den Contour nach unten begrenzen (Fig. 11 und 12); dann stösst man wieder auf andere, die zwar vollkommen ausgebildet, aber blos in einem schematisch stilisirten Curvengewinde hingeschrieben sind (Fig. 13), oder solche, die quer durch den Mund längs einer Geraden abgeschnitten erscheinen, so dass nur noch die nach aufwärts gezogenen Mundwinkel, in einem lächelnden Grinsen erstarrend, auf der Bildfläche sichtbar bleiben (Fig. 14 und 15). Alle diese Ornamentmasken finden sich entweder auf Erzeugnissen des chinesischen Kunstgewerbes, oder sie weisen ihrer ganzen Anlage nach sicher auf chinesischen Ursprung hin.

Fig. 13.
Chinesisches Fratzengesicht von einer Bronzevase. (Herdtle, Ostasiatische Bronze-Gefässe und Geräthe. Wien. Taf. VIII.)
Vergl. Text, Seite 45.

Die Vorliebe der Chinesen für Darstellungen dieser Art lässt sich bis in die ältesten Zeiten zurückverfolgen. Freiherr von Richthofen bildet in seinem Werke über China zwei Ting-Urnen und ein Tsun-Gefäss aus der Schang-Dynastie ab, welche sämmtlich den früher geschilderten charakteristischen Maskendecor aufweisen, und bemerkt dazu:[1)]

»Unter Ting versteht man eine Art Urnen mit drei Füssen und zwei Ohren, welche zu den ältesten Formen chinesischer Bronzegeräthe gehören. Diese Industrie reicht in China in sehr frühe Zeit zurück, und die aus ihr hervorgegangenen Gegenstände sind, nächst den schriftlichen Aufzeichnungen, die kostbarsten Reliquien des hohen Alterthums. Sie blühte insbesondere während zweier Perioden, nämlich in den ersten Jahrhunderten der Shang- und unter den ersten Kaisern der

Fig. 14.
Mascaron von einem vierkantigen Bronzebecher Kakih-bungah aus Siam.
(Scherzer, Ostasiat. Exped.)
(Ethnogr. Mus. Wien. Inv.-Nr. 4544. Orig.-Aufnahme.)
Vergl. Text, Seite 45.

Tshóu-Dynastie (1766 bis 1496 und 1100 bis 900 v. Chr.), soweit man die auf vielen derselben befindlichen Inschriften zu entziffern vermocht hat. Die Gegenstände sind ausschliesslich Gefässe, niemals thierische oder menschliche Nachbildungen für sich allein.

[1)] Ferd. Freih. v. Richthofen, China. Berlin 1877, I, p. 369.

Doch sind phantastische Anklänge an die menschliche Gesichtsbildung und an Thiergestalten in der Ornamentik deutlich zu erkennen, wenn auch ein grosser Theil der letzteren aus Liniencombinationen hervorgeht.«

In der Anlage mit diesen Bildungen verwandt und nur in der Führung der freigeschwungenen Curvenzüge eine andere Herstellungstechnik verrathend, sind die in hartem Holze prachtvoll und mit ausserordentlicher Sauberkeit geschnittenen Verzierungen auf javanischen Krisgriffen, wovon ich in Fig. 16 und 17 zwei besonders charakteristische Beispiele aus der Wiener Sammlung beigebracht habe. Auch aus diesen Formen wird man, wie ich glaube, ohne viel Mühe die menschlichen Angesichtstheile herausfinden können, obschon das hier wegen der in ununterbrochenem Flusse zusammenhängenden Spiralenwindungen etwas schwieriger ist als bei den chinesischen Bronzemasken. Doch begrenzen die namentlich in der Wangengegend an neuseeländische Tätowirmuster gemahnenden Spiralengänge ganz deutlich die Augen und die breit herausgerundeten Nasenflügel; auch Ober- und Unterlippe treten gut erkennbar hervor. Fig. 18 zeigt den mit riesigen Hauern besetzten Kopf eines siamesischen Fabelthieres, dessen Leib in ein Flossengebilde endigt.

Fig. 15.
Fratzengesicht von einem chinesischen Bronzegefäss. (Haus.)
(Ethnogr. Mus. Wien. Inv.-Nr. 3186. Orig.-Aufnahme.
Vergl. Text, Seite 46.

Die Darstellung derartiger der Einbildung entsprungener Märchengestalten, ein Beweis für den phantastischen Zug der ostasiatischen Kunst, hat gewiss auch zu der Combination halb thierischer, halb menschlicher, räthselhaft gebildeter Dämonengestalten mit beigetragen, die wir an den kunstgewerblichen Erzeugnissen Chinas und der von hier aus künstlerisch befruchteten Länder wahrnehmen.

Unter den durch die bildende Kunst Asiens verkörperten Fabelthieren nehmen die balinesischen Raksása-Gestalten eine besondere Stellung ein. (Vergl. Fig. 19.)

Die Rákschasas[1] sind in der indischen Theogonie gewaltige Riesen, welche von Ráwana, dem mächtigsten unter ihnen, der neun oder zehn kronenbesetzte, mit heiliger Asche gezeichnete Häupter hat, befehligt werden. Er hat zwanzig bewaffnete Hände; aus dem Munde eines jeden Gesichtes stehen ihm Löwenzähne heraus. Dem Ráwana ebenbürtig an Macht und Berühmtheit sind seine zwei Brüder Kumbhakarna und Wibhíschana, jedoch ist ihnen allen Bana-ásura, welcher 1000 Köpfe und 2000 Hände hat, an Grausamkeit überlegen. Es wird gesagt, dass die Rákschasas, ehemals bei den Göttern sehr beliebt, durch einen Fluch in ungestaltete, grauenhafte Riesen verwandelt worden

---

[1] skr. राक्षस, fem. राक्षसी Rákshasá; mal. رقسس, Rakása.

seien. Die Residenz Râwanas und der eigentliche Wohnort der Râkschasas soll Ceylon gewesen sein, von wo aus sie Könige und Götter fünfzigtausend Jahre lang regierten. Den Râkschasas ähnlich gebildet, aber von noch schrecklicherem Aussehen und von noch rücksichtsloserer Grausamkeit ist ein anderes Riesengeschlecht, das der Asuras.

Die Geschichte ihres Herkommens wird von einem Inder in einem Briefe folgendermassen dargestellt: »Es war König über alle vierzehn Welten Dakscha. Ihm war Parvati als Tochter geboren worden, welche nachmals Isvara heiratete, indem er zugleich den Dakscha sehr erhob. Dieser aber wird stolz und achtet Isvara nicht mehr gross; endlich untersteht er sich gar, Isvara von seinem göttlichen Throne zu stossen und einen andern Gott zu machen. In dieses Consilium willigten alle Götter und Propheten, sogar auch Vischnu und Brahma, die alle bei Dakscha zusammenkamen und ein Yaga machten. Dies Vornehmen zerstörte Isvara durch Vira-Bhadra und verfluchte alle Götter und Propheten, die darein gewilligt hatten. Dieser Fluch bestand darin, es sollte eine grosse Riesin — Mahâmâya (grosse Täuschung) — entstehen, und von ihr sollte ein Geschlecht Riesen mit dem Namen Asuras (Nicht-Götter) herkommen. Diese sollten die Götter und Propheten eine Zeit von vielen tausend Jahren plagen, weil sie in Dakscha's Vornehmen gewilligt hätten.

Hierauf entstand nun die grosse Riesin Mahâmâya, verfügte sich in einen Wald zu einem büssenden grossen Propheten, dem Vater des Götterkönigs Dévendra. Diesen störte sie mit ihrer List in seiner Busse, dass er sich mit ihr verging,

Fig. 16.
Ornamental stilisirte Gesichtsmaske auf einem in Holz geschnittenen javanischen Kriegriff. Von Sri Pengatih zu Djokjakarta in Java für den Sultan Hamankhu Bawono IV. verfertigt.
(Weynschenk.)
Ethnogr. Mus. Wien. Inv.-Nr. 22975. Orig.-Aufnahme.)
Vergl. Text, Seite 48, Fig. 78.

Fig. 17.
Ornamental stilisirte Gesichtsmaske auf einem in Holz geschnittenen Kriegriff aus Planti-angan in Java aus dem Jahre 1507.
(J. A. Diedukman.)
Ethnogr. Mus. Wien. Inv.-Nr. 23050. Orig.-Aufnahme.
Vergl. Text, Seite 48, Fig. 78.

und da wurde denn von ihr der grosse Riese Surapadma (Krieger) geboren und nachmals noch zwei andere, Sinhomukasûra (Held mit dem Löwengesicht) mit tausend Köpfen und zweitausend Händen, und Tarakâsura mit einem Elephantenrüssel. Als diese von ihrem Geschlechte benachrichtigt wurden, dass Dévendra's Vater sie gezeugt, so wollten sie noch etwas mehr sein als der Götterkönig und thaten etliche Tausend Jahre harte Busse, wodurch der älteste Bruder zum Könige über die vierzehn Welten eingesetzt wurde, dass er selbige hundertacht Weltzeiten beherrschen sollte. Hierauf breitete er sich in seinem Riesengeschlecht aus und war eine Plage der Götter und Propheten und aller Könige, welche er zu seinen Sclaven machte. Endlich, als diese so lange geplagt worden waren, thaten sie sehr strenge Busse, um von Isvara als Gabe zu erlangen, dass er Sûrapadma mit seinem Riesengeschlecht ausrotten wolle. Und weil die Zeit ihres Fluches vorbei war, so gewährte ihnen Isvara solche Bitte und liess durch seinen Sohn Subhramanya das ganze Riesengeschlecht gänzlich ausrotten.«[1])

Die indische Theogonie lässt in der Schöpfungsgeschichte die titanischen Asuras den Göttern vorhergehen; denn da Brahma, von dem Drange erfüllt, die vier Classen von Wesen: Götter, Dämonen, Patriarchen und Menschen, zu schaffen, sich concentrirte, wurde sein Körper in allen Theilen von schwarzer Finsterniss erfüllt, und aus seinen Lenden gingen die Erstgebornen der Schöpfung, die Dämonen, die Asuras hervor. Die Finsterniss wich hierauf aus Brahma's Wesen und wurde zur Nacht; er aber empfand Wohlbehagen, und indem er zu schaffen fortfuhr, gingen aus seinem Munde die guten Götter hervor. (Wischnupurâna 39, 40.)

Vom Ursprung der Râkschasas gibt das Wischnupurâna folgenden Bericht: »Von Brahma in einer Form, gebildet aus der Eigenschaft der Hässlichkeit, ging der Hunger aus und Hunger erzeugte Zorn, und der Gott brachte hervor in Dunkelheit von Hunger ausgedörrte Wesen, scheusslich anzusehen mit langen Bärten. Diese Wesen eilten auf die Gottheit zu, und die, welche ausriefen: ‚o erhalte uns‘ (raksha, erhalten), wurden Rakschasas, die Anderen, welche ausriefen: ‚lass' uns essen‘ (yaksha, essen), wurden Yakschas genannt.« (Ziegenbalg.) In der Rangordnung der Geschöpfe stehen nach Manu die Râkschasas in der dritten Classe; auf der untersten Stufe sind die unorganischen Stoffe, die Würmer, Insecten, Fische, Schlangen, Schildkröten, Hunde und Esel; in der zweiten Classe die Elephanten, Pferde, Löwen, Eber, die Sûdras und die Mlêtschas (Völkerstämme des nördlichen Indien, welche keine Kenntniss der Sanskritsprache besitzen); in der dritten Classe sind eingereiht die Schauspieler, Gauner, die Râkschasas und Piśâtschas; in der vierten Classe befinden sich die Ringer und Faustkämpfer, die Tänzer, Waffenschmiede etc.; in der fünften die Könige, die Kschatriyas etc.; in der sechsten die Brahmanen, die Büsser, die Götter, sie alle werden überragt von Brahma.[2])

Die Râkschasas werden einerseits als Dämonen aufgefasst, als finstere Wesen, als Riesen, als feindliche Luftgeister, welche in der Nacht, wenn die Götter sich zurückgezogen haben, ihr Unwesen treiben, und gegen die der wachehaltende Götterbote Agni aufgestellt ist, um sie, wenn sie sich nahen, mit seinen Pfeilen zu durchbohren, anderseits gelten sie in der epischen Periode — und vielleicht kann man Spuren dieser Auffassung schon in den Wedas finden — als Personificationen der Urbewohner Indiens. It is certainly likely that at some remote period, probably not long after the settlement of the Aryan races in the plains of

---

[1] Bartholomäus Ziegenbalg, Genealogie der malabarischen Götter. Herausgegeben von Dr. Germann. Madras 1867, p. 194.
[2] Paul Wurm, Geschichte der indischen Religion. Basel 1874, p. 80.

the Ganges, a body of invaders, headed by a bold leader, and aided by the barbarous hill tribes, may have attempted to force their way into the peninsula of India as far as Ceylon. The heroic exploits of the chief would naturally become the theme of songs and ballads, the hero himself would be deified, the wild mountaineers and foresters of the Vindhya and neighbouring hills, who assisted him, would be politically converted into monkeys, and the powerful but savage aborigines of the south into many headed ogres and bloodlapping demons (called Rakshásas).[1]

Abenteuer verschiedenster Art besteht der Affe Hanuman, welcher ausgezogen war, um in Râwana's Hauptstadt die geraubte Sitâ zu suchen. Schon bei seinem Fluge über das Meer wird er von der Mutter der Nâgas, der Rákschasî Surasâ, aufgehalten, welche, um den ins Ungeheuerliche anwachsenden Körper des Affengenerals zu verschlingen, ihren Mund um das Hundertfache seiner natürlichen Weite vergrössert. Er aber, plötzlich zusammenschrumpfend, entschlüpft durch ihr rechtes Ohr. Auf dem weiteren Fluge verschlingt ihn ein zweites, über dem Ocean lagerndes Râkschasimonster, Sinhika; Hanuman jedoch führt mit Blitzesschnelle durch ihren Körper, reisst ihre Eingeweide heraus und rast weiter durch die Lüfte. Schliesslich erreicht er die ersehnte Küste, presst seine vorher kolossalen Formen bis auf die Grösse einer Katze zusammen, um so in Lanka, Râwana's Stadt und Ceylons Hauptstadt, einzuziehen. Viele von den Râkschasas, die er hier antrifft, erfüllen ihn mit Ekel, andere jedoch entzücken ihn durch ihre himmlische Schönheit. Einige hatten lange Arme und grässliche Gestalten;

Fig. 18.
Kopf eines Fabelthieres aus Siam.
(Riebeck.)
(Ethn. Mus. Wien. Inv.-Nr. 29311. Orig.-Aufnahme.)
Vergl. Text, Seite 46.

Fig. 19.
Kopf eines Rakshsa aus Bali. Von Singa-radja.
(Dr. Svoboda, »Aurora«.)
(Ethn. Mus. Wien. Inv.-Nr. 29/93. Orig.-Aufnahme.)
Vergl. Text, Seite 46, 50.

einige waren riesig dick, andere unbeschreiblich mager; einige waren zwergenhaft, andere von enormer Grösse; einige hatten nur ein Auge, andere nur ein Ohr; einige hatten einen kolossalen Wanst und herunterhängende, schlaffe Brüste; andere hatten lang hervor-

---

[1] Prof. Williams Indian Epic Poetry citirt in Edward Moor, The Hindu Pantheon. Madras 1864, p. 120.

stehende Zähne (Hauer) und gekrümmte Leiber; einige konnten sich verwandeln in was und so oft sie wollten; manche waren von verführerischer Schönheit. Ausserdem sieht er zwei-, drei- und vierfüssige Rakschasas, welche Köpfe von Schlangen, Eseln, Pferden, Elephanten und solche von ganz unbeschreiblicher Unförmlichkeit besitzen.

Die Rakschasas und Yakschas werden gewöhnlich als böswillige, dem Menschen und den Göttern feindliche Dämonen angesehen; bisweilen aber vertreten sie auch die Stelle guter Geister, »sometimes Yakshasas are benevolent, or at least classed with good beings, (Ramayana, p. 122) sometimes malignant (ib. p. 185).«[1]) Wie aus diesen Darstellungen hervorgeht, entbehrt der diese Dämonen betreffende Mythus einer bestimmten Deutlichkeit. Da man sich darunter Wesen vorstellt, welche (nach der Erzählung von Hanuman) in allen möglichen abenteuerlichen Gestalten erscheinen können, so gibt es für die künst-

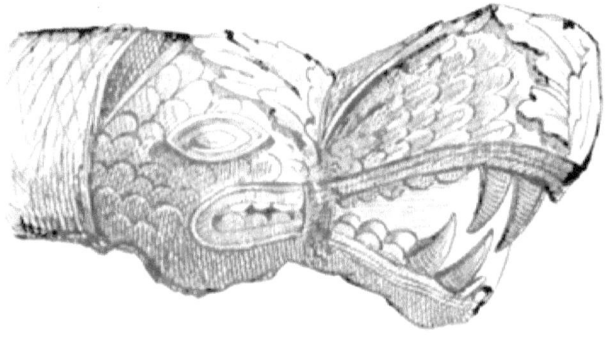

Fig. 20.
Griff eines Batta'schen Haumessers »parang« mit schön aus Büffelhorn geschnitztem Drachenkopf. Gebraucht von den Orang lussun, einem Zweige der Karos. Sumatra. (Dr. Hagen.) Lithogr. Mus. Wien. Inv.-Nr. 37551. Orig.-Aufnahme. Vergl. Text, Seite 54.

lerische Phantasie bei der Conception von Rakṣasabildnissen keine Schranken; ein ausgesprochener Typus dieser proteusartigen Fabelwesen existirt daher der Sage zufolge nicht. Es ist demnach mehr eine Consequenz von traditioneller Usance und künstlerischem Conservativismus, wenn trotzdem zahlreiche Rakṣasadarstellungen von typischer Auffassung zu verzeichnen sind. Die Rakṣasagestalten von Bali (siehe den Kopf einer solchen in Fig. 19) sind greifenartige Gebilde mit flügelähnlich ausgebreiteten Ohren, konisch in Treppenabsätzen vorspringenden Augen und geöffnetem hauerbesetztem Rachen. Die Balinesen behaupten, dass ihre Abstammung auf eine sehr alte Zeit zurückgehe, und dass ihr Geschlecht von den Rakṣasas herzuleiten sei. In dieser fabelhaft zu nennenden Zeit würde sich der Sage nach die Macht auf dieser Insel unter zwei Despoten vertheilt befunden haben.

[1]) Edward Moor, The Hindu Pantheon, Madras 1864, p. 238.

Seit dieser Epoche, worüber nähere Daten nicht bekannt sind, habe sich die Hindureligion auf Bali verbreitet.[1])

Ein anderes, im Kunstgewerbe Ostindiens überaus häufig anzutreffendes, und wenn auch im Allgemeinen typisch, so doch mit mancherlei Varianten dargestelltes Fabelthier, dessen Abbildungen viele Züge aufweisen, welche an die Dämonenmasken auf Dayakschilden erinnern, ist der Drache. Dieses märchenumwobene Ungeheuer, welches in der Mythologie vieler Völker eine wichtige Rolle spielt, dem jedoch in den Sagen und religiösen Legenden der Europäer die furchtbarsten Schrecken, welche die Einbildungskraft zu ersinnen vermag, angedichtet werden, und das im Occident allgemein als ein blutdürstiges und widerwärtiges Scheusal betrachtet wird, geniesst in Ostasien hohe Verehrung und gilt speciell in China und Japan als ein wohlthätiges, segenbringendes, göttliches Wesen. Der Drache erscheint den Bewohnern des fernen Ostens als das Sinnbild des Regens, der Fruchtbarkeit, des Lebens und selbst als Symbol der kaiserlichen Würde; die Reichsflagge zeigt einen schwarzen Drachen auf gelbem Felde; Schiffe, Häuser, Stickereien, Gefässe, Bronzen und tausenderlei Dinge der Kleinkunst sind mit seinem Abbilde geziert, und während bei uns die Drachentödter, Lindwurmbezwinger und

Fig. 21.
Chinesischer Drache (lang), den mit dem Yin- und Yang-Symbol geschmückten Sonnenball auspeiend. Decor einer reichverzierten Vase in Email cloisonné.
(Hoster, Handelsmus. zu Wien. Orig.-Aufnahme.)
Vergl. Text, Seite 50, 59, 76.

Georgsritter geehrt und bewundert werden, bewundert und lobpreist man umgekehrter Weise in China den Drachen selbst, so dass der amerikanische Missionär Wells Williams (Middle Kingdom I, 309) sarkastisch ausrufen konnte: »Das alte Drachenungethüm hat sich um den Kaiser von China herumgeschlungen und lässt sich als eine der hauptsächlichsten Stützen seiner Macht in dieser Welt von einem Drittheil der Menschheit vergöttern.«[2]) Der Drache der Chinesen hat mit dem Teufel der Christen, mit dem Drachen der Apokalypse,

---

[1]) Temminck, Coup d'œil sur les possessions néerlandaises dans l'Inde archipélagique. Leide 1846, I. p. 341.
[2]) G. Schlegel, Uranographie Chinoise. La Haye et Leyde 1875, p. 49.

mit dem Typhon der Aegypter und mit dem Ahrimän der Perser keinerlei Verwandtschaft; denn während diese als Feinde des Guten, als unholde Bekämpfer des Lichts sich im Gegensatze zu Osiris und Ormusd befinden, knüpfen sich an die segensreiche Wirksamkeit des chinesischen Drachen vielfache Hoffnungen. Auch die Darstellungen des Lung, wie dieses Fabelthier bei den Chinesen genannt wird, sind sehr verschieden von der Vorstellung, die man sich bei uns vom Drachen gemacht hat; wenn wir uns denselben als ein furchtbares geflügeltes Ungeheuer denken, so bilden allein schon die Flügel, welche dem chinesischen Lung fehlen,[1]) einen wesentlichen Unterschied. Im Uebrigen weichen allerdings auch die einzelnen chinesischen Schilderungen, namentlich aber die verschiedenartigen Verkörperungen des Drachen in Werken der bildenden Kunst nicht unerheblich von einander ab.

Fig. 22.
Zweigehörnter Drache von einem reich in Seide gestickten chinesischen Staatsgewande.
(Oesterr. Handelsmus. zu Wien, Orig.-Aufnahme.)
Vergl. Text, Seite 59, 72, 82.

Eine detaillirte Beschreibung finden wir im Schuo-yuen: nach derselben trug der chinesische Drache auf der Nase ein Horn, welches dem neuen Triebe eines Hirschen glich; er hatte einen Kameelkopf, Augen wie eine Schlange, einen Froschbauch, Fischschuppen, Adlerkrallen, Tigertatzen und Stierohren. Im Allgemeinen stimmen alle Schilderungen darin überein, den Lung als ein krokodilartiges Monstrum und als das grösste Süsswasserthier hinzustellen, das jemals existirte; er gilt als ein eierlegendes Thier, dessen Gebeine man noch überall in den Flussthälern von Schan-si, Schan-tung und Tsci-hli findet, und es wird, was ihn als einen Verwandten der Saurier charakterisirt, von ihm gesagt, dass er sich zur Abhaltung eines Winterschlafes in den Sümpfen verberge.[2])

De Groot erzählt, dass in China beinahe jeder Droguist oder Apotheker von einigem Ansehen fossile Lungzähne von zweifelhafter Provenienz als Gesundheitsamulette verkaufe; am wahrscheinlichsten ist es, dass das Vorbild für den Drachen eine ausgestorbene Alligatorart (etwa der Teleosaurus) gebildet habe. In dem berühmten Werke Pen-thsao (Materia medica) finden wir Zeichnungen von spitzen, ineinanderschliessenden Drachenzähnen, und nach chinesischen Autoritäten soll der ganze Drache in fossilem Zustande an verschiedenen Orten Chinas beobachtet worden sein. In einer dieser Schriften wird gesagt, dass man Knochen des Lung, und zwar Zähne, Horn, Schwanz und Tatzen, auf

---

[1]) Die japanische Kunst kennt auch den geflügelten Drachen. Sehr schöne Darstellungen dieser Art an einer japanischen Rüstung im Hamburger ethnogr. Museum, Nr. 1193. (L. Gerss).

[2]) Schlegel, a. a. O., p. 49, 50, und J. J. M. de Groot, Jaarlijksche feesten en gebruiken van de Emoy-Chineezen. Verhandelingen van het Bataviaasch Genootschap 1885. XLII, p. 288, 289.

Hügeln und in Höhlen findet, woraus die Wolken emporsteigen und woher die Regen kommen. »Les plus grands squelettes ont une longueur qui varie de cinq pieds chinois à plusieurs dizaines de tchang. (Le tchang mesure 10 pieds chinois.) Le squelette entier a été trouvé par les paysans qui cherchaient du bois. Les „Mémoires des Choses magique' disent qu'il y a dans le canton de Tsin-ning un ilot, appelé *l'îlot des dragons enterrés*. Les vieillards de l'endroit disent que des os de dragon existaient dans cet îlot et qu'on en avait retiré quantité dans l'eau qui entoure cet îlot. En fouillant la terre, on a encore trouvé beaucoup d'os de dragon dans le canton des cinq cités, dans l'ancienne province de Chou.«[1]) Ausserdem sollen auch noch, nach dem Pen-tshao, während der Zeit der Tsin-Dynastie (265—420 n. Chr.) viele Drachenfossilien in Flüssen und Thälern aufgefunden worden sein. In den historischen Schriften der Chinesen sind sehr wenige Ueberlieferungen über den Alligator der südlichen Provinzen niedergelegt. Der hauptsächlichste Bericht, welcher auch in das kaiserliche Wörterbuch von Khanghi aufgenommen wurde, steht unter dem Artikel »Han-Yu« in den officiellen Geschichtsbüchern der Tang-Dynastie. Han-Yu, ein Staatsmann, Dichter und Gelehrter (bekannter unter dem Namen Han-Wün-Kung) lebte zwischen 768 und 824 n. Chr. Zum Gouverneur über die damals noch halbbarbarischen Landstrecken Tschao-tschau im nördlichen Theile der gegenwärtigen Provinz Kwang-tung von Kanton ernannt, fand er das Volk in tiefer Niedergeschlagenheit wegen der Verheerungen, welche daselbst zahllose Krokodile unter Menschen und Thieren anrichteten; er warf ein Schaf und ein Schwein als Opfergaben in den Fluss, »en zie, des avonds staken zware winden

Fig. 23.
Chinesischer Reiterschild, mit Tigermaske verziert.
(Facsimile-Copie aus dem Werke Memoires sur les Chinois, T. VII, Pl. XXX, Nr. XI, 10.) Vgl. Text, Seite 64, 68.

en hevige onweersbuien op; verscheidene dagen achtereen stonden dientengevolge de rivieren geheel en al droog, en sinds dien tijd werd Tsjhau-Tsjow nimmer meer door alligators geteisterd.« (De Groot, p. 290.)

In dieser Urkunde scheint der letzte Vertilgungskrieg aufgezeichnet zu sein, den man gegen diese gefrässigen Ungeheuer geführt hat. Schon im 7. Jahrhundert sagt der Schriftsteller Li-Schun-Fung, dass nach der Meinung der Bewohner von Kwang-tung »der Geist der Krokodile Donner und Blitz, Wind und Regen machen könne, und dass er sich dadurch der göttlichen Wesenheit der Drachen annähere«. Es erscheint somit die Annahme wohl gerechtfertigt zu sein, den Drachen auf das Krokodil, den König der Flüsse, zurückzuführen. Der berühmte Gelehrte I-tschuen der Sung-Dynastie sagt: »Der Drache ist ein Thier des feuchten Principes; wenn er hervorkommt, steigen wässerige Dämpfe empor und werden Wolken.« Li-yuen, welcher unter der Regierung des Kaisers Hien-tsung lebte, sagt in seinem Buche über das Wasser, dass die Fische und die Drachen ihren Schlaf in den Tagen des Herbstes beginnen, und dass der Drache daher zur Herbst-

---

[1]) Schlegel, a. a. O., p. 50.

nachtgleiche sich im Schlamme begrabe, um daselbst zu ruhen. Ein anderes chinesisches Buch sagt: »Die Schlangen lassen ihre Eier auf der Erde, welche nach tausend Jahren zu Drachen werden. An dem Tage, wo sie aus der Schale kriechen, setzen sie die ganze Gegend in Verzweiflung; denn sie sind das Signal für den Ausbruch einer furchtbaren Ueberschwemmung, welche sich weithin ergiesst.« In dieser Legende sind Ursache und Wirkung miteinander verwechselt; der erwachende Drache verursacht keinen Regen, aber der erste Frühjahrsregen verursacht das Erwachen des Drachen, d. h. des Krokodils, wie man das noch heute in den Llanos von Südamerika zu beobachten Gelegenheit findet.

Fig. 24.
Chinesischer Infanterieschild, mit Tigermaske verziert.
(Facsimile-Copie aus dem Werke Mémoires sur les Chinois, T. VIII, Pl. XXVII, Nr. 12).
Vergl. Text, Seite 66, 83.

Dort kann man zu Zeiten an den Ufern der Sümpfe den feuchten Schlamm sich langsam und schichtenweise erheben sehen. Plötzlich wird mit einem heftigen Geräusch, ähnlich dem, welches die Eruptionen kleiner Schlammvulcane zu begleiten pflegt, die in Bewegung gesetzte Erde bis zu einer beträchtlichen Höhe in die Luft geschleudert. Derjenige, welcher diese Naturerscheinung kennt, flieht den Anblick; denn eine gigantische Wasserschlange oder ein gepanzertes Krokodil entsteigen der Grube, erweckt durch die ersten Frühjahrsregen aus dem lethargischen Winterschlafe. (Alex. v. Humboldt, Ansichten der Natur.[1]).

Daraus kann man schliessen, dass die Wiedererweckung des Drachen mit grossem Lärm während der ersten Regenzeit im Frühlinge geschah. Nach allen diesen Beschreibungen kann daher der Drache nur ein grosses Reptil gewesen sein, welches sich, wie dies jetzt noch der Alligator thut, beim Beginne der kalten Zeit in die Sümpfe vergrub. (Drachendarstellungen sind Krokodilen manchmal ausserordentlich ähnlich. Vergl. Fig. 20.) »Reste à savoir s'il ne convient pas de considérer le Loung chinois comme une espèce de crocodile, ressemblant au Gavial du Gange, dont le bout du museau est, comme on le sait, garni d'une excroissance dont la forme rappelle la corne du Loung.« (Schlegel, p. 51.) Der chinesische Lung war zweifellos noch ein Zeitgenosse des Menschen, da die Chinesen, noch sehr wenig erfahren in der Paläontologie, aus fossilen Resten unmöglich die Gestalt dieses Thieres zu reconstruiren im Stande gewesen wären. Zahlreiche chinesische Schriftsteller verweisen auf den Drachen als Regenmacher, und noch heutzutage wird, wenn eine Ueberschwemmung eingedämmt und die Folgen einer solchen glücklich beseitigt werden, der Rapport an den Kaiser gesendet, dass der Drache gefangen und bezwungen ist. (Dennys, Folk-lore of China, p. 108.[2]) In Kanton schreibt das Volk heftige Stürme allgemein fliegenden Drachen zu, und Manche behaupten, die dahinrasenden Ungeheuer mit den zusammengeballten Wolken durch die Lüfte ziehen zu sehen. Der Umstand, dass der Lung das Symbol des feuchten Principes, des Regens und des damit häufig einhergehenden Gewitter-

---

[1] Schlegel, a. a. O., p. 52.   [2] De Groot, a. a. O., p. 242.

sturmes ist, hat auch den berühmten Fu-hi (2852 v. Chr.) veranlasst, in seinen acht Diagrammen den Drachen dem Diagramme »Donner« anzupassen. In der Volkssprache von Amoy heisst ein Wolkenbruch »ling ka tsui«, der Drache bringt Wasser, und der Neptun der Chinesen, in dessen Gefolge sich eine zahllose Menge von aus Eiern oder durch Transformation aus der Feuchtigkeit entstandenen Drachen oder Nâgas befinden, führt den Namen »der Drachenkönig der Seen«.

Die Brahmanen besingen in ihren Hymnen Indra als den wohlthätigen Geist, dessen wolkenspaltende Blitze den Drachen zwingen, die befruchtenden Wasser des Himmels freizugeben. (Koeppen, Religion des Buddha, p. 4. De Groot, p. 293.) Da der Drache sich nach dem Dahinschwinden des Winters aus seinem Schlafe erhebt, so ist er das Symbol des Frühlings, der wiedererwachenden Sonne; darum nennt man den ersten Theil des Himmels im Osten das Haus des blauen Drachen und »in het tijdperk der Tcheou's (1122—255 v. C.) had men de gewoonte bij den aanvang der lente het oosten met een blauwen skepter te begroeten en een Chineesch commentaar zegt daarvan: Deze ceremonie van het aangeven der lente beteekende, dat men den „voorjaarsgod des Draaks groette".[1]) Der Drachenkeim ist das leuchtende Princip, das aus dem Finstern hervorgeht, und wenn der Drache sich erhebt, erheben sich die Wolken. Da der Drache als Symbol der Frühlingssonne oder der Sonne überhaupt der Beherrscher der Natur war, so ist es nur natürlich, dass man ihn in der Folge als Symbol der Weltherrschaft oder der kaiserlichen Macht annahm; ausserdem stempelt ihn aber auch das Gewaltige seiner Erscheinung zum Sinnbilde der Kraft, und er eignet sich daher auch aus diesem Grunde ebenso gut zu einem kaiserlichen Emblem wie die Löwen und Adler unserer Reichswappen. Im Schuo-wen steht: »Die Sonne ist massig, ohne Fehler; sie ist das Sinnbild des Fürsten.« »Der Drache,« sagt Kuang-ya, »das ist der Fürst«. (Schlegel, p. 55.)

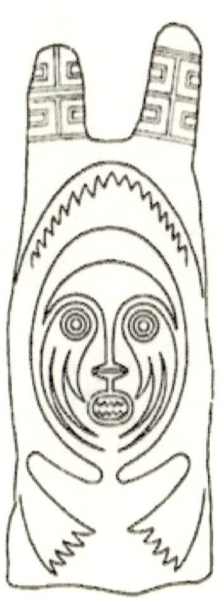

Fig. 25.
Mit Fratzenkopf
verzierter Schild »Käs« aus
Neu-Guinea, (O. Finsch.)
(Ethn. Mus. Wien, Inv. Nr. 27058,
Orig.-Aufn.) ca. 0·8 Meter.
Vergl. Text, Seite 56, 57.

Auf fast allen Darstellungen des chinesischen Drachen sehen wir diesen eine rothe, zuweilen flammende Kugel, die »Perle« genannt, ausspeiend, oder dieselbe doch in den Klauen tragend. Im österreichischen Museum für Kunst und Industrie in Wien befindet sich eine sehr schöne altjapanische Satsuma-Faience, in welcher ein Drache mit geöffnetem Rachen dargestellt ist, auf dessen Zunge die »Perle« ruht. In der Sammlung des österreichischen Handelsmuseums sieht man einen Drachen aus Bronze, dem die mit dem Yin- und Yang-Symbole decorirte »Perle« in die Klaue gesteckt ist; ebendaselbst befindet

---

[1]) Groneman, Chinesche Hemelbeschrijving. Tijdschrift voor Nederlandsch-Indië, 1876, I. Theil, p.80.

sich auf einer reich ornamentirten Vase in Email cloisonné ein chinesischer Lung, der die
in gleicher Weise geschmückte, an einem gewundenen Faden hängende »Perle« gerade
ausspeit. (Siehe Fig. 21.) Diese Perle stellt die Sonne vor. Die Zusammenstellung der
Sonnenperle mit dem Drachen, worüber ausführliche Nachweise in Schlegel's bereits

Fig. 20.
Illustration aus dem chinesischen historischen Romane »San-kwoh-tschi«,
Geschichte der drei Reiche. (Dr. v. Scherzer, Novara-Expedition.)
(Ethnogr. Mus. Wien. Inv. Nr. 3771. Facsimile-Copie.) Vergl. Text, Seite 58, 69, 78.

mehrfach citirtem Werke »Uranographie Chinoise« eingesehen werden können, erklärt sich
dadurch, dass mit dem Auftreten des Frühlings, also mit dem Erwachen des Drachen, auch
die Sonne, einer leuchtenden Perle gleich, wieder über dem Horizonte in Glanz und Herr-
lichkeit emporzuschweben beginnt: der Drache speit, sich aus dem Schlafe erhebend, die lange
verborgene Sonne als funkelnden Feuerball in den Weltraum. Das Aufgehen der Sonne im
Osten ist daher identisch mit dem Frühlingsanfang, mit der Erscheinung des blauen Drachen.

»C'est pour cette raison que, pendant la dernière nuit de l'année, pour le grand exorcisme, tous les membres de la famille impériale et tous les officiers de la maison, se rangeaient en procession dans l'enceinte sacrée du palais impérial, se masquaient, s'habillaient d'habits de couleurs bigarrées, et tenaient en main une lance dorée avec une *bannière dragonnée*.

Fig. 27.
Vorderseite eines dayakischen Schildes.
(Lieut. v. Tyszka.)
(Völkermus. Berlin. Gez. v. Meyn.)
1:2'5 : 0'42 Meter.
Vergl. Text, Seite 42, 44, 73, 75, 77, 81, 82, 84.

Fig. 28.
Rückseite des in Figur 27 dargestellten
dayakischen Schildes. (Lieut. v. Tyszka.)
(Völkermus. Berlin. Gez. v. Meyn.)
1:2'55 : 0'42 Meter.
Vergl. Text, Seite 42, 73, 76, 77, 83, 84.

L'origine de cette coutume est fort naturelle. On savait par l'ancienne tradition que le lendemain du dernier jour de l'an était le premier jour du printemps, annoncé dans le commencement des siècles par le lever de la constellation du dragon. C'est pour cela qu'on agitait pendant la nuit qui précédait ce jour, des bannières sur lesquelles on avait peint ce dragon, qui ramenait l'harmonie dans la nature et faisait éclore la création.« (Schlegel, p. 57, 58.)

Es ist vollkommen begreiflich, dass der Gott der befruchtenden Feuchtigkeit bei einem ackerbautreibenden Volke, wie das der Chinesen ist, einer ausgebreiteten Verehrung theilhaftig werden muss; thatsächlich wurden dem Drachen auch zahlreiche Tempel erbaut, und zur Zeit anhaltender Dürre werden behördlich angeordnete Gebete an ihn gerichtet. Viele Fabeln und Legenden, welche im Laufe der Jahrhunderte entstanden sind, handeln von dem Drachen als Regengott; unfehlbar folgen heftige Wolkenbrüche, sobald die Drachen in den Wolken streitend aneinandergerathen. So erzählt das »Buch der fünf Elemente«, dass unter der Regierung des Kaisers Tsing-ti der nördlichen Tschau-Dynastie im Sommer des Jahres 580 ein Drachenkampf beobachtet worden sei. Da erschien in einem weissen Lichte von Osten her ein weisser Drache und stiess inmitten des Firmamentes mit einem von Nordwesten kommenden schwarzen Drachen zusammen, worauf sich ein heftiges Ringen entspann, das unter Donnerschlägen, heftigen Blitzen und furchtbaren Regenschauern nach mehreren Stunden damit endigte, dass der schwarze Drache unterlag und der weisse gegen den Himmel emporstieg. Ueber solche Drachenkämpfe existiren Aufzeichnungen aus 1605 zu Whampoa, aus 1667, 1739, 1787 etc.[1]) Gegen den Hochsommer zu, wenn die Trockenheit eintritt und die Gewässer versiegen, ziehen sich die Drachen (die Krokodile) zurück und verschwinden in den spärlicher werdenden Morästen. Dann begibt sich das Volk in den sogenannten Drachenbooten, welche Abbildungen dieser Fabelwesen zeigen, auf das Wasser, um die Regenmacher aufzusuchen; damit verknüpft sich in China die Feier des Sommerfestes oder des Drachenfestes, welches in Japan unter dem Namen »Tango no seku« begangen wird, und dessen Abhaltung selbstverständlich auch überall im indischen Archipel angetroffen werden kann, wo sich chinesische Emigranten befinden. Aus demselben Grunde sieht man im Hochsommer Abbildungen des grossen Regengottes, des Drachen, in Processionen durch die Strassen tragen.

Solches geschah schon in den ältesten Zeiten, und Kaiser Tsching-Tang liess bereits einen Drachen aus Lehm verfertigen, den man um Regen beschwor, als einmal grosse Dürre herrschte. Der Herzog von Scheh, ein Zeitgenosse des Confucius, liess zahllose Drachenbilder auf allen erdenklichen Gegenständen, auf Mauern, Schüsseln, Tellern u. s. w., anbringen, damit in seiner Landschaft niemals Regenmangel eintrete. Schriftsteller der Sung-Dynastie berichten, dass die irdenen Drachengötzen, wenn das Gebet um Regen längere Zeit unerhört blieb, vom Volke so lange gegeisselt wurden, bis ein Umschwung im Wetter erfolgte, und dass man dieselben nachher ins Wasser warf. Als Gott des erquickenden Regens und als Repräsentant der dadurch bedingten Fruchtbarkeit theilt der Drache die Wohlthaten des Himmels aus, und indem er die unerträgliche sommerliche Gluth durch Abkühlung mildert, erfrischt er die Menschen, erlöst sie von Krankheit und Ermattung und beseitigt Epidemien; es ist also auch ganz natürlich, dass man sein Abbild im Hochsommer allerorten aufstellte, um dasselbe nach Ablauf dieser Periode, beladen

---

[1]) Vergl. die näheren Angaben hierüber in de Groot, a. a. O., p. 297.

mit allen durch dasselbe aufgesogenen nachtheiligen Einflüssen, zu verbrennen oder im
Meere zu versenken. Ebenso natürlich ist es, dass man den Drachen, als Symbol der
Fruchtbarkeit, mit dem Yin- und Yang-Zeichen und mit dem Sonnenball verwob, und dass
man ihn, den wohlthätigen Genius, als allgemein beliebtes Decorationsmotiv, so oft es

Fig. 29.
Schild der Kenyas im Sultanat Kutei.
Südost-Borneo. (S. W. Tromp.)
(Ethnogr. Mus. Leiden. Inv.-Nr. 614/41.
Gez. v. Tomassen.) 1:205 : 0¾ Meter.
Vergl. Text, Seite 42, 72, 73, 77, 81, 84.

Fig. 30.
Rückseite des in Fig. 29 dargestellten
Dayakschildes. (S. W. Tromp.)
(Ethnogr. Mus. Leiden. Inv.-Nr. 614/41.
Gez. v. Tomassen.) 1:205 : 0¾ Meter.
Vergl. Text, Seite 42, 72, 73, 77, 82, 84.

anging, auf den verschiedenartigsten Gegenständen zur Darstellung brachte. In Fig. 21
und 22 habe ich zwei chinesische Drachenköpfe beigebracht, wovon sich der eine auf
einer emaillirten Vase, der andere auf einem in Seide gestickten chinesischen Staatsgewande befindet; beide sind stark stilisirt, beide sind zweigehörnt und bei beiden ist

statt der Augen das Yin- und Yang-Symbol eingesetzt; Nase und Nasenflügel sind vollkommen ornamental behandelt, ebenso die Ohren und die mähnen- oder flammenartige Kopfsilhouette; das Gehörn des auf einer Seidenweberei befindlichen Lung erinnert sehr an das Geweih eines jungen Hirschen; Nase oder Oberlippe tragen seitlich angesetzte Bartfäden. »Le Dragon représente Chang-ti, l'esprit qui préside *aux saisons* (?). Son corps, couvert de larges écailles et muni de quatre pieds à *cinq griffes* (?), ondule en replis tortueux; sa tête puissante, surmonté *de cornes* (?), et ornée de long tentacules nasaux.« [1])

Der Drache steht nicht den Jahreszeiten, sondern speciell dem Frühlinge vor; seine Füsse sind nicht jederzeit mit fünf, sondern mit drei, vier oder fünf Klauen besetzt; Drachenköpfe mit zwei Hörnern kommen zwar häufig vor, doch sind solche mit nur einem Horn für den ursprünglichen Typus des Lung charakteristischer. In Bezug auf die Anzahl der Klauen bestehen zwischen chinesischen und japanischen Drachenbildern keine Unterschiede; die Anzahl der Drachenklauen kann daher für die Bestimmung der Provenienzen keine verlässlichen Anhaltspunkte liefern. In früheren Zeiten war vielleicht der dreiklauige japanische Drache ein Privilegium des Mikado, gegenwärtig aber zeigt der officielle japanische Staatsdrache an den Vorderfüssen vier und an den hinteren Extremitäten drei Klauen.

Seit dem Jahre 1644, d. h. seit der Herrschaft der Mandschu-Dynastie, ist der chinesische Drache vierklauig, während zur Zeit der Ming-Dynastie China unter dem Zeichen des dreiklauigen Drachen lebte. Vierklauig sind die meisten dieser Fabelthiere, »die wir heute auf altchinesischen Porzellanen, z. B. Seladon-Schüsseln und Gefässen in Borneo, Ceram und anderen Theilen des malayischen Archipels finden. Auch Korea-Porzellan scheint den vierklauigen Drachen aufzuweisen.« [2]) Der Drache (Lung, Riyô, japanisch Tatsu) steht an der Spitze der beschuppten Thiere; als Sinnbild der Wachsamkeit und Stärke zum Wappenschmuck oft verwendet, kommt er auch in japanischen Tätowirmustern nicht selten vor. Unter dem Namen Ki-rin, welcher eigentlich dem Einhorn beigelegt ist, findet man in Japan häufig ein Thier, welches den Kopf und die Brust eines Drachen, die Beine eines Hundes und den Schweif eines Löwen aufweist. »Auf Deckelvasen und Räuchergefässen bildet dasselbe oft den Deckelknopf und ist dafür mindestens ebenso beliebt wie die Lotosknospe.« [3])

Mehr Bedeutung noch als den ostindischen und chinesischen Mascarons, als den Raksâsabildern und den Drachendarstellungen scheint für die Lösung der Frage nach einem eventuellen Vorbilde der dayakischen Dämonenschilde den chinesischen Tigerfratzen innezuwohnen.[4]) — Der Tiger ist bei den alten Chinesen der Repräsentant des Herbstes und des westlichen Himmels, sowie der Drache als Repräsentant des Frühlings und des östlichen Himmels betrachtet wurde. Pe-hu, der weisse Tiger, von welchem man an-

---

[1]) Du Sartel, La porcelaine de Chine. Paris 1881, p. 66.
[2]) W. Joest, Tatowiren, Narbenzeichnen und Körperbemalen. Berlin 1887, p. 123.
[3]) J. J. Rein, Japan. Leipzig 1886, Bd. II, p. 581.
[4]) Perelaer, Ethnographische beschrijving der Dajaks. p. 78, nennt unter anderen auch Tigerdarstellungen auf Dayakschilden.

nimmt, dass hohes Alter seine Haare gebleicht habe, und dem man eine Lebensdauer von tausend Jahren zuschrieb, galt als ein Thier ohne Blutdurst und Grausamkeit; man nannte ihn den König der vierfüssigen Thiere, den König der Berge, den Sturmerreger. »Il hurle

Fig. 31.
Schild der To ri adjas im Innern von Selebes.
(Dr. B. F. Matthes.)
(Ethnogr. Mus. Leiden. Inv.-Nr. 37 547.
Gez. v. Tomassen.) 1'26 : 0'39 Meter.
Vergl. Text, Seite 72, 73, 77, 81, 82, 84.

Fig. 32.
Rückseite des in Fig. 31 dargestellten
To ri adja-Schildes. (Dr. B. F. Matthes.)
(Ethnogr. Mus. Leiden. Inv.-Nr. 37 547.
Gez. v. Tomassen.) 1'26 : 0'39 Meter.
Vergl. Text, Seite 72, 73, 77, 82, 84.

comme le grondement du tonnerre, de sorte que toutes les bêtes le craignent en tremblant et que le vent même le suit.«[1]) Da die Nordweststürme, welche im Herbste in China einzubrechen pflegen, die Bäume entlauben und die Schönheiten der Natur vernichten, und da um dieselbe Jahreszeit die Tiger aus den unwirthlich gewordenen Bergen in die

1) Schlegel, a. a. O., p. 66, 67.

Ebene hinabstiegen und in der Nähe menschlicher Niederlassungen sichtbar wurden, so hat man die Erscheinung des Tigers mit dem Absterben der Natur und das Tigergebrüll mit der Entstehung der herbstlichen Stürme in Verbindung gebracht. Die Constellation der Gestirne am alten Himmelsglobus, welche dem weissen Tiger zubenannt war, haben die Chinesen später als die eines bewaffneten Kriegers und Zerstörers bezeichnet. Der Tiger galt schon in ältester Zeit bei den Chinesen als Beschwörer von Gespenstern und als Dämonenverscheucher. Sein Bildniss spielt im religiösen Leben dieses Volkes eine bedeutende Rolle; man findet es in den verschiedensten Grössen und in den verschiedensten Darstellungen in allen Tempeln; bald dient es als Tempelwächter, bald als Reitthier für papierne Puppen, welche fremden Geistern den Eingang in den Tempel verwehren sollen, bald wird es in taoistischen Aufzügen durch die Strassen geführt, bald von Priestern an bestimmten Festtagen im sogenannten Feuersprung durch die Flammen brennender Scheiterhaufen getragen. Kleine Amulette, welche menschliche Wesen darstellen, die auf Tigern reiten, gibt man neuvermählten Frauen, um böse Geister von ihnen abzuhalten. (Doolittle, Social Life of the Chinese, p. 66.) Am 15. Tage des Jahres wird ein aus Bambu und Papier angefertigter feuerspeiender Tiger durch die Strassen gezogen, »zoodat hij schijnt te loopen en naar links en rechts onder hevig geknetter uit alle kanten van zijn lichaam vuur spuwt«.[1])

An Hausthüren und Wohnungen sind Tigermasken als Geisterbanner und Dämonenbeschwörer seit den ältesten Zeiten in China gebräuchlich; manchmal findet man sie da in der Gestalt von Steinbildnissen an beiden Seiten des Haupteinganges errichtet, manchmal auch in bunten Farben auf die Holzfläche gemalt. Ebenso werden sie neben den Grabstätten zum Schutze der Todten aufgestellt, ganz in derselben Weise, wie uns das auch von den Dayaks bekannt ist.

Man malt Tiger auf kleine Holzplättchen, man gravirt sie in Metall oder man verfertigt sie aus Pflanzenfasern und Seide, um sie in den Haaren oder am Körper als Talisman zu tragen, und ebenso zahllos wie die Anwendungen von Tigerbildnissen als Beschwörungsmittel sind die Legenden, welche über die wunder- und heilkräftigen Wirkungen des Fleisches, der Haare, der Zähne und der Klauen dieses Raubthieres im chinesischen Volke cursiren. Ganz analog dieser Erscheinung ist die abergläubische Verehrung, mit welcher die Tigerzähne bei den Dayaks betrachtet werden; auch findet man im ganzen indischen Archipel Tigerbildnisse vor den Wohnungen der eingebornen Häuptlinge. (De Groot.) Zu einer Zeit, da Tiger noch in grösserer Menge existirten, mussten sie natürlich für die Bevölkerung ein Gegenstand der Furcht und der scheuen Bewunderung sein; nach und nach dürfte sich dann die Ueberzeugung herausgebildet haben, dass diese Bestien, welche sich den Tag über verborgen halten und nur des Nachts auf Raub ausgehen, diese Lebensweise deshalb einhalten, um auch auf die Geister der Finsterniss Jagd zu machen, eine Anschauung, die dadurch noch bestärkt werden musste, dass das Gebrüll des Tigers die gespenstigen Stimmen des Waldes und der Flur immer sofort verstummen machte.

---

[1]) De Groot, a. a. O., p. 107 und 109.

63

»Buitendien ging de tijger oudtijds voor een zonnedier door. ‚De tijger is een wezen van het principe van het licht (Jang) en het eerste onder de dieren', zoo leest men in den ‚Navorscher der Zeden en Gewoonten'.« — — »Tot op den dag van heden zelfs gelooven

Fig. 33.
Schild der To ri adjas im Innern von Celebes.
(Dr. B. F. Matthes.)
(Ethnogr. Mus. Leiden. Inv.-Nr. 61-29.
Gez. v. Tomassen.) 1·16 : 0·42 Meter.
Vergl. Text, Seite 72, 73, 77, 81, 84.

Fig. 34.
Rückseite des in Fig. 33 dargestellten
Schildes. (Dr. B. F. Matthes.)
(Ethnogr. Mus. Leiden. Inv.-Nr. 61-29.
Gez. v. Tomassen.) 1·16 : 0·42 Meter.
Vergl. Text, Seite 72, 73, 78, 84.

de bewoners van het Rijk der Bloemen stellig en vast, dat elke tijger, die eens een mensch verslonden heeft, niet door de ziel van zijn slachtoffer wordt verlaten ...«[1])

Für die Frage, deren Beleuchtung hier versucht werden soll, ist indess mehr als alle Bezüge, welche bisher erörtert wurden, die Thatsache von Bedeutung, dass der Tiger in

1) De Groot, a. a. O., p. 485 und 526.

der Kriegführung der Chinesen uns als Decorationsmotiv an Angritfs- und Vertheidigungs-
mitteln aller Art überraschend oft begegnet. Ich beziehe mich hierbei auf die Mittheilungen
über Heeresorganisation, Soldatenausrüstung, Schlachtordnung, Uniformirung etc., welche
in dem grossen Werke »Mémoires concernant l'histoire, les sciences, les arts, les mœurs,
les usages etc. des Chinois, par les Missionnaires de Pe-kin« enthalten sind.

Da finden wir im VII. Bande auf Taf. XXX, Nr. IX, eine Art Helm in Tigerkopf-
form aus getriebenem Kupfer, mit einer in allen Details wohl ausgeführten Tigermaske mit einem Siegelschriftzeichen[1]) an der Stirne versehen, »à l'usage de ceux
qui sont armés du sabre et du bouclier«. Auf derselben Tafel, Nr. XI, Fig. 9, ist das
Etui oder Futteral dargestellt, welches zur Aufbewahrung der Gewehre dient; es ist
aus geölter Leinwand gemacht und mit einem Drachenbilde geziert; vor dem geöffneten
Rachen des Ungeheuers der flammende Sonnenball. Fig. 10 dieser Abtheilung stellt den
Mitteltheil eines chinesischen Schildes dar, welcher auf der Vorderseite mit
einem gut ausgeführten Tigerkopfe, der ebenfalls das Siegelschriftzeichen aufweist,
verziert ist; ich habe von dieser Illustration eine getreue Facsimile-Copie angefertigt und
in Fig. 23 dieser Abhandlung beigegeben. Die Augen sind weit aufgerissen, der Rachen
ist geöffnet, an den Mundwinkeln ornamental behandelt und mit weit herausreichen-
den Eckzähnen (Hauern) versehen. Der Schild ist aus Rottan oder Palmenzweigen
gemacht; der Diameter beträgt 2 Fuss 5 Zoll.[2]) Band VII, Taf. XXXI enthält in Nr. XII,
XIII und XV verschiedene Standarten und Banner, welche mit Drachen und Flammen-
perlen und mit einem geflügelten Leoparden (?) verziert sind; letztere ist die Haupt-
standarte der Truppen, die unter »der gelben Farbe« stehen. Taf. XXXIII dieses Bandes
zeigt in Nr. XXIII alle Utensilien, welche zur completen Ausrüstung einer chinesischen
Büchse erforderlich sind; Fig. 4 dieser Abbildung, »gibecière à contenir des lingots de
plomb pour la charge de l'arme«, enthält wieder die typische Tigermaske mit dem Siegelschriftzeichen an der Stirne; gleich darunter ist in Fig. 6 der Tiger als Flintenträger
dargestellt.

Im VIII. Bande ist auf Taf. XVIII, Fig. 84, ein chinesisches, mit einem Drachen ge-
ziertes Kriegsschiff abgebildet, an dessen Bug ein bewaffneter Soldat einen Tigerschild
emporhebt (vergl. auch Taf. XX). Taf. XXII, Fig. 94, ein Kriegsschiff, das mit rechteckigen beweglichen Planken nach aussen abgeschlossen werden kann, wodurch gleichsam
eine Wand von nebeneinandergestellten Schilden entsteht. Diese 5 Fuss hohen und
2 Fuss breiten Planken, welche dem dahinter befindlichen Soldaten Schutz gewähren,
sind mit Leder überzogen und sämmtlich mit Tigermasken geziert. Die in dieser
Illustration dargestellten Köpfe erinnern sehr an die Dämonenmasken der dayakischen
Schilde. Ebenfalls im VIII. Bande sind auf Taf. XXVII drei Schilde abgebildet, die sämmt-

---

[1]) Nach Schlegel's und Hirth's Mittheilungen heisst dieses Zeichen 王 »Wang« und bedeutet
»König«. Hirth gibt dafür folgende Erklärung: »Es steht für 海龍王 hai-lung-wang — der König Seedrache, eine unserem Neptun entsprechende Gottheit.« Vgl. oben p. 55.

[2]) Derartige chinesische Schilde finden sich in den Museen von Brüssel, Christiania und Kopenhagen.

lich Tigermasken tragen; einer ist kreisrund, ein Reiterschild (Fig. 122), »bouclier de
l'épaule, à l'usage des cavaliers; il représente la tête d'un tigre: il est d'un bois léger, couvert de cuir«; einer ist trapezförmig, »bouclier de résistance«, und einer hat die Form eines
Fünfeckes mit einspringendem Winkel (Schwalbenschwanz); er dient zum Schutze für
Infanteristen, »bouclier à queue d'hirondelle: il est à
l'usage des fantassins«; ich habe eine Facsimile-Copie
dieses Schildes in Fig. 24 dieser Abhandlung beigeschlossen. Wie man aus der Illustration ersehen kann,
zeigt der Tigerdecor nicht nur die Gesichtsmaske, sondern auch die beiden dreiklauigen Vordertatzen. Ich
möchte an dieser Stelle darauf aufmerksam machen,
dass eine vergleichende Betrachtung der Tatzendarstellung auf diesem Schilde mit den Handbildungen
auf manchen Dayakschilden, namentlich aber mit jenen
des unter Fig. 25 mitgetheilten neuguineischen »käs«
überraschende Aehnlichkeiten erkennen lässt. Tigermasken findet man ferner auf dem Kriegswagen,
Bd. VIII, Taf. XXIX, Fig. 136, mit nach rechts und
links auseinandergehenden, nach aufwärts gerichteten
Tatzen, und der Abschnitt »Instruction sur l'exercice
militaire« enthält in Bd. VII, p. 322, 323, 326, 327,
329—332, 338, 341 u. s. w. verschiedenartige Trup-
penaufstellungen, Marschordnungen, Exercirübungen
etc., wobei hunderte von Soldaten mit Tigerschilden,
in den verschiedenartigsten Evolutionen begriffen, dargestellt sind.

Auch auf Rüstungen findet man den Tiger neben
dem Drachen. Die Bezeichnungen, welche gewissen
Soldatenaufstellungen beigelegt werden, enthalten
ebenfalls Hinweisungen auf den Tiger; so gibt es eine
Phalanx, bei welcher die Krieger zu fünf Mann übereinander in der Weise aufgestellt werden, dass der
unterste die vier akrobatenartig senkrecht über seinem
Haupte balancirenden auf seinem Schilde trägt; man
nennt diese Art der Rangirung die fünf Tiger, bereit aus dem Walde herauszuziehen, um
sich auf ihre Beute zu stürzen — »les cinq tigres prêts à sortir de la forêt pour se jetter
sur eur proie«.[1]) An einer andern Stelle wird mitgetheilt, wie U-heu und U-tse sich
in ein Gespräch über Truppenführung vertiefen, wobei U-tse in mystisch-bombastischer

Fig. 35.
Dämonenschild
unbekannter Provenienz.
(Oest. Handelsmus. Wien. Orig.-Aufn.)
Vergl. Text, Seite 73, 78, 84.

---

[1]) Mémoires concernant l'histoire, les sciences, les arts, les mœurs, les usages etc. des Chinois, par
les Missionnaires de Pe-kin. Paris 1782, t. VII, p. 326.

Hein. Die bildenden Künste bei den Dayaks.

Weise folgende Regel aufstellt: »Bedecket niemals den Mittelpunkt des Himmels, erhebet Euch niemals bis zu dem Kopfe des Drachen. Ich nenne den Mittelpunkt des Himmels die tiefen Thäler und die Schluchten, welche zwischen den Bergen sind; hütet Euch, Eure Armee jemals dorthin zu führen. Ich nenne den Kopf des Drachen die Höhe dieser steilen

Fig. 36.
Vorderansicht eines dayakischen Schildes
aus Sarawak. (Bieber.)
(Völkermus. Berlin. Gez. v. Meyn.)
1:25 : 0,43 Meter.
Vergl. Text, Seite 42, 73, 78, 81, 84.

Fig. 37.
Rückseite des in Fig. 36 dargestellten
dayakischen Schildes. (Bieber.)
(Völkermus. Berlin. Gez. v. Meyn.)
1:25 : 0,43 Meter.
Vergl. Text, Seite 42, 73, 78, 81, 84.

Gebirge, deren Gipfel sich in den Wolken verlieren; lasset Eure Truppen nicht dort hinaufsteigen. Der schwarze Drache muss stets links sein und die weissen Tiger rechts. Die rothen Vögel müssen an die Spitze gestellt werden, und die Geister, welche den Waffen vorstehen, am Schlusse. Der Mittelpunkt ist der Platz der sieben Sterne; durch ihren Ein-

67

fluss und durch ihre Anordnung setzen sie Alles in Bewegung, was sie umgibt. Bei ihrem Anblicke muss die ganze Armee wissen, was sie zu thun hat.« (Mém. VII, 200.)

Alles, was in dieser Phrase gesagt wird, bezieht sich nur auf die Fahnen und Schilde, auf welchen der schwarze Drache, der weisse Tiger, die rothen Vögel, die Geister, welche

Fig. 38.
Schild der Kayans im Sultanat Kutai, Südost-Borneo.
(S. W. Tromp.)
(Ethnogr. Mus. Leiden, Inv.-Nr. 614 po.
Gez. v. Tomassen.) 1:385 ; 0.88 Meter.
Vergl. Text, Seite 42, 72, 73, 78, 84.

Fig. 39.
Rückseite des in Fig. 38 dargestellten Dayakschildes.
(S. W. Tromp.)
(Ethnogr. Mus. Leiden, Inv.-Nr. 614 po.
Gez. v. Tomassen.) 1:385 ; 0.88 Meter.
Vergl. Text, Seite 42, 72, 73, 78, 84.

den Waffen vorstehen, und die sieben Sterne gemalt sind. Diejenigen, welche auf ihren Kleidern oder auf ihren Schilden die gleichen Symbole hatten, wurden unter den Standarten gleichen Zeichens eingereiht und folgten diesen Signalen. — Auf ein gegebenes Zeichen machen die Tiger und die Drachen ihre Evolutionen; diese Aufstellung heisst im Chine-

9*

sischen »lung-hu-fu-ti-tschen«, die Drachen und die Tiger um ihre Beute kämpfend — »les dragons et les tigres combattants pour la proie«[1].) Nach dem Drachen sind mehrere Schlachtordnungen der Reiterei benannt; so heisst die erste derselben »tsing-lung-tschen«, die Ordnung des schwarzen Drachen; die zweite führt den Namen »schoang-lung-tschen«, die Ordnung der gepaarten Drachen; die sechste nennt man »tsang-lung-tschen«, die Ordnung des blauen oder grünen Drachen etc.[2]) — In Gerland's »Atlas der Ethnographie« (Leipzig 1876) sind auf Tafel 36 unter Anderem drei chinesische Krieger in vollkommener Feldausrüstung abgebildet, von welchen einer einen Schild mit Tigermaske in der Hand hält, der vollkommen der Fig. 23 dieser Abhandlung entspricht. Der Text hiezu (auf p. 16) lautet: »In älterer Zeit bedienten sich die Chinesen verschiedener Belagerungswerkzeuge, welche an Aehnliches bei Griechen und Römern erinnern, und ebenso war früher die Ausrüstung der Krieger anderer Art wie heute. — Besondere Beachtung verdient der Schild, welcher mit einer Art von Gorgonenhaupt prächtig bemalt ist . . .« Aehnliche Schilde mit Tigermasken wurden auch in Tibet verwendet. Dafür findet sich eine Belegstelle in Georg Timkowski's Beschreibung einer Reise nach China, wo es in der von Pater Jakinf übersetzten chinesischen Erdbeschreibung unter dem Capitel Tibet heisst, dass das Militär Schilde von Rohr oder Holz besitzt. »Ihre hölzernen Schilde sind anderthalb Fuss breit und 3 Fuss 2 Zoll lang; sie sind mit Tigern bemalt und mit Federn von verschiedenen Farben geschmückt. Von aussen sind sie mit eisernen Blättern beschlagen.«[3]) In Fig. 26 dieser Abhandlung reproducire ich in Facsimile-Copie die Darstellung eines mit Schwert und Schild bewaffneten chinesischen Kriegers aus dem chinesischen historischen Romane »sankwoh-tschi«, Geschichte der drei Reiche, von Dr. von Scherzer gelegentlich der Novara-Expedition erworben, gegenwärtig im ethnographischen Museum zu Wien. Der Schild auf diesem Bilde zeigt deutlich die dämonischen

Fig. 40.
Dayakschild aus Südost-Borneo.
Ethnogr. Mus. Leyden, Inv.-Nr. 369/98.
(Gez. v. Tumassen.)
1/25 der Meter.
Vergl. Text, Seite 42, 72, 73, 78, 81, 84.

[1]) Mémoires sur les Chinois, t. VII, p. 350.
[2]) Blau oder Grün kann in diesem Falle nicht unterschieden werden, denn das Schriftzeichen »tsing« bedeutet ebensowohl das Grün des Grases, als auch die Bläue des Himmels. Ibid., t. VIII, p. 344.
[3]) Georg Timkowski, Reise nach China durch die Mongolei in den Jahren 1820—1821. (Aus dem Russischen übersetzt von M. J. F. Schmidt, Leipzig 1825—1826.) Bd. II, p. 188.

69

Züge einer mit Hauern versehenen Gesichtsmaske, welche jedoch mit den Köpfen auf den Tigerschilden, die in der chinesischen Armee in uniformer Ausführung nach Tausenden zählten, keine weitere Aehnlichkeit hat; eher könnte man diese Maske mit den Drachendarstellungen vergleichen, wie sie in China so häufig sind. Die chinesischen Schilde hatten verschiedene Arten des Decors, und unter den Dämonenschilden dieses Volkes lassen sich wieder Tigerschilde, Drachenschilde und vielleicht noch andere Typen unterscheiden. Der bekannte Sinologe Prof. Gustav Schlegel in Leiden hat freundlichst in einer brieflichen Mittheilung die nachfolgend angeführte Erklärung der in Fig. 26 dargestellten Roman-Illustration gegeben: »Der Held mit Schwert und Schild stellt Lü-mung (呂蒙) vor, eine der bedeutendsten Figuren aus dem historischen Roman 三國志 San-kwo-tschi, ‚Geschichte der drei Reiche‘ (Klaproth's Uebersetzung ist nach der japanischen Uebersetzung dieses Romanes gemacht). Lü-mung starb im Jahre 219 n. Chr. (Cf. Mayers, Chinese Readers Manual Nr. 462). Die Inschrift rechts lautet in modernen chinesischen Zeichen: 白衣搖櫓奠奇計。一舉荊襄取次將 ‚In weisser Kleidung bewegten sie das Hinterruder — es war wirklich eine wunderbare List. Als er sich erhob, fielen King und Siang, und er nahm den zweiten General gefangen‘. Diese Beischrift bezieht sich auf Cap. 75 des genannten Romanes, wo man beschrieben findet, wie Lü-mung (oder Lü-tzse-ming) 80 Schiffe mit auserlesener Mannschaft besetzte, alle als Kaufleute verkleidet und in weisser Kleidung die Schiffe rudernd ｜呂蒙點快船以十餘隻。選會水者扮作商人，皆穿白衣在船上搖櫓｜. Dadurch war er in Stand gesetzt, die Stadt King tschen 荊州 zu überrumpeln. Die zweite Hälfte der Beischrift bezieht sich auf die Gefangennehmung des Generals Kwan-yü, des zweiten der drei Eidgenossen (Liu-pei, Kwan-yü und Tschang-fei) im Pfirsichgarten.

Fig. 43.
Dayakschild aus Südost-Borneo.
(Ethnogr. Mus. Leiden. Inv.-Nr. 300/194.
Gez. v. Tomassen.) 1·38 : 0·44 Meter.
Vergl. Text. Seite 13, 72, 73, 78, 81, 84.

(Mayers, Chinese Readers Manual Nr. 297.) Die Figur des Schildes stellt wahrscheinlich einen Drachenkopf vor. Im Buche 藻林 liest man 龍盾。畫龍干以為飾 ‚Drachenschilde sind Schilde, worauf ein Drache als Zierat gemalt ist‘«. Dieses Citat ist aus der in Wylie's Notes on Chinese literature, S. 151 vermeldeten chinesischen Encyklopädie entnommen. Professor Schlegel hatte die grosse Güte, in dieser Encyklopädie den ganzen Artikel über Schilde durchzusehen; das hier angeführte Citat ist das einzige über die Drachenschilde. Die Schilde sind in der chinesischen Armee seit der Einführung der Feuerwaffen — weil als Schutzmittel gegen dieselben unzureichend — verschwunden.[1]) In einem andern Briefe erledigt der gelehrte Autor der Uranographie Chinoise die Anfrage, ob im chinesischen Schilddecor eine Vorbildlichkeit oder ein Einfluss von Rakṣâsadarstellungen angenommen werden könne, im Folgenden: »Die indischen Râkschasas sind in China wohlbekannt, ohne dass darum ein eigentlicher Râkschasacultus platzgegriffen hätte. Jedenfalls sind die auf chinesischen Schilden üblichen Fratzen keine Râkschasafratzen. Ich habe meinen Collegen Dr. Kern, die beste massgebende Autorität für Hinducultur im malayischen Archipel, darüber befragt. Râkschasavorstellungen werden jedenfalls nicht mehr dort gemacht, und wo sie noch vorkommen, sind sie der Bevölkerung ebenso fremd als uns. Dass die Drachenköpfe den Râkschasas ähnlich sehen, ist natürlich. Beide sind doch Vorstellungen der den fruchtbringenden Regen tragenden Wolke. Die Râkschasas heissen auf Chinesisch 羅叉娑 Lo-tscha-so, 羅剎 Lo-sat oder 樂叉 Yoh-tscha, und werden erklärt als 食人鬼 Schih jin kui, menschenfressende Teufel. Diesen Namen gaben die Chinesen den Ureinwohnern Ceylons, die Menschenfresser und der Schrecken von Schiffbrüchigen waren. (E. J. Eitel, Handbook of Chinese Buddhism. London 1870, S. 102.) In einem chinesischen Roman wird von einem Rebellenhauptmanne gesagt: ‚Euren Worten gemäss würde er ein incarnirter Buddha sein und kein Râkschasa, der zur Welt gekommen ist.' Unserer Phraseologie entsprechend: ‚Es muss ein Heiliger sein und kein Teufel (Râkschasa).'«

Fig. 42.
Vorderansicht eines dayakischen Schildes. Borneo. (v. Kessel.)
(Völkermus. Berlin. Ges. v. Meyn.)
1·18 : 0·4·18 Meter.
Vergl. Text, Seite 42, 73, 78, 84.

Hofrath A. B. Meyer hatte die Güte, über die Dayakschilde des Dresdener Museums folgende briefliche Mittheilungen zu machen: »Nr. 1539, Schild von Bandjermasin

---

[1]) Nach einer gütigen Mittheilung des Sinologen Dr. F. Hirth werden solche Schilde auch heute noch da gebraucht, wo mit Pfeil und Bogen, Schwertern und Lanzen gekämpft wird, besonders in den Kämpfen gegen Aufständische im Südwesten und Westen; doch brechen sich die europäischen Feuerwaffen auch dort mehr und mehr Bahn, was dem Schild eine mehr auf das Ornamentale beschränkte Stellung anweist. Als Emblem in Lagern, Militärstationen, sowie Theatervorstellungen findet er aber eine häufige Verwendung.

(v. Schierbrand) mit in zwei Hälften getheilten Figuren, die beiden Hälften entgegengestellt.

Nr. 1784. Schild von Sarawak (Raja Brooke); menschliche Figur mit vier grossen Hauern als Mittelbild, und Gesichter mit Hauern auch oben und unten in den Spitzen.

Nr. 1785. ‚Klaubuk‘, Schild von Ost-Borneo (v. Kessel); Figur mit Hauern.

Nr. 1787. Gesichtsmaske von Süd-Borneo, Baritogebiet (v. Schierbrand). Maul voll Zähnen und vier Hauer.

Es gibt auch Masken ohne Hauer, z. B. Nr. 1683 des Dresdener Museums. — Vergl. Temminck, Verh. 372, Taf. 57, 6 und Raffles Taf. 19 (Java). Es gibt auch Schilde mit Figuren, aber ohne Hauer. Diese menschlichen Figuren heissen Hampatongs, Abbilder von Geistern, als Talismane fungirend. (S. auch bez. Hampatongs die Tafelabbildung in Not. Bat. Gen. XXVI, 4. 1888.) Nr. 1782 des Dresdener Museums ist z. B. ein Schild mit Figuren ohne Hauer und sowohl 1784, als auch 1785 tragen an der Innenseite Figuren ohne Hauer. — Nach Temminck, p. 405, ist Kambi ein Geist mit Riesengestalt und Hauern. Auf Java Yukschas (Riesen) und Räkschasas (Tempelwächter) mit Hauern.«

Herr C. W. Lüders war so freundlich, Zeichnungen und Photographien von Dayakschilden zur Verfügung zu stellen, welche das ethnographische Museum in Hamburg besitzt; ich habe den sehr interessanten Schild Fig. 51 nach einer dieser photographischen Aufnahmen gezeichnet. Die bezüglichen Stellen des Begleitschreibens lauten: »Von den sogenannten Drachenschilden (auf Borneo) haben wir zwei Stück. In China sind solche im Gebrauch gewesen, und bei den Japanern finden wir Aehnliches. Die breiten Schutzplatten bei den Rüstungen für die Arme und Beine zeigen oft Drachendarstellungen. Wir besitzen eine kostbare Rüstung (Nr. 1190) aus getriebenem Eisen, circa 150 Jahre alt, von dem berühmten Waffenschmiede Neczin, mit prachtvollen Drachendarstellungen auf den vier grossen, viereckigen Schutzplatten, die doch quasi Schilde ersetzen sollen.« Unter den Photographien befindet sich auch die Aufnahme eines sehr schönen Schildes von den Salomon-Inseln, Melanesien, (Nr. 105. Ein ähnlicher Schild ist auch in der Wiener Sammlung. [Inv.-Nr. 3859, Novara-Exp.]

Fig. 43.
Schild der Kayans in Nord-Borneo.
(Van Lansberge.)
Ethnogr. Mus. Leiden. Inv.-Nr. 401/4.
Gez. v. Tomassen.) 1'38 : 0'44 Meter.
Vergl. Text, Seite 42, 72, 73, 78, 84.

Vergl. Allg. Führer durch das k. k. naturh. Hofmuseum, Ethn. Samml., Saal XVI, W. 96.)
»Wenn auf diesem die bildliche Darstellung auch gerade keinen Drachen zeigt, so ist es doch wohl ein Idol zum Schutze oder zum Schrecken. Die Arbeit ist sehr sauber und gediegen.

 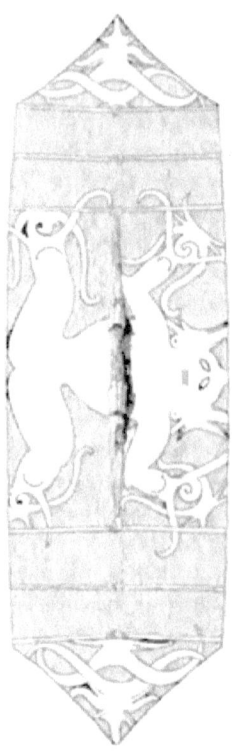

Fig. 44.
Schild der Kenyas im Sultanat Kutai.
Südost-Borneo. (S. W. Tromp.)
(Ethn. Mus. Leiden. Inv.-Nr. 614/3.
Gez. v. Tomassen.) 1:19 = 0.335 Meter.
Vergl. Text, Seite 42, 72, 73, 78, 80, 81, 84.

Fig. 45.
Rückseite des in Fig. 44 dargestellten
Dayakschildes. (S. W. Tromp.)
(Ethn. Mus. Leiden. Inv.-Nr. 614 b.
Gez. v. Tomassen.) 1:19 = 0.335 Meter.
Vergl. Text, Seite 42, 72, 73, 78, 81, 84.

Die Aussenseite deckt eine dicke Pasta, in welche mit kleinen, sauber geschliffenen Perlmutterstückchen die Darstellung der Figur und die sonstige Ausschmückung eingelegt ist.«

Herr J. D. E. Schmeltz, dessen gütiger Vermittlung ich die der Abhandlung beigeschlossenen, von Herrn Willem Tomassen nach der Natur aufgenommenen Schilde des Leidener Museums (Fig. 29—34, 38—41, 43—45, 48—50, 52, 53) verdanke, schreibt hierüber (nach freundlicher Angabe der Provenienzen und Massverhältnisse): »Was das Ornament (der Dämonenschilde) und dessen Begründung betrifft, so glaube ich auch das Ornament der Schilde als einen Ausfluss des typischen Ornamentes jener Stämme auffassen zu sollen, und zwar als eine mehr oder minder variirte und stilisirte Form der menschlichen Gestalt, wie sie uns bei Gegenständen der verschiedensten Art von den Stämmen Borneos und den Toeradjas von Celebes entgegentritt. Welchen Ideen ein derartiges Ornament seinen Ursprung verdankt, ob in diesen Figuren vielleicht der Zweck einer Erregung von Furcht beim Feinde verborgen liegt, das sind noch völlig offene Fragen. . . . «

Nach einem liebenswürdigen, mit Zeichnungen nach den Objecten belegten Briefe des Herrn Johann v. Xántus besitzt das Museum in Budapest 17 Dayakschilde, welche derselbe während seiner Reisen und Kahnfahrten auf den Flüssen des Nordens und des Nordwestens von Borneo selbst gesammelt hat. Diese Schilde sind von Sakkarau-, Sarebus-, Simunyon-, Sadong-, und Redjung-Dayaks. Die Dämonenschilde, von welchen Herr J. v. Xántus Skizzen eingesendet hat, und die in allem Wesentlichen den in dieser Abhandlung vertretenen Typen entsprechen, wurden von ihm sämmtlich, bis auf einen, der von den Sadong-Dayaks stammt, am oberen Redjangflusse erworben.

Herr v. Xántus hat die Ergebnisse seiner Forschungen und Beobachtungen in einer Abhandlung[1]) niedergelegt, woraus ich die Stellen, welche die Dayakschilde betreffen, nach einer mir vom Autor freundlichst gelieferten Uebersetzung hier anführe: »In der Kriegführung spielen diese Schilde eine grosse Rolle, wohl nicht am unteren Redjang, wo sie aus hartem, durch kräftige Paranghiebe leicht spaltbarem Holze

Fig. 46.
Dayakschild vom Barito,
Südost-Borneo.
(Dr. E. van Rijckevorsel.)
Ethnogr. Mus. Rotterdam. No. 189.
Vergl. Text, Seite 42, 7, 79, 81.

verfertigt werden, umsomehr aber am Oberlauf dieses Flusses, wo man dieselben mit Hirsch- oder Bantangshaut bekleidet und mit starken Sehnen durchzieht;[2]) diese Schilde, welche überdies aus einem weichen, faserigen, sehr schwer spaltbaren Holze gemacht

---

[1]) J. v. Xántus, Borneo szigetén 1870-ben tett utazásomról. Földrajzi közlemények. Budapest 1880, VIII, p. 153—219. Die übersetzte Stelle findet sich auf p. 208.

[2]) In vielen Gegenden werden die Schildflächen am oberen und unteren Ende durch vier oder sechs Reihen kräftiger Rottanschnüre zusammengehalten; die dadurch gebildeten Streifen begrenzen das Mittelfeld, auf welchem sich das Dämonenbild befindet. Vergl. die Abbildungen.

werden, erlangen durch die Verschnürung eine derartige Festigkeit, dass sie den schwersten Paranghieben und den heftigsten Sumpitanstössen erfolgreichen Widerstand zu leisten vermögen, insbesondere dadurch, weil das Zerspalten derselben ganz ausgeschlossen ist.

Die interessanten und originellen Malereien werden durchaus mit Pflanzenfarben, die mit Cocosnussöl angerieben sind, ausgeführt und besitzen, da sie unverwaschbar sind,

Fig. 47.
Dayakschild. (Dr. Karl Hunnius.)
(Lehn Mus. Jena Gez. v Dr. F. Regel.)
1:24 nat. Grösse.
Vergl. Text. Seite 42, 73, 80, 84.

eine ebenso grosse Dauerhaftigkeit als andere Oelmalereien. Das schöne Roth wird aus Drachenblut, das Gelb aus Gambier, das Braun aus Gambier und Schwarz, das Schwarz aus gebrannten, unreifen Cocosnussschalen, das Weiss aus dem Saft von *Ficus religiosa* (gemischt mit etwas Arecanuss), neuerer Zeit auch aus einer Kreide und Kalk verfertigt. Die Malerei an der Innenseite der Schilde ist immer frei und gut sichtbar, die äussere wird jedoch häufig mit Menschenhaaren behangen. Früher pflegte man nur die Haare getödteter Feinde — gleichsam als Siegestrophäen — an den Schilden anzubringen, jetzt werden aber auch die Haare solcher Menschen, welche eines natürlichen Todes gestorben sind, zu diesem Zwecke verwendet.«

Herr Justizrath C. L. Steinhauer in Kopenhagen hatte die Güte, brieflich mitzutheilen, dass sich in dem dortigen ethnographischen Museum drei Dayakschilde mit hauerbewaffneten Fratzenköpfen befinden, die theilweise mit mehreren Reihen schwarzer Haarlocken decorirt sind, und bemerkt hiezu: »Im Brahmaismus stellen diese Köpfe, Masken und Götzenbilder Wischnu in seiner vierten Incarnation als Narasingha (Mensch-Löwe) dar, in welcher Form er — allgegenwärtig und demgemäss allwissend — das Gute unterstützt und belohnt, das Böse abwehrt oder bestraft, und so scheint er eben dadurch in dieser Incarnation seine höchste Macht und sein höchstes Ansehen erreicht zu haben. Frühzeitig mit mehreren anderen brahmanischen Götzen aufgenommen in das nach dem Tode Buddha's sich allmälig bildende, ziemlich weitläufige mythologische System des Buddhismus, finden wir ihn nicht allein in Vorderindien, sondern auch mit dieser Lehre von Ceylon nach Hinterindien gekommen, von wo er — wenn nicht früher, durch die eifrigen Bemühungen des mächtigen indischen Königs Asoka — auf Java, ferner auf Madura, Bali, Borneo, Selebes — —, sowie in China, Tibet und Japan Verbreitung findet.« Mons. E. Guimet schreibt aus Paris: »La question des boucliers est plutôt du domaine de l'Ethnographie que de celui des religions. Les têtes de tigres, les figures à gros yeux et à longues dents sont de toutes les civilisations. A Java il y a une sorte de démon qu'on représente fréquemment même sur les poignées de sabres et qui a ces traits caractéristiques. Il serait plutôt d'origine indienne que chinoise.«

Auf den Dayakschilden kommen sowohl im Mittelfelde als auch insbesonders an den dreieckigen Endflächen Dämonenköpfe ohne Körper vor; es ist nicht unmöglich, dass diese typische Körperlosigkeit auf jene religiösen Vorstellungen der Dayaks zurückzuführen ist, wonach gewisse Geister blos in der Form freischwebender Köpfe erscheinen.[1]) Inwieweit diese Vorstellungen eine Vergleichung mit dem Glauben der Inder und Kambodschaner an den körperlosen Râhu[2]) zulassen, und inwieweit sich hier verwandte Ideen berühren, die vielleicht einmal einer gemeinsamen Quelle entsprangen, kann an dieser Stelle nicht näher untersucht werden.

Ich will nun daran gehen, die in dieser Schrift abgebildeten Dayakschilde der Reihe nach zu beschreiben, Besonderheiten hervorzuheben, verwandte Bildungen herauszugreifen:

Fig. 27. Sehr schöner Dämonenschild von klarer, übersichtlicher Zeichnung, aus dem Berliner Völkermuseum. (Tyszka.) Dämon in ganzer Figur, mit gegen die Brust emporgehobenen Beinen, welche in der Gegend des Ellenbogengelenkes über die Arme gelegt sind und von diesen gleichsam getragen werden; Finger und Zehen einzeln gegliedert; Ohren, in einer Horizontalen zu beiden Seiten der Augen, von typischer Form, oberhalb derselben zwei Eckfüllungen in der Gestalt von Vogelköpfen (Tingangs). Zwischen denselben zwei Hörner, die sich in einer Spitze über dem Scheitel vereinen; gewaltige Hauer. In den Dreieckfüllungen oben und unten je ein Dämonengesicht mit Hauern, Elemente

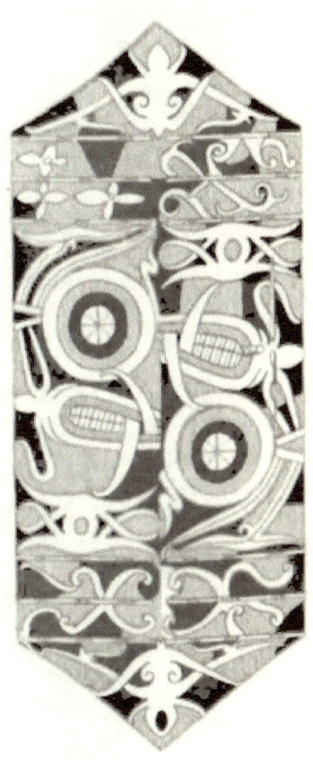

Fig. 48.
Schild der To ri adjas im Innern von Selebes. (Dr. B. F. Matthes.)
(Ethnogr. Mus. Leiden, Inv.-Nr. 37-517.
Ges. v. Tomassen.) 1·27 : 0·455 Meter.
Vergl. Text, Seite 72, 73, 80, 81, 84.

---

[1]) »Man glaubt, Menschen flögen als ,Hantuén', d. h. mit vom Rumpf getrenntem Kopfe und die Eingeweide hinter sich schleppend, Nachts umher, um ihren Opfern das Blut auszusaugen.« Hendrich's Bootreisen auf dem Katingan in Süd-Borneo. Mittheilungen der Geographischen Gesellschaft zu Jena, Bd VI, 1888, p. 103. Vergl. auch Hardeland, Wörterbuch, p. 160, s. v. hantuen.

[2]) राहु masc. N. ppr. eines Daitya, dessen Kopf von Wischnu abgehauen ward, aber lebendig blieb und am Himmel umherirrend durch Verschlingen der Sonne und des Mondes deren Eklipsen bewirkt. Sanskrit-Wörterbuch v. Benfey, Artikel Rāhu. Eine Abbildung des Kambodach. Reahu in Revue d'Ethnogr. 1883, II. 360.

dieselben wie beim Mittelbilde, Nasenlöcher jedoch fehlend; zu beiden Seiten von Vogelköpfen flankirt. In den länglichen Rechtecken je ein flachgedrückter, in eingehängte Spiralen aufgelöster Kopf; fast unkenntlich.

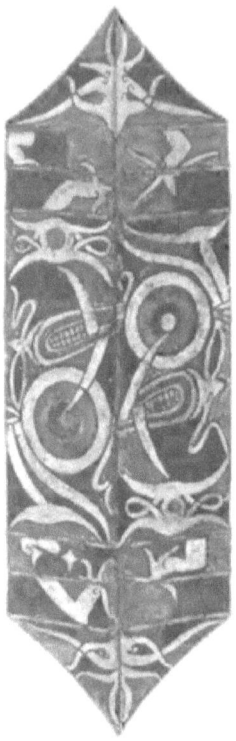

Fig. 49.
Dayakschild aus Südost-Borneo.
(Ethn. Mus. Leiden. Inv.-Nr. 491/29.
Gez. v. Tomassen.) 1 3/4 : 0/368 Meter.
Vergl. Text, Seite 42, 72, 73, 80, 81, 84.

Fig. 50.
Rückseite des in Fig. 49 dargestellten Dayakschildes.
(Ethn. Mus. Leiden. Inv.-Nr. 491/29.
Gez. v. Tomassen.) 1 3/4 : 0/368 Meter.
Vergl. Text, Seite 42, 72, 73, 80, 81, 84.

Fig. 28. Rückseite dieses Schildes. Im Mittelfelde zwei nebeneinanderstehende menschliche (?) Figuren; Ellenbogengelenke wie in der Vorderansicht ornamental erweitert, Finger und Zehen einzeln gegliedert; Ohren, Ohrläppchen und Ohrbehänge typisch wie in der Vorderansicht, aus dem Scheitel hervorwachsend ein horizontal gelagertes Zopfgewinde — in der Art der griechischen Torengeflechte aus tangirenden Kreisringen gebildet — typisch; längliche Rechtecke wie in der Vorderansicht; in den Dreieckfüllungen oben und unten ein fast ganz zum Ornamente umgebildetes Dämonengesicht, durch Hauer charakterisirt.

Fig. 29. Schild aus Kutai. Leiden. (S.W. Tromp.) Mit Haaren besetzt. Drei Dämonengesichter mit spitzen, nach auswärts gebogenen Hauern, ähnlich wie am Berliner Schilde in Fig. 27. In Folge des Haarschmuckes von unheimlicher Wirkung.

Fig. 30. Rückseite dieses Schildes; analog dem von Berlin (Fig. 28); Hände an die Schläfen gepresst (typisch), ohne Finger, in der Armbeuge die herabhängenden Ohrlappen (typisch); Ellenbogen, Zopf mit Torengeflecht, Dreieckfüllungen (hier ohne Hauer) und Rechteckdecor aus denselben Elementen gebildet wie in Fig. 28. Eingehängte Spiralen. Die zehenlosen Füsse in plumper Weise ornamental stilisirt. Ueber dem Torengeflecht eine dem griechischen Eierstabe ähnliche Reihung.

Fig. 31. To ri adja-Schild aus Selebes. Leiden. (Matthes.) Gehörnter Dämon mit Hauern und über die Arme gelegten Beinen wie in Fig. 27, jedoch durch Haarbüschelreihen theilweise verdeckt, daher in der Totalwirkung wie Fig. 29; Ellenbogengelenke in der typischen Weise erweitert; Arme und Beine mit Wellenliniendecor (siehe den Abschnitt über die technischen Künste, Schnitzereien und Ritzungen). Dreieckfüllungen wie in Fig. 27.[1)]

Fig. 32. Rückseite dieses Schildes. In allen wesentlichen Punkten mit Fig. 28 und 30 übereinstimmend. Hände gegen den Kopf gehoben, jedoch nicht angepresst, 3—4 Finger. Torengeflecht. Ellenbogenfortsatz. Seltsam stilisirte Füsse. In den Dreieckfüllungen je ein Dämonengesicht mit Hauern, kreisrunden Nasenlöchern und zur Hälfte abgeschnittenen Augen. Im untern Dreieck nur ein halbirtes Auge. Vorder- und Rückseite dieses Schildes zeigen weder in der Auffassung noch in den Details des Decors eine Verschiedenheit von den Dayakschilden und machen auf den unbefangenen Ornamentisten den Eindruck, als wären sie Arbeiten eines und desselben Volkes.

Fig. 33. To ri adja-Schild aus Selebes. Leiden. (Matthes.) Mittelfeld mit Dämonenkopf, durch Haarbesatz theilweise verdeckt. Mächtige Hauer. Aeussere Augenkreise gegen die Mittellinie des Gesichtes oben und unten typisch abgebogen und sich in Spitzen unter der Stirne und über der Nase vereinigend (vergl. Fig. 31); Dämonenköpfe in den Dreieckfeldern von etwas abweichender Bildung, ohne Hauer.

Fig. 51.
Dayakschild »talawang«
aus Südost - Borneo.
(Grabowsky.)
(Ethnogr. Mus. Hamburg.
Inv.-Nr. 181. Nach photogr.
Aufn. von A. Partz.)
Vergl. Text, Seite 42, 71, 73, 80, 81.

[1)] Im Museum zu Amsterdam befindet sich ein ähnlicher Schild aus Kutai. (Nr. 880; 1·30:0·40 Meter.)

Fig. 34. Rückseite dieses Schildes. Zwei Reihen nach abwärts laufender, in der Mittellinie zusammentreffender Wellenornamente.

Fig. 35. Dämonenschild, offenbar dayakisch. Wien. Dämon in ganzer Figur mit den charakteristischen Ohren, Augenrändern, Hauern; Hand- und Fussbildung typisch, die eine Hand mit der Gesichtsmasse verwachsen.

Fig. 36. Schild aus Sarawak. Berlin. (Bieber.) Mittelfeld mit gehörntem Dämon, reichgezähnter Mund mit kleinen Hauern; vom Körper nur die Arme sichtbar, woran die Hände mit dem eingerollten Daumen und dem abgebogenen Zeigefinger typisch sind.

Fig. 37. Rückseite. Spiralengänge, die in Bezug auf das natürliche Vorbild nicht mehr mit Sicherheit enträthselt werden können; das Gleiche gilt von den Dreieckfüllungen der Vorderansicht und der Rückseite. Auf beiden Seiten Kreise mit concentrischen Punktreihen, ein in Indien gebräuchliches Symbol für Linga und Yoni oder für Mahâdewa.[1])

Fig. 38. Schild aus Kutai. Leiden. (S. W. Tromp.) Gehörnter, glotzäugiger Dämon mit Hauern und Armen. Nase fehlend. Daumen typisch eingerollt, Zeigefinger in die Gesichtsmasse eingebogen und mit dieser verwachsen, Dreieckfüllungen mit Spiralornamenten.

Fig. 39. Rückseite dieses Schildes. Spiralornamente ohne nachweisbar naturalistische Anklänge. Eingehängte Spiralen (typisch).

Fig. 40. Schild aus Südost-Borneo. Leiden. Gehörnter Dämon im Mittelfelde, ähnlich wie in Fig. 36, mit doppelt gekrümmten, rundlichen Hauern; die oberen derselben in der Mitte der Pupille endigend (typisch). Nasenflügel eingerollt wie in Fig. 36; ebenso die Bildung der Arme und Hände — Daumen eingerollt, Zeigefinger ausgebogen — mit dem Berliner Sarawakschilde verwandt. In der Mitte unter dem Munde das chinesische Yin- und Yang-Symbol (vergl. den chinesischen Drachen in Fig. 21). Dreieckfüllungen ornamentirt mit denselben Elementen wie in Fig. 36 und 37.

Fig. 41. Schild aus Südost-Borneo. Leiden. Plump stilisirter, gehörnter Dämonenkopf mit Hauern und Armen; für die Bildung der Nase vergleiche den chinesischen Drachen in Fig. 22. Dreieckfüllungen ornamentirt wie Fig. 36, 37, 40.

Fig. 42. Schild aus Borneo. Berlin. (Kessel.) Mittelfeld mit gehörntem Dämon; körperlos, mit Hauern. Dreieckfüllungen mit gehörntem Gesichte, Ohrläppchen geschlitzt. Nase fehlend.

Fig. 43. Schild der Kayans. Leiden. (v. Lansberge.) Gehörnter Dämon mit Teufelsgesicht. An Stelle der Nase blos zwei kreisrunde Nasenlöcher. Spitze, nach auswärts gebogene Hauer, Dreieckfüllungen fehlen.

Fig. 44. Kenya-Schild aus Kutai. Leiden. (S. W. Tromp.) Im Mittelfelde ein gehörnter Dämon mit spitzen, nach auswärts gebogenen Hauern; Nasenflügel eingerollt wie in Fig. 16, 17, 21, 22, 26, 54, 55. Dreieckfüllung typisch wie in Fig. 36, 37, 40, 41.

Fig. 45. Rückseite dieses Schildes. Im Mittelfelde eine quergestellte menschliche (?) Figur mit durchbohrten Ohrläppchen, auseinandergespreizten Beinen und erhobenen Armen. Daumen eingerollt, Zeigefinger abgebogen, Finger und Zehen im Uebrigen wie

---

[1]) Vergl. die hierauf bezüglichen Publicationen von Rivett-Carnac (s. unten p. 117, Anm. 1).

Polypenarme ausgereckt. Die Nase fehlt. Quer durch den Thorax die Handhabe. Dreieckfüllung analog jenen der Vorderseite.

Fig. 46. Dayakschild von einem Häuptling Südost-Borneos. Rotterdam. (Dr. E. v. Rijckevorsel.) Acht Rottanbänder; in der Mitte zwischen den innersten ein Dämonen-

Fig. 52.
Dayakschild aus Südost-Borneo
(Ethnogr. Mus. Leiden Inv.-Nr. 869/79
Gez. v. Tomassen.) 1,765 × 0,56 Meter
Vergl. Text. Seite 42, 72, 74, 80, 81, 83, 84

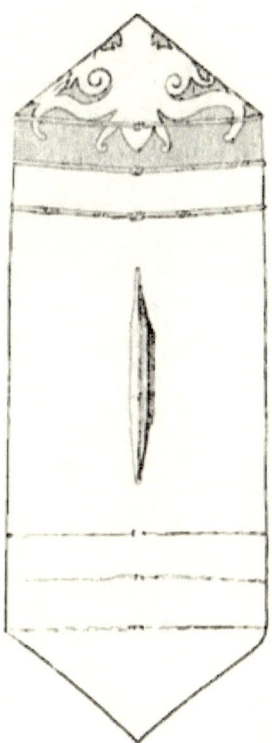

Fig. 53.
Rückseite des in Fig. 52 dargestellten
Dayakschildes.
(Ethnogr. Mus. Leiden Inv.-Nr. 869/79
Gez. v. Tomassen.) 1,765 × 0,56 Meter
Vergl. Text. Seite 42, 72, 74, 80, 84

gesicht mit Zähnen und stumpfen Hauern; die unteren nicht nach auswärts gebogen, sondern nach innen gekrümmt. Augen von einer Punktreihe umgeben (Wimpern?), Ohren nur skizzenhaft angedeutet, nicht von der gewöhnlichen typischen Form; Stirnfalten, Hörner, Körper ganz in ein Ornament aufgelöst; eingehängte Spiralen.

Fig. 47. Dayakischer Dämonenschild. Jena. (Dr. Karl Hunnius.) Nach einer Zeichnung von Dr. F. Regel. Glotzaugen, Nase typisch eingerollt, Hauer kurz, die unteren nach innen gebogen; der obere und untere Theil des Schildes mit spiraligen Ornamenten bedeckt.

Fig. 34.
Dayakischer Dämonenschild aus bemaltem Holze; von einer mittleren Längskante nach beiden Seiten zurückweichend; 132 Cm. hoch. Gegend von Bandjermasin.
(Harmsen.)

Ethnogr. Mus. Wien. Ins.-Nr. 9197.
Orig.-Aufnahme. Zum Theil Reconstruction.
Vergl. Text. Seit. 44, 75, 78, 81, 83, 84.

Fig. 48. Tori adja-Schild aus Selebes. Leiden. (Matthes.) Im Mittelfelde ein Dämonengesicht mit Hauern und achttheiliger Pupille; beide Angesichtshälften an der Mittellinie verkehrt zu einander gestellt; diese Einrichtung bewirkt es, dass der Schild, dessen beide Flächen von der Symmetralen nach rückwärts geneigt sind, infolge der dadurch bedingten perspectivischen Verschiebung immer — von einer Seite betrachtet — einen aufrecht erscheinenden Dämon zeigt, ob der Schild nun mit der einen oder mit der andern Spitze nach oben gerichtet werde. Offenbar hat eine ähnliche Erwägung diesen an sich unkünstlerischen Brauch nach sich gezogen. Dreieckfüllungen typisch wie in Fig. 44. In den durch die Verschnürung abgegrenzten Rechteckfeldern an einer Stelle drei vierblätterige Blumen, ähnlich jenen in dem Batta-ornament Fig. 74.

Fig. 49. Schild aus Südost-Borneo. Leiden. Im Wesentlichen ganz übereinstimmend mit dem Tori adja-Schilde in Fig. 48, jedoch mit Armen.

Fig. 50. Rückseite dieses Schildes. Spiralenornament zu beiden Seiten der Handhabe. Dreieckfüllungen wie auf der Vorderseite, typisch wie in Fig. 48.

Fig. 51. Schild »talawang« aus Südost-Borneo. Hamburg. (Grabowsky.) Dämon mit Armen und Händen (Daumen eingerollt, Zeigefinger abgebogen), verkehrt zu einander gestellte Gesichtshälften wie in Fig. 48 und 49; der hauerbesetzte Mund in einer einzigen Geraden.

Fig. 52. Schild aus Südost-Borneo. Leiden. Im Mittelfelde ein zur Hälfte doppelseitiges Dämonengesicht; doch sind nur drei Augen ausgeführt; das vierte Auge fehlt, und ist statt dessen ein ornamentales Liniengebilde gesetzt, in welchem nach einigem Bemühen Rudimente von Arm und Bein, von Hand und Fuss entdeckt werden können. Diese Form bildet den Uebergang zu den halbseitigen Schilden.

Fig. 53. Rückseite dieses Schildes. Typische Dreieckfüllung wie an der Vorderseite. Vergl. Fig. 36, 37, 40, 41, 44, 45, 48—50.

Fig. 54. Schild aus Bandjermasin. Wien. (Harmsen.) Im Mittelfelde ein doppelseitiges Dämonengesicht; der Mund mit den gewaltigen bis zum Pupillenmittelpunkte reichenden Hauern (vergl. Fig. 40 und 52) ist beiden Köpfen gemeinschaftlich, oben und unten je zwei grosse, durch fünf concentrische Kreise gebildete Augen, Nasenbildung wie beim chinesischen Drachen in Fig. 22. Dreieckfüllungen typisch. Der Schild, in der Mitte quergetheilt, zerfällt in zwei fast congruente Hälften. Diese Anordnung verstattet das beliebige Tragen des Schildes, da in jedem Falle ein Dämonengesicht aufrecht steht.

Fig. 55. Mittelfeld der Rückseite dieses Schildes. Menschliche (?) Figur mit auseinandergespreizten Beinen und emporgehobenen Armen. Finger und Zehen ornamental behandelt (typisch); geschlitzte herabhängende Ohrlappen; am Hand- und Fussgelenk Tätowirpaternen. (Vergl. Figur 45).

Fig. 55.
Rückseite des in Fig. 54 dargestellten dayakischen Dämonenschildes; quergestellt. Figur lichtbraun auf dunkelbraunem Grunde. (Harmsen.)
(Ethnogr. Mus. Wien. Inv.-Nr. 6497. Orig.-Aufnahme.)
Vergl. Text. Seite 42, 75, 81, 84.

Tafel 9, Nr. 1. Schild »trabai« vom Kapuas. Wien. (Dr. Bacz.) Oben und unten ein gehörntes, mit der Oberlippencurve endigendes Dämonengesicht; beide mit den Hörnern in der horizontalen Mittellinie des Schildes zusammenstossend; in diesem Mittelraume viermal das chinesische Yin- und Yang-Symbol. Der Schild kann beliebig getragen werden, da immer ein Dämonengesicht aufrecht steht.

Tafel 9, Nr. 3. Schild »trabai« vom Kapuas. Wien. (Dr. Bacz.) Im Mittelfelde zwei combinirte Dämonenköpfe; die Augen in der horizontalen Mittellinie gemeinschaftlich; oben und unten je ein in die Breite gezogener Mund. In der Dreieckfüllung oben und unten je eine ornamental verzerrte Dämonenfratze.

Tafel 10, Nr. 6. Schild »kaliyawo*) malampe«. Wien. (Dr. Czurda.) Reich ornamentirt. In jedem der drei Felder ein Dämon von typischer Gestaltung. Augen, Ohren, Hauer, Augenumgrenzung, Nase, eingehängte Spiralen wie in Fig. 27, 29, 31, 33.

---

*) kaliyawo = kliau. Dr. Czurda hat diesen Schild auf Süd-Selebes erworben, wo er von den Buginesen und Makassaren nur bei grossen Festlichkeiten und feierlichen Processionen, in denen er Fürsten und Häuptlingen zum Zeichen ihres Ranges nachgetragen wird, Verwendung findet. (Catalog mit Erklärungen der Ethnographischen Privatsammlung des Dr. F. A. J. Czurda, Wien 1883, p. 20, Nr. 92.) Vergl. die ebenfalls aus Selebes stammenden To ri Adja-Schilde, Fig. 31 und 44.

Hein. Die bildenden Künste bei den Dayaks. 11

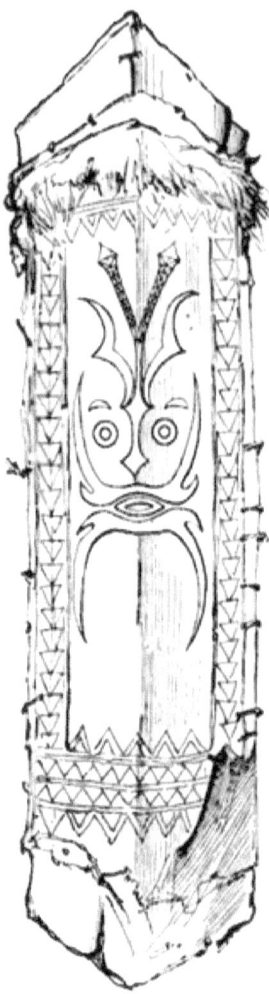

Fig. 36.
Schild (daughi) mit Dämonenkopf
von Nias. (Geruttet.)
K. k. hofmus. Wien. Inv. Nr. 2772
(Orig.-Aufnahme.) 1·55 : 0·48 Meter
Vergl. Text, Seite 82.

Tafel 10, Nr. 10. Schild. Wien. (Schilling.) Reich ornamentirt. Das schönste Exemplar, das mir bekannt geworden ist. Das Original dicht mit Haaren behangen, die ich jedoch durch reihenweises Aufheben von der Malerei entfernte, um eine genaue Zeichnung anfertigen zu können. In jedem der drei Felder ein Dämon von typischer Gestaltung. Die Contouren klar, einfach, von edlem Schwunge. Augen, Ohren, Hauer, Augenumgrenzung, Nase, eingehängte Spiralen wie an dem vorhergehenden Beispiel. Beine emporgezogen und über die Arme gelegt wie in Fig. 27 und 31. Ellenbogenfortsatz mit dem Beckengürtel ornamental verwachsen. Hände mit eingebogenen Fingern; Füsse auf dreitheilige Schemel gestellt; eine Zehe ornamental verlängert und durch den Unterschenkel gesteckt.[1])

Tafel 10, Nr. 8. Rückseite dieses Schildes. Im Mittelfelde zwei nebeneinanderstehende menschliche Figuren wie in Fig. 28, 30, 32; Ellenbogenfortsätze mit eingehängten Spiralen; durch den Thorax ein ornamentales Gebilde eingeschoben; herunterhängende, geschlitzte Ohrlappen, Torengeflecht, Eierstab; Zehen durch die perforirten Unterschenkel geführt; Füsse auf Schemeln ruhend; in den länglichen Rechtecken je ein ornamentales Gebilde, welches einem Vogel mit ausgebreiteten Schwingen gleicht; in den Dreieckfeldern je ein bis zur Unkenntlichkeit stilisirtes Dämonengesicht wie in Fig. 30.

Tafel 10, Nr. 7. Dämonenkopf von einem Schilde (L. Moskovicz); blos zwei nach aufwärts gerichtete Hauer.

Tafel 10, Nr. 9. Dreieckfüllung von einem Schilde (L. Moskovicz); Ornament mit Anklängen an chinesische Muster.

Fig. 25. Mit Fratzenkopf verzierter Schild, käse aus Kerrüma (Freshwater-Bai) auf Neu-Guinea. (O. Finsch.) Wien. Augenbildung aus concentrischen Kreisen, Augenumgrenzung in Spitzen auslaufend wie bei den Dayaks; diese Spitzen je-

---

[1]) Ein prachtvoller Schild dieser Art ist Nr. 1582 in Amsterdam, dessen Rückseite gleichfalls die menschlichen Figuren zeigt.

doch nicht in der Nasengegend zusammengeschlossen, sondern über das ganze Gesicht herabreichend. Im Allgemeinen wenig Aehnlichkeit mit der dayakischen Auffassung. Handbildung analog der Tatzendarstellung auf dem chinesischen Infanterieschild in Fig. 24.

Fig. 56. Schild mit Dämonenkopf von Nias. (Cerutti.) Wien. Zweigehörnter Dämon, auf dem Lederüberzug des Schildes dargestellt; unvollendet. Der Mund steht in der horizontalen Mittellinie des Schildes; von da geht eine ornamental ausgebildete Wangencontour nach aufwärts und eine zweite, congruent zur oberen, nach abwärts. Im unteren Theile fehlen jedoch die übrigen Angesichtstheile (Augen, Nase), welche den Schild, bei beiden Hälften gemeinsamem Munde, zu einem zweitheiligen mit horizontaler Symmetrieaxe gemacht hätten. Vergl. die Dayakschilde in Fig. 52, Fig. 54 und Tafel 9, Nr. 3.

Fig. 57. Dayakschild aus Kutai. Amsterdam. (v. De Wall.) Nach einer in Naturgrösse aufgenommenen Zeichnung von C. M. Pleyte Wzn. Im Mittelfelde, wo sonst das Dämonengesicht zu stehen pflegt, sieht man zwei Vögel (tingangs) mit ausgebreiteten Schwingen und zur Seite geneigtem Kopfe fast genau in derselben Stellung, wie sie für die heraldischen oder decorativen Zwecken dienenden Adlerfiguren des deutschen Mittelalters charakteristisch ist;[1]) auf der rechten Schildhälfte unter den Schwingenfedern des oberen Vogels freischwebend eine Art Swastikazeichen mit gekrümmten Armen,[2]) die äussersten Schwingenfedern nach oben und nach unten an beiden Vögeln in ein Ornament auslaufend, welches ganz so wie das Füllungsornament in dem oberen, durch die Verschnürung abgetrennten Rechtecke auf das Genaueste jenen Verzierungen gleicht, die man auf altmalayischen Stickereien und Applicationsarbeiten antrifft. Das correspondirende Oblongum zeigt ein einfaches Rhombenornament. Das obere Dreiecksfeld mit einem verkümmerten, arabisirenden Decor;

Fig. 57.
Dayakschild aus Kutai.
(v. De Wall.)
Ethn. Mus. Amsterdam. Gez. v.
C. M. Pleyte Wzn. 1:17 o. S. Meter
Vergl. Text. Seite 42, 43, 83, 84.

das untere amorph. Farben weiss, gelb, roth, blau und schwarz. Der Tingangvogel vertritt die Stelle des schützenden Genius in derselben Weise wie auf den gebräuchlicheren Schilden die Darstellung des Dämons. Herr C. M. Pleyte Wzn. schreibt über die Ver-

---

[1]) Vergl. die romanischen, gothisirenden und Renaissance-Adler in Franz Sales Meyer's Handbuch der Ornamentik. Leipzig 1888, Tafel 54.
[2]) Dasselbe Zeichen befindet sich auch auf einem, eine menschliche Figur zeigenden Schilde im Museum zu Leiden.

ehrung, welche der Tingang (bei den Holländern »Jaarvogel«) als Glücksvogel bei den Dayaks geniesst: »...les Biadjous, tribu de Dayaks, ornent le faîte de leurs maisons de représentations en bois de l'oiseau-rhinocéros (Buceros-rhinoceros), parce qu'ils le considèrent comme portant bonheur. (S. Müller.[1]) ... Les Dayaks, en général, quand ils ont enlevé une tête, ont la coutume de placer sur un poteau un bucéros en bois dont le bec *est dirigé vers la tribu ennemie*. Cela semble indiquer que dans leur idée l'oiseau ainsi placé détournera du village les représailles auxquelles on s'attend.«[2])

Fig. 52.
Dämonengesicht von einer chinesischen Porzellanschale. Halbe Naturgrösse.
Privatbesitz. Orig.-Aufnahme.
Vergl. Text, Seite 88.

Die in dieser Abhandlung dargestellten Dämonenschilde der Dayaks und To ri adjas lassen sich eintheilen in solche, welche im Mittelfelde eine ganze Dämonenfigur mit über die Arme gelegten Beinen enthalten (Fig. 27, 31, Tafel 10, Nr. 10), in solche, wo Arme und Beine frei sind (Fig. 35), in solche, wo vom Körper nur die Arme dargestellt sind (Fig. 36, 38, 40, 41), in solche, wo der Körper in ein Ornamentgewinde aufgelöst erscheint (Fig. 33, 44, 46, 47, Tafel 10, Nr. 6), in solche, die blos einen Dämonenkopf enthalten[3]) (Fig. 42, 43), in zweitheilige nach einer horizontalen Mittellinie (Fig. 54, Tafel 9, Nr. 1 und 3), in zweitheilige nach einer verticalen Mittellinie (Fig. 48, 49, 51), beide Systeme combinirt (Fig. 52). — Die Dreieckfüllungen enthalten entweder ein Dämonengesicht (Fig. 27—33, 42, Tafel 9, Nr. 3, Tafel 10, Nr. 6, 8, 10) oder häufig auch ein typisches Ornament (Fig. 34—41, 44, 45, 48—50, 52—54). Die Rückseite zeigt nicht selten zwei neben der Handhabe stehende menschliche Figuren (Fig. 28, 30, 32, Tafel 10, Nr. 8), eine einzelstehende Figur mit gespreizten Beinen und emporgehobenen Armen (Fig. 45, 55), oder auch nur eine ornamentale Füllung (Fig. 34, 37, 39, 50, 53). Ein Schild enthält statt des Dämonengesichtes zwei Tingangvögel (Fig. 57).

[1]) »In vele dorpen ziet men verschillende lijk- en knekelhuisjes, Santong rauong en Santong toilang genaamd, alsmede zware, op zichzelven staande palen met wanstaltige menschelijke aangezigten en somtijds met geheele menschenbeelden, welke in het algemeen met den naam Hampatong bestempeld worden. Andere palen weder, onder den naam van Singaran of Panjangaran bekend, zijn, aan het boveneinde, van een grooten, aarden pot (situen of goetsi) en, boven dezen, met een breeden en hoogen, waaijervormigen kam van latwerk voorzien; terwijl op de nokken der huizen niet zelden houten vogels prijken, inzonderheid neushoornvogels, bij de Biadjoe's Tingang genaamd (de Tingang wordt als een invloedrijke geluksvogel beschouwd), en ook binnen de woningen allerlei afgodische en tot talisman strekkende voorwerpen van hout, steen, been enz. gevonden worden.« Salomon Müller, Land- en volkenkunde (in Verhandelingen over de nat. geschiedenis der Nederlandsch overzees. bezittingen, Leiden 1839—1844), p. 401, 402.

[2]) C. M. Pleyte Wzn., »Pratiques et croyances relatives au Bucéros dans l'Archipel Indien« in Revue d'Ethnographie 1885, IV, p. 314.

[3]) Hieher gehört der Schild »talawong« Nr. 1221 des Museums der Indischen Schule zu Delft. Catalogus, p. 38, Nr. 1560.

Die Farben sind zumeist Braun, Roth und Schwarz; selten tritt Weiss, Gelb und Blau hinzu. Die Contouren sind durch Einritzung vorgezeichnet, die Augenkreise exact, vermuthlich mittelst einer Schnur dargestellt. Zwischen Dayak- und Toriadja-Schilden habe ich Unterschiede in Auffassung oder Ausführung nicht wahrnehmen können. Die Hauer sind ähnlich jenen der balinesischen Raksâsas, doch kommen Dämonenköpfe mit Hauern in Ostasien auch sonst sehr häufig vor. (Vergl. Rajamala und Malang Sumérang in Plates to Sir Thomas Stamford Raffles »History of Java«, London 1844, Tafel 19, I und IV; A. B. Meyer, Alterthümer aus dem ostindischen Archipel etc. »Bronze aus Cambodja«, Tafel VIII; das in dieser Abhandlung in Fig. 58 dargestellte gehörnte und mit Hauern bewehrte Dämonengesicht aus China u. s. w.)

Wenn sonach die Resultate der ganzen hier durchgeführten Untersuchungen in Kürze recapitulirt werden, so ergibt sich Folgendes:

1. Die Schilddämonen sind offenbar als Schutzgeister der Waffenträger gedacht.

2. Die Chinesen haben Dämonenschilde (Tigerschilde, Drachenschilde) in grosser Anzahl besessen; dieselben kamen nicht nur hervorragenden Helden, sondern auch als integrirende Bestandtheile der Feldausrüstung jedem einzelnen Soldaten der ganzen Armee zu.

3. Chinesen befanden sich stets in bedeutender Anzahl auf Borneo; man spricht sogar von einem chinesischen Reiche, das im Norden der Insel bestanden haben soll. — Da nicht angenommen werden kann, dass Eindringlinge in grosser Zahl ein fremdes Land, das den Sitz einer wehrhaften Bevölkerung bildet, unbewaffnet betreten, und da die Chinesen auch als Eroberer an verschiedenen Punkten Borneos erschienen, so kann nicht angezweifelt werden, dass chinesische Dämonenschilde im Laufe früherer Jahrhunderte nach Borneo gebracht wurden, und dass viele Dayakstämme dieselben genau kennen zu lernen Gelegenheit hatten.

4. Die Schildmalereien der Dayaks enthalten einzelne Symbole und Ornamentmotive, welche unmittelbar chinesischen Ursprung verrathen. (Yin- und Yang-Symbol.)

5. Dämonenfratzen sind in China, Japan, Indien und im ostindischen Archipel ganz allgemein. Die dayakischen Dämonenbilder sind daher keine vereinzelte Erscheinung.

6. Die für die balinesischen Raksâsas charakteristischen, stark entwickelten Hauer lassen einen berechtigten Schluss auf eine Vorbildlichkeit derselben für die Dayakschilde nicht zu, da chinesische Masken mit Hauern sehr häufig sind, und da auch die Tigermaskenschilde der chinesischen Armee dieselbe Erscheinung aufweisen.

7. Obzwar ein aufmerksames Studium der dayakischen Schildmalereien viele Details erkennen lässt, die auf China zurückweisen, und wenn auch angenommen werden kann, dass die chinesischen Tiger- und Drachenschilde den dayakischen Schilddämonen in vorbildlicher Weise vorhergingen, so sind doch die Dayakschilde keine Copien, sondern selbst wenn ursprünglich von aussen beeinflusst, doch in ihrer eigenartig bizarren Ausgestaltung durchaus von dayakischem Kunstgeiste erfüllt.

TECHNISCHE KÜNSTE.

TECHNISCHE KÜNSTE.

Die eigentliche Stärke und Bedeutung der artistischen Hervorbringungen der Dayaks liegt in der verhältnissmässig hohen Entwicklung, welche bei ihnen die decorativen und die sogenannten Kleinkünste bereits erreicht haben. Der Kunsttrieb der Orientalen, seiner Natur nach der Bethätigung in der »hohen Kunst« weniger zugeneigt, sucht sich vor Allem darin Genüge zu leisten, die Gegenstände des täglichen Gebrauches nach den Eingebungen einer subjectiven Aesthetik künstlerisch zu adeln und die vielerlei Raumtheile und Flächenelemente, welche die Bedarfsartikel des Lebens der schmückenden Hand darbieten, verzierungsfreudigen Sinnes mit Ornamenten aller Art zu überspinnen und schönheitsvoll zu umkleiden. Was nach diesem Betracht im Allgemeinen für die Völker des Orients gilt, kann auch im Besonderen auf die Dayaks seine Anwendung finden. Eine Musterung der in den öffentlichen Museen ausgestellten ethnographischen Objecte aus Borneo wird ebenso wie eine auch nur flüchtige Durchsicht der am Schlusse dieser Abhandlung beigehefteten Tafeln den überzeugenden Beweis zu liefern vermögen, dass man es hier mit einem Volke zu thun hat, dem durch unhaltende Uebung und traditionelle Vererbung das schmückende Auszieren von Flächentheilen jeglicher Form und Beschaffenheit bereits zur mühelosen Gewohnheit geworden ist, und dass die Fülle und Originalität der diesem Volke zur Verfügung stehenden Verzierungsmotive den Vergleich mit den einschlägigen Leistungen selbst höherer Culturperioden nicht zu scheuen haben. Da in jeder noch ursprünglichen Kunst die Decoration selbstverständlich vor Allem durch die Stoffangemessenheit dictirt ist, so wird es bei eingehenderer Würdigung der dayakischen Kleinkünste nöthig sein, die Ornamente nach Stoffen und Kunsttechniken zu gliedern in Ornamente der Textilarbeiten, der Holzarbeiten, der Horn- und Beinarbeiten, der Metallotechnik und der Töpferei oder nach technologischem Gesichtspunkte in gewebte, geflochtene, geschnitzte, geschnittene, gepresste, gravirte, gemeisselte, geformte und gemalte Ornamente. Es muss gleich hier vorausgeschickt werden, was der Verlauf der Beobachtungen im Detail noch bestätigen wird, dass die Dayaks durch ein reges künstlerisches Gewissen und durch ein offenbar sehr empfindliches Stilgefühl stets davon abgehalten worden sind, die Ornamentformen dieser streng von einander gesonderten Gruppen mit einander zu vermengen, und die Typen haben einen so klar ausgesprochenen Charakter, ihre Verwendung ist eine so absolut geregelte, dass sich bei jeder Form auch mit Bestimmtheit im Voraus sagen lasst, in welchem Stoffe und in welcher Art sie ausgeführt worden sein musste — eine Eigenart indess, welche den Kunstleistungen fast aller Naturvölker gemeinsam ist. Verstösse gegen die »Materialrichtigkeit« kommen nur bei den Culturvölkern vor.

A) Textilarbeiten.

1. Gewebe. Die Gruppe der Textilproducte, welche Gewebe und Geflechte umfasst, weist die einfachsten, in strengster Regelmässigkeit gegliederten Formen auf. Die Ornamente, welche an Objecten der Webekunst gefunden werden können, sind, soferne sie aus der Textiltechnik selbst hervorgegangen sind, das heisst soferne sie nicht durch Malerei oder durch einen der Malerei entsprechenden Färbeprocess erzeugt wurden, ausnahmslos geometrischer Art. Hieher gehören auf Tafel 1 Nr. 1, 3, 12, 13, 15, 16, 17, auf Tafel 2 Nr. 2, 6, 11, 12, 14, 17, 18 und auf Tafel 3 Nr. 3 und 4. Die einzelnen, bei der Herstellung eines Gewebes in Borneo üblichen Processe sind folgende: Die Baumwolle »kapas« wird an den auf der Insel wild wachsenden Stauden gesammelt, aus der Fruchtkapsel genommen und vermittelst des »pemigi«, des Baumwollreinigers, von den Fruchtkörnern befreit und zum Spinnen tauglich gemacht. Die zwischen den Walzen des »pemigi« präparirte Wolle wird sodann auf dem Spinnrade »gassian« zu Garn verarbeitet und die so gewonnenen Baumwollfäden entweder zur Anfertigung farbloser Gewebe verwendet, oder vor dem Weben noch einem mehr oder weniger langwierigen Färbeprocess unterzogen, wozu sie auf einem Spannrahmen dicht nebeneinander aufgereiht werden müssen. Dieses letztere Verfahren tritt jedoch nur bei jenen bunten Sarong-, Puakumbo- und Badjugeweben auf, welche in der ganzen Ausdehnung des Stoffes ornamentirt sind. Bei diesen wird das Ornament vor dem Beginne des Webens durch Farbe auf den Kettenfäden dargestellt und die ausgebreitete Kette enthält, sowie sie auf den Webstuhl aufgezogen wird, allein schon die ganze Verzierung. Da aber die Zeichnung des Ornamentes vermittelst der in Ostasien nicht ungebräuchlichen Unterknüpfung hergestellt wird, so ist das Verfahren ein überaus langwieriges, und es kann vorkommen, dass die Herstellung eines für ein einziges Kleidungsstück gerade hinreichenden Gewebes einen Zeitraum von zwei bis drei Jahren erfordert. Der Spannrahmen »tangga« ist ein aus zwei Längsstäben, in welche vier Querstäbe eingepasst sind, bestehendes leiterförmiges Gerüst aus Holz oder Bambu, an dessen oberem und unterem Ende vier freibewegliche Rottanringe mit Baumbastschleifen angebracht sind. Soll nun ein Gewebe nach dem Muster einer beabsichtigten Ornamentation hergestellt werden, so spannt man zunächst die gesponnenen, von Natur gelblichen Baumwollfäden auf einen provisorischen Rahmen von der Länge des anzufertigenden Gewebes, worauf nach beendigter Spannung die Querstäbe sammt den an denselben befestigten Fäden aus diesem Interimsrahmen herausgenommen und vermittelst der Baumbastschleifen, die man durch Eindrehen kleiner Querhölzer spannen kann, auf die grosse »tangga« aufgezogen werden. Das seitliche Verschieben der Ringe gestattet, die Fäden in dichten oder lockeren Reihen nebeneinander anzuordnen, indem man der ganzen straff gespannten Masse der Kettenfäden eine grössere oder geringere Breite gibt. Es erfolgt sodann das Knüpfen »ikat«, eine unverhältnissmässig mühsame und zeitraubende Procedur, welche den Zweck hat, diejenigen Theile der Fadenkette, welche nach der hervorzurufenden Ornamentation von der Farbe nicht imprägnirt werden sollen, durch Bedecken und Umhüllen vor der Berührung mit dieser Farbe zu schützen, eine Methode, die, wie bereits erwähnt, in verschiedenen Theilen Ostasiens im Gebrauche steht und die in dem Systeme der Beträufelung des zu färbenden Stoffes mit flüssigem Wachs, welches uns in den javanischen Batiken begegnet, ein Analogon findet.[1]) Die mit den Vorarbeiten zur Anfertigung eines Gewebes beschäftigte Dayakfrau — Personen männlichen Geschlechtes befassen sich nicht mit Weberei — benützt zum »ikat« eine bestimmte Gattung schmiegsamen, aber sehr dichten und festen Grases »lemba«, welches sie in Büscheln durch Walzen auf dem nackten Oberschenkel zu strammen Fäden vereinigt, um sodann damit nach dem durch den Charakter des Ornamentes dictirten System von regelmässig angeordneten geraden und krummen Linien die Fadenkette an denjenigen Stellen fest zu umwickeln, wo der Faden seine Farbe behalten, von einer neuen Farbe nicht ergriffen werden soll. Da durch dieses Beknüpfen schliesslich die Hervorbringung eines Ornamentes beabsichtigt wird, und da dasselbe daher aus diesem Grunde nur mit grosser Sorgfalt und mit genauer Berücksichtigung der zu umwickelnden Fadenmenge und Fadenlage erfolgen kann, so ist einleuchtend, dass die Beendigung dieser Arbeit in der Regel erst nach Ablauf vieler Monate erfolgt.

Nach vollkommen abgeschlossenem Knüpfverfahren wird die so umwickelte Kette von der »tangga« herabgenommen und im Farbentroge mit Drachenblut imprägnirt, wobei selbstverständlich die durch das »lemba« geschützten Theile in ihrem natürlichen, schmutziggelben Farbtone unverändert erhalten bleiben. Da aber die dayakischen Gewebe dieser Art stets drei Farben — gelb, roth und blau — aufweisen, so muss die Kette nach vollendeter Durchtränkung mit dem Safte von Calamus draco neuerdings auf dem Spann-

---

[1]) In Japan erfolgt das Färben des Narumi-shibori in ähnlicher Weise wie das von Kanoko, Kanoko-shibori oder Kanoko-sha-chirimen (shibori = gebunden, geknüpft; kanoko = gefleckt wie ein junger Hirsch): »Zwei Bahnen einer sehr leichten Kreppseide aus der Provinz Tango werden, wie sie vom Webstuhl kommen, mittelst Fu-nori (Algenkleister) gesteift und aufeinander geklebt. Nach dem Trocknen zeichnet man das Muster, gewöhnlich ein Netz gerader, rechtwinklig sich schneidender Linien, darauf und reibt dann den Stoff mit den Händen gründlich durch, um ihn wieder weich und geschmeidig zu machen. Ist dies geschehen, so folgt das Unterbinden desselben. Hierbei bedient man sich gewöhnlich eines Stativs, an welchem ein zugespitzter Messinghaken befestigt ist. An diesen wird das Gewebe bei jeder Durchschnittsstelle zweier Linien der Zeichnung der Reihe nach angehakt und etwas emporgezogen, sodann mit einem Hanffaden in mehreren Windungen fest unterbunden. Dieses Kanoko-chirimen-Knüpfen ist eine zeitraubende, wenig lohnende Arbeit, welche gewöhnlich alten Frauen und Kindern zufällt. Ist das Unterbinden beendet, so folgt das Baden, Färben, Trocknen und Strecken des stark zusammengeschrumpften Stoffes. Hiebei lösen sich die Bindfäden auf und werden mit den Händen entfernt. Die unterbundenen Stellen liefern das weisse Muster auf dem türkischrothen, pfirsichblütfarbigen oder violetten Grunde.« J. J. Rein, Japan. Leipzig 1886, Bd. II, p. 450 und 458, 459. — Über ein ähnliches Verfahren auf Java vergl. die instructive Abhandlung von Felix Driessen: Tie and dye work, manufactured at Semarang, Island Java, Internationales Archiv für Ethnographie, II, 106.

rahmen befestigt werden, damit nunmehr auch diejenigen Fäden, welche die rothe Farbe behalten sollen, dem ›ikat‹ unterzogen werden können. Dieses zweite Unterknüpfen ist womöglich noch mühsamer und erfordert noch mehr Aufmerksamkeit wie das erste, daher der zu seiner Bewältigung nöthige Zeitraum abermals ein sehr langer zu sein pflegt. Das Blaufärben der einzelnen Stellen an den Längsfadenbündeln, welche von der Umhüllung freigeblieben sind, geschieht durch Eintauchen in Indigo ›rngat‹.

Sobald das Färben beendigt und die Fadenkette getrocknet ist, wird die Lembahülle entfernt und es kommen nun alle drei Farben nach der gewünschten Zeichnung des Ornamentes deutlich abgegrenzt, nur mit weichen, leicht und malerisch ineinanderfliessenden Rändern, nebeneinander zum Vorschein. Die Farben sind satt und tief und haben die angenehme Wärme von Naturtönen ohne Schärfe und grellen Contrast. Das Gelb nähert sich oft dem Braun und Grau, das Roth spielt ins Bräunliche und das Blau ist nicht selten so dunkel, dass es fast schwarz erscheint. Merkwürdigerweise haben viele Dayakstämme keine Bezeichnung für die blaue Farbe und nennen sowohl blau als auch grün – schwarz.[1]

Erst nachdem der Färbeprocess ganz vollendet ist, wird die Kette an den Querhölzern in den liegenden Webstuhl ›tendai‹ gespannt. Derselbe ›besteht im Wesentlichen aus zwei Theilen, welche das zu verfertigende Gewebe fixiren und in gehöriger Spannung erhalten. Der eine Haupttheil heisst „tampan" und ist ein aus Baumrinde verfertigter, circa 70 Cm. langer und 15 Cm. breiter Gurt, welcher an beiden Enden aus starken Schnüren bestehende Oesen besitzt. Der andere Haupttheil, welcher wie der ganze Webstuhl „tendai" heisst, besteht aus einem langen, dünnen, aus schwerem Eisenholz verfertigten und zierlich geschnitzten Balken. Das Gewebe hängt nun einerseits auf diesem Balken, welcher irgendwo fixirt wird, andererseits an einem Querholze, dessen beide Enden tiefe und weite Einschnitte besitzen. Beim Weben schlägt die auf einer Matte hockende Frau den Gurt von hinten nach vorne um die Hüften und schiebt die

---

[1] Vergl. C. den Hamer, Iets over het tatoueeren. Tijdschrift voor indische taal-, land- en volkenkunde 1885; XXX, p. 453, wo bei Besprechung von blauer Farbe gesagt wird: »De Bindjoe noemen die kleur babilon, zwart.« Ferner Keppel, Expedition to Borneo, vol. I, p. 354, black ›singote‹; p. 359, »The man (of Sarawak) would not or could not give a term but black. When asked the colour of a green leaf, he said ›singote‹.« Das Kayan-Vocabular im III. Bande des Journal of the Indian Archipelago enthält für grün und blau keine Bezeichnung, wohl aber für schwarz ›pitam‹. Blau und schwarz werden indess auch bei Homer verwechselt, und selbst die alten Römer bezeichneten mit dem Worte »caeruleus« ebensowohl schwarz, als dunkelblau, dunkelgrau, dunkelgrün etc. Einen sehr interessanten Beitrag zu dem Capitel von den durch sprachliche Bezeichnungen ausgedrückten Farbenunterschieden liefert Geiger in seinem Werke »Der Ursprung der Sprache« (1869), S. 132 ff. »Frage man, warum Licht und Farbe keine benennbaren Objecte für die erste Sprachstufe gewesen seien, wohl aber das »Anstreichen« der Farbe, so liegt die Antwort darin, dass der Mensch zuerst nur seine Handlungen oder die von Seinesgleichen benannte, dass er beachtete, was von ihm selbst und in seiner unmittelbaren Nähe vorging, als er noch für so hohe Dinge wie Licht und Dunkel, Glanz und Blitz keine Sinne, kein Auffassungsvermögen hatte. ... Die Unterschiede der Farben stellen sich erst später ein. – Unter den Benennungen, die von der Farbe ausgehen, sind die jüngsten die der Metalle, sie entwickeln sich mit dem Gefühle des Farbenunterschiedes und schliessen sich schon verschiedenen Farbenstufen an: Gold der gelben, Silber der weissen, Blei der blauen, d. i. schwarzen.« Otto Caspari, Die Urgeschichte der Menschheit, Leipzig 1877; Bd. II, p. 87 und 92.

Oesen in die Einschnitte des Querholzes hinein. Durch Vor- und Rückwärtsrücken kann sie dann mit Leichtigkeit die Spannung des Ganzen reguliren.« (Dr. Bacz.) Da die Decoration auf der gefärbten Kette bereits vollkommen vorhanden ist, so erfolgt das Weben nun durch das gleichmässige Binden vermittelst monochromer Schussfäden, wobei die Weberin auf das Ornament gar nicht zu achten braucht, sondern das Stück wie ungemusterte Leinwand durchweben kann, nur mit dem Unterschiede, dass, um die Kettenfäden als einzige Ornamentträger möglichst zur Geltung kommen zu lassen, die Bindungen nicht regelmässig Faden auf Faden wechseln, sondern zumeist zwei, manchmal auch mehr Kettenfäden über einem Schlussfaden stehen. Aus dieser Herstellungstechnik ergibt sich, dass der Dessin, welcher aus der vollständigen Durchtränkung jedes einzelnen Kettenfadens mit Farbe gebildet wird, auf beiden Seiten des Stoffes in ganz gleicher Weise erscheinen muss, und dass diese Gewebe daher keine sogenannte Schönseite besitzen können. Es wäre aber unrichtig, aus dem Umstande, dass die Schussfäden, vor Allem der Bindungen wegen unentbehrlich, an der Erzeugung des Ornamentes selbst nicht mit Antheil nehmen, ja dasselbe sogar an den Stellen, wo sie sichtbar werden, in kleinen Fadenstrichen unterbrechen, die Schlussfolgerung abzuleiten, als spielten dieselben blos die Rolle des »nothwendigen Uebels«; dadurch, dass sie in der Masse immer warm, also roth, braun oder gelbbraun gefärbt sind, erhöhen sie die Wirkung des ganzen davon durchzogenen Stoffes, indem sie ihm etwas von dem gebrochenen reizvollen Colorit verleihen, welches bei verschwommener Zeichnung durch Mischung und Abtönung entsteht.

Die dayakischen Gewebe dienen entweder zu Puakumbos oder es werden daraus verschiedenartige Kleidungsstücke: Sarongs, Badjus und Tjawats angefertigt. Die Puakumbos sind teppichartige Prunkstoffe, welche, da der primitive Webstuhl der dayakischen Frauen es nicht gestattet, breite Stücke auf einmal zu verfertigen, aus mehreren Theilen, welche einzeln die übliche Grösse der Frauenröcke haben, zusammengenäht werden. Der Puakumbo, welcher zu seiner Anfertigung eine Arbeit von mehreren Jahren voraussetzt, und welcher um so kostbarer und geschätzter ist, je länger die Hausfrau an ihm gearbeitet hat, wird bei den hohen Festen der Dayaks zum Schmucke des Festplatzes verwendet. Grosse und fein ausgeführte Puakumbos werden als unveräusserliches Familienerbgut in hohen Ehren gehalten. Die an der reizvollen Ornamentik ihrer Stoffe besonders zu Tage tretenden vorzüglichen Anlagen der Dayaks zur Ausübung der decorativen Künste hat unter Anderen Schwaner rückhaltlos anerkannt, indem er sagt, dass sich viele Stämme ganz besonders auszeichnen im Bauen verzierter Boote, im Schmelzen von Metallen, im Schmieden vortrefflicher Waffen, im Verfertigen von Schmuckgegenständen aus Kupfer und Gold, in Schnitzarbeiten aus Holz und Bein, in »het vlechten van matten en manden uit rottan en stroo, het draaijen van touwwerk, het spinnen en verwen van garen en het weven van kleedingstoffen. In veel van dit alles, b. v. in het borduursel aan hunne kleedjes, in hun vlechtwerk, en zelfs in de wijze waarop zij zich de huid tatoeëren, is vaak een zekere smaak niet te miskennen«.

Die hauptsächlichsten Kleidungsstücke der Dayaks sind »sarongs«, Frauenröcke und »tjawats« oder »sirats«, die Lendentücher der Männer; Jacken, »badjus«, werden im Allgemeinen nur selten getragen. Der Sarong, zumeist das einzige Kleidungsstück der Frauen und stets aus selbstgewebtem Stoffe verfertigt, besteht immer aus einem einzigen, etwa einen halben Meter langen und beiläufig zweimal so viel in der Breite fassenden Stücke dreifarbig ornamentirten Stoffes, dessen Färbung und Herstellungsweise derjenigen der Puakumbos gleicht, welche im Vorhergehenden ausführlich geschildert worden sind; er verhüllt nur die Körpertheile, welche zwischen der Mitte der Oberschenkel und den Hüften liegen (in einzelnen Districten auch die ganzen Beine bis zu den Knöcheln) und lässt Brust, Bauch und Arme frei, welche, wenn sie nicht durch Schmuckanhängsel zum Theile verdeckt werden, völlig nackt bleiben.

Fig. 59.
Ornamentation eines dayakischen Frauenrockes (Sarong). (Dr. Bacz.)
(Ethnogr. Mus. Wien. Inv.-Nr. ....)
Vergl. Text, Seite 94, 95.

Die Ornamentation ist stets in den drei primären Farben roth, blau und gelb ausgeführt und zeigt eine dessinartig zusammenhängende Musterung allgemein geometrischen Charakters mit vorwaltend rhombischen und deltoidischen Figuren, welche durch eckig abgebrochene Spiralengänge ausgefüllt sind (vergl. Figur 59). Die Composition der Verzierungen ist bei allen Stücken, welche ich gesehen habe, der Hauptsache nach die gleiche, obwohl sich niemals vollkommen identische Motive wiederholen, und es ist augenscheinlich, dass dieselbe ganz und gar aus dem Charakter des »ikat« herausgewachsen und durch diesen technisch bedingt ist.

Fig. 60.
a) Bordüre eines dayakischen Sarongstoffes. (Dr. Bacz.)
b) Ornament an einem Armbande der Papuas auf Neu-Guinea. (Harmsen.)
(Ethnogr. Mus. Wien. Inv.-Nr. ....)
(Orig.-Aufnahme.) Vergl. Text, Seite 94.

Unter den Bordüren der Sarongstoffe kommen nicht selten geradlinige, eckige Umbildungen von Spiralreihen vor, wie ich sie in ähnlicher Weise an vielen aus Pflanzenstreifen geflochtenen Armbändern der Papuas auf Neu-Guinea gefunden habe (vergl. Figur 60), und wie solche auch an arabischen Textilerzeugnissen, sowie in der Teppichweberei des gesammten Orients ungemein häufig sind.

Das den »sarong« bildende rechteckige Stoffstück wird, wenn es vom Webstuhl kommt, an den fransenbehängten Schmalseiten zusammengenäht, so dass daraus ein oben und unten offener, nahezu quadratischer Sack entsteht, der vermittelst eines Gürtels aus Rottan über den Hüften in der Weise festgebunden zu werden pflegt, dass vorne eine schmale Falte des Rockes zwischen den Windungen des mehrfach um den Leib gewickelten Rottanbandes sich festklemmt. Da das dicht um den Leib gewundene

Kleidungsstück sehr enge an den Beinen anliegt, so verursacht es jenen trippelnden Gang, der für die Dayakfrauen charakteristisch ist. Wenn die Männer in den Krieg oder zur Kopfjagd ziehen, so schneiden deren Frauen gerne ein Stück ihres Hüftengürtels (Lintong) ab, um es den Kriegern als schützenden Talisman mit auf den Weg zu geben; die Sieger tragen diese Beweise ehelicher Liebe als Armband. So wie der Sarong den Anzug der Frauen ausmacht, ist der Sirat oder Tjawat das einzige Kleidungsstück der Männer. Der Sirat ist ein ungefärbtes, fransenbesetztes, etwa 3 M. langes und ¼ M. breites Lendentuch, welches an den beiden Enden mit einer 10—15 Cm. breiten, in schöner geometrischer Zeichnung und rothen und blauen Fäden ausgeführten Bordüre geschmückt wird. Eine Anzahl derartiger Siratbordüren, welche bei aller Einfachheit geradezu als Muster textiler Verzierungskunst gelten können, habe ich in Tafel 1, Nr. 12, 13, 15, 16 und 17, in Tafel 2, Nr. 17 und 18 und in Tafel 3, Nr. 3 und 4 wiedergegeben. An diesen Gürtelverzierungen fällt sofort das Vorkommen des Mäanders, respective des Hakenornamentes auf, welches als ein bei fast allen Völkern ganz selbstständig auftretendes ornamentales Urmotiv angesehen werden kann;[1] von den geometrischen Elementen finden wir darin geradegebrochene Linien, das bei allen Naturvölkern sehr beliebte Zickzackband, Dreiecke, Quadrate, Rechtecke, Kreise; in hohem Grade bevorzugt erscheinen jedoch sowohl hier wie auch in den Geflechten der Rhombus und das Deltoid. Das Auftreten solcher, nach unseren Begriffen und nach den Ableitungen der geometrischen Formenlehre complicirteren Gebilde müsste uns bei einem Naturvolke befremden, wenn sich dafür nicht die Erklärung fände, dass dieselben nur allmälig schematisirte Nachbildungen von bestimmten Objecten sind. Diese Muster haben alle gegenständliche Namen und in der Regel symbolische Bedeutung. So kommt die Raute als Tätowirmuster in Reihungen vor und bedeutet da eine Jackennaht mit Knöpfen »matan punai«;[2] auf den »tempayans«, den berühmten heiligen Gefässen der Dayaks, ist sie das Symbol des Geniessbaren »makanan«.[3] Für uns Dressurzöglinge einer höheren Cultur, welchen von Kindesbeinen an die geometrischen Grundlehren eingeimpft werden, so dass sie mit unseren Anschauungen innig verwachsen und unbesiegbar uns selbst unbewusst alle unsere Vorstellungen beherrschen, gilt das Quadrat als einfaches, der Rhombus oder das Deltoid als vergleichsweise abnormes, seitab liegendes Gebilde, dem man nur in Fällen unabänderlichen Zwanges Eingang in die Decorationswelt gestattet. Nicht so der Naturmensch, welcher die geometrische Figur niemals um ihrer selbst willen construirt und dem die Dreiecke, Vierecke und Fünfecke an sich ebenso unverständliche als gleichgiltige Dinge sind; er zeichnet mit den bescheidenen Mitteln seiner primitiven Technik kümmerliche, unvollkommene Nachbilder der ihn umgebenden, ihn interessirenden

---

[1] A. R. Hein, Ornamentale Urmotive. Zeitschrift des Vereines österreichischer Zeichenlehrer, XV. Jahrgang, Nr. 1, p. 6 ff. Vergl. auch Dr. A. Stübel's sehr instructive Abhandlung: »Ueber altperuanische Gewebemuster und ihnen analoge Ornamente der altclassischen Kunst«. Festschrift des Vereines f. Erdkunde zu Dresden, 1888.

[2] G. den Hamer, Tijdschrift voor indische taal-, land- en volkenkunde 1885, XXX, p. 434.

[3] »makanan« Esswaare. G. Kater, Tijdschrift voor indische taal-, land- en volkenkunde 1867, XVI, p. 441.

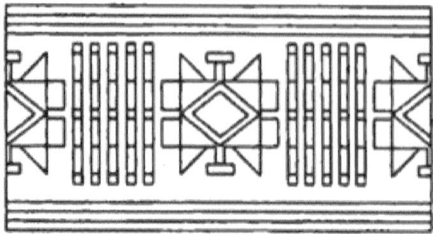

Fig. 61.
Ornamentation eines indischen Frauenkopftuches aus Delhi.
(Dr. Troll.)
(Ethnogr. Mus. Wien, Inv.-Nr. 21159. Orig.-Aufnahme.
Vergl. Text, Seite 96.)

Fig. 62.
Ornamentation eines indischen Frauenkopftuches aus Delhi.
(Dr. Troll.)
(Ethnogr. Mus. Wien, Inv.-Nr. 23159.
Orig.-Aufnahme.)
Vergl. Text, Seite 96.

Fig. 63.
Ornamentation eines indischen Frauenkopftuches aus Delhi.
(Dr. Troll.)
(Ethnogr. Mus. Wien, Inv.-Nr. 21159.
Orig.-Aufnahme.)
Vergl. Text, Seite 96.

Gegenstände, welche ihm unter der Unbehilflichkeit seiner Hand zum einfachen, geradlinigen Schema erstarren, dem nur noch als sicherer Steckbrief der Name des Naturobjectes anhaftet. Die Entstehung des geometrischen Gebildes ist also von vorneherein niemals das Resultat der Abstraction, sondern das Resultat des Versuches einer Abbildung von Dingen der Erscheinungswelt. »Diese Abbildung wird Ornament, wird geometrische Figur; die geometrische Figur, die er in der Natur nicht findet, existirt auch nicht als ein gegebener Begriff in der Vorstellung des Naturmenschen.«[1]

Die Ornamentation der dayakischen Sirats weist eine sehr weitgehende, in manchen Fällen sich bis zu fast völliger Gleichheit steigernde Aehnlichkeit mit indischen Textilproducten auf. Das eine Charakteristikon der Zierformen dieser Lendengürtel, dass nämlich gleich breite, abwechselnd blaue und rothe Parallelstreifen, unabhängig von den Formen der Decoration, das ganze Ornament gleichsam als Untergrund notenlinienartig durchschiessen, findet sich gleicherweise auf vielen indischen Bordüren, wie die in Figur 61—63 dargestellten Beispiele beweisen; auch die Webereien der Hügelstämme von Tschittagong, welche vielfach mit rhom-

---

[1] K. v. d. Steinen, Verhandlungen der Gesellschaft für Erdkunde zu Berlin XV, Nr 8, p. 386.

bischen Verschlingungen und mit rhythmischen Rhombenreihen ganz in der Art der dayakischen Tjawats geziert sind, zeigen denselben blaurothen Farbendurchschuss ohne Rücksicht auf die Ornamentgestalt. Die zeichnerische Aehnlichkeit unterstützt diese farbige Uebereinstimmung in oft überraschender Weise. Als Beispiel möge hier genügen, auf Tafel 1, Nr. 17 und die Textfigur 61, oder auf Tafel 2, Nr. 12 und einen in Riebeck[1]) abgebildeten Frauenturban ›goungboung‹ hinzuweisen. Die in demselben Werke dargestellten Hüfttücher, Frauenbrusttücher, Betelbehälter etc. zeigen in frappanter Weise den ornamentalen Ductus des Dayakischen Textildecors. Bei dieser Gelegenheit mag gleich hier darauf hingewiesen werden, dass die Quadratfüllung, welche in der Gürtelverzierung Tafel 1, N. 17 und in dem Rottangeflecht Tafel 2, Nr. 13 auftritt und die auch das Typische in dem indischen Frauenkopftuche Figur 61 bildet, ein bei allen Völkern des ostindischen Archipels überaus beliebtes Motiv darstellt. Ein von Dr. Hagen in Tobah erworbenes Hüfttuch ›ulus‹ der Battas enthält rhombischen Decor und den bereits mehrerwähnten blaurothen Farbendurchschuss. (Wiener Sammlung, Inventar-Nr. 22443.) Dieselbe Art der Farbenbehandlung, wie auch mannigfache Rhombenverwendung findet sich bei den Battas des Oefteren; Deltoidfüllungen auf Selebes. Von ausserordentlich vornehmer Wirkung sind das ganz aus vertical und horizontal gestellten, sich durchschneidenden Rhomben gebildete Ornament Tafel 1, Nr. 15 und die beiden mustergültigen, in ihrer Art classischen Ornamente Tafel 2, Nr. 17 und 18, wovon das zur Linken ein bekrönendes, das rhombische zur Rechten ein freihängendes Decorationsmotiv darstellt. Besser und zugleich einfacher als in dem letztgenannten Beispiel ist das fransen- oder quastenartige Abwärtsstreben selbst in den höchstentwickelten Kunstperioden niemals ausgedrückt worden.

Ueber die Art, wie der Sirat als Kleidungsstück benützt wird, gibt Dr. Bacz folgende Schilderung: ›Ein circa 50 Cm. langes Stück wird über den linken Arm geschlagen und dieser mit dem herabhängenden Stücke, welches wie eine Art Schürze wirken soll, an den Bauch angelegt. Sodann wird der übrige Theil des Gürtels mit der rechten Hand um die Hüften gewickelt, und zwar von rechts nach links, bis er, vorne unterhalb der Schürze hindurchgehend und diese fixirend, zum Rücken zurückkehrt. Hier wird er zwischen dem bereits gebildeten Gürtel und dem Rücken durchgezogen, zwischen den Beinen nach vorne und aufwärts geschlagen und sodann an der linken Flanke wiederum zwischen Gürtel und Körper hindurchgezogen, so dass auch hier ein ziemlich langes Stück mit der andern Bordüre herunterhängt. Die selbstgewebten Gürtel werden aber, wie ich mich zu überzeugen Gelegenheit hatte, seltener getragen, weil ihre Herstellung viel Zeit und Mühe in Anspruch nimmt. Ein Dayak versicherte mich, dass seine Frau zehn Monate an einem Stück gearbeitet hätte. Für gewöhnlich bedienen sich die Dayaks zu diesem Zwecke eines der Länge und Breite des Sirat entsprechenden Baststreifens, welcher ohne Umstände, wie oben bemerkt, um den Leib gewickelt wird; in der Nähe europäischer und chinesisch-malayischer Niederlassungen

---

[1]) Dr. Emil Riebeck, Die Hügelstämme von Chittagong. Berlin 1885. Tafel I, Fig. 2

sieht man sie häufig im Sirat aus englischem Kattun einherstolziren. Aber in der Regel bleibt auch in diesem Falle der ganze Gürtel weiss, während nur die Ränder mit verschieden gefärbten Streifen verziert sind, wobei ich den viel feineren Farbensinn der Dayaks im Vergleiche zu dem der Malayen anerkennen musste. Sirat, sowohl selbstverfertigte, als auch aus anderen Stoffen bestehende und buntverzierte, werden auch, besonders von verheirateten Männern, turbanartig und zuweilen sehr kokett um's Haupt gewickelt, jedoch so, dass der Scheitel frei bleibt. Das Verfahren bei der Siratornamentation ist häufig so, dass die Rückseite der Bordüre in derselben Zeichnung, aber mit verkehrter Färbung erscheint; manchmal ist das Ornament jedoch auch auf beiden Seiten vollkommen identisch, wie in den Stickereien der sogenannten Holbeintechnik.

Die Badjus oder Jacken sind von verschiedener Art der Herstellung; diejenigen, welche aus ungefärbtem, rohem Stoffe gemacht und erst als fertige Kleidungstücke von Aussen mit Ornamenten aus freier Hand bemalt werden, gehören in das Capitel von der Malerei und sind dort ausführlicher behandelt; die übrigen sind in der Regel aus demselben dreifarbig gemusterten Stoffe (Figur 59) gemacht, aus welchem die Sarongs bestehen. Die Badjus haben keine Knöpfe und werden vorne mit einem oder mehreren Schnürchen geschlossen; sie werden von beiden Geschlechtern, vornehmlich aber von Frauen und Mädchen und da nur bei kühlem, nassen Wetter getragen. Während in dem durch das »ikat« ornamentirten Gewebe und in den Siratbordüren nur die primäre Farbentrias in sanften, einen harmonischen Einklang sichernden Abschattirungen auftritt, sind der sonstigen feinen Stimmung dayakischer Textilproducte ganz zuwiderlaufend, in der Mitte des Rückentheiles einzelner Jacken viereckige, unvermittelt grelle und bunte Besatzbordüren angewirkt. (Tafel 2, Nr. 11, 12, 14.) Dieselben werden aus dickem, wolligem Garne, das die Dayaks mit ihren einfachen, natürlichen Färbemitteln nicht selbst erzeugen können, und womit sie sich durch chinesische Händler versorgen lassen, in den Farben Hochgelb, Hochroth, Blau, Violett und Schwarz in der Weise angefertigt, dass die stets bis zum Ende des Gewandes durchlaufenden Kettenfäden anstatt der Bindungen durch die an dieser Stelle fehlenden Schussfäden mit diesem Garne manchmal drei- bis vierfach umwickelt werden. Tafel 2, Nr. 11 Trapez-, Nr. 12 Rhombenmuster. An einer Gattung von Jacken werden die Ornamente durch reihenweises Aufnähen einer beliebten kleinen Schneckenart (Nassa) gebildet; ich habe als Repräsentanten dieser im Allgemeinen nicht seltenen Verzierungsart auf Tafel 2, Nr. 2 ein Motiv mitgetheilt, welches fast vollkommen mit einem von Owen Jones[1]) reproducirten chinesischen Ornamente identisch ist. — Viele Stämme, z. B. die streifenden Olo ot Süd-Borneos, die gefürchteten Blasrohrträger, tragen Tjawats aus Baumbast und bedecken den Oberkörper mit einer Hirsch- oder Pantherhaut. Auch die Maanyans Südost-Borneos verwenden dasselbe einfache Material des Rindenstoffes, aus welchem sie den Lendenschurz und eine ärmellose Jacke »keang« bereiten; die Frauen derselben verfertigen jedoch schon aus eigenem Gewebe den »tapih«, eine kleinere Ausgabe des Sarong zur

---

[1]) Owen Jones, Grammar of ornaments. London, 1856. Tafel LIX, Nr. 4.

Umhüllung ihrer Hüften. Die Männer der wohlhabenderen Classe tragen aber hier schon Aermeljacken, die Frauen Brusttücher. So fand auch Bock bei der fürstlichen Gemahlin Raden Dindas in Milan (Südost-Borneo) die malayische Tracht in blau und roth gestreifter Jacke und blauem Unterkleide oder Sarong, während ihre Unterthanen nur kärgliche Schambedeckungen aufwiesen. Das Bugi-Element hat mit seinem Vordringen in Borneo auch unter einem Theil der Eingebornen bereits den für die Bugis charakteristischen Hosen Eingang verschafft.[1] Die Güte und Dauerhaftigkeit dayakischer Gewebe schildert St. John in folgenden Worten: »The women manufacture a coarse cloth; making and dyeing their own yarn, beating out the cotton with small sticks, and, by means of a spinning-wheel, running it off very quickly. The yarn is not so fine as what they can buy of English manufacture, but it is stronger, and keeps its colour remarkably well, and no cloth wears better than Dyak cloth.«[2]

2. Geflechte. Vielleicht die interessantesten der bei den Dayaks vorkommenden Textilproducte sind die Geflechte; dieselben sind aus dünnem Rottan, aus gespaltenem Bambu und aus verschiedenen Palmblattstreifen gefertigt; die Wiener Sammlung enthält davon Körbe, Matten und Hüte. (Tafel 1, 2, 3, 4, 5 und 8.) Der Decor ruht ausnahmslos auf streng geometrischer Basis, und die mathematische Präcision, mit welcher trotz aller Varietäten die Constructionen durchdacht und ausgeführt sind, muss bei dem gänzlichen Fehlen ähnlicher Motive in den bekannten Decorationsstilen das grösste Erstaunen hervorrufen. In diesen äusserst bemerkenswerthen Arbeiten ist das streng locale Ornament Borneos, ein specifisch dayakischer Ornamentstil unzweifelhaft ausgeprägt. Sowie bei den Geweben die gerade Linie und die geradlinige Figur sich als alleinherrschend erwiesen, in demselben Masse dominirt hier der Kreis. Geradlinige Formen sind selten. (Tafel 1, Nr. 3, 4, 10, 11; Tafel 2, Nr. 5, 10, 13, 16.) Die dargestellten Ornamente sind Bordüren und Füllungen. Das Entwicklungsprincip ist bei beiden das gleiche. Die Elemente aller dieser krummlinigen Geflechtdecorationen sind in rhythmischen Reihungen nebeneinander angeordnete concentrische Kreise — congruente Kreisringe — mit einander in Contact gebracht und zu den verschiedensten ebenso originellen als reizvollen Verzierungsvarietäten ausgebildet durch verbindende Tangenten. Bei den Bordüren sind die Unterschiede der einzelnen Formen auf die Lage der in zwei Reihen übereinander angeordneten Kreise und auf die Richtung der Tangenten zurückzuführen; bei den Quadratfüllungen tritt als bestimmender Factor noch die Anzahl der Kreisringe hinzu, welche an den Objecten der Wiener Sammlung mit drei in einer Reihe beginnt und sich bis zu sechs in einer Reihe steigert. Das Princip ist bei den einfachsten der Formen ganz klar und durchsichtig, es bleibt aber selbst bei den complicirtesten — wenn auch nicht auf den ersten Blick erkennbar — immer dasselbe. Die Grundlage bilden stets concentrische Kreise mit einem Diameterverhältniss von circa 1 zu 3; die Abstände der Kreisringe sind entweder gleich dem Durchmesser oder dem Radius

---

[1] Ratzel, Völkerkunde II, p. 390.
[2] S St. John, a. a. O., vol. I, p. 86.

des kleineren Kreises, selten geringer; die Tangenten werden quer durch die Breite der Bordüre oder quer durch das Quadrat gelegt, zumeist so, dass eine und dieselbe Tangente einen kleinen Kreis von innen und einen grossen der gegenüberliegenden Reihe von aussen berührt. Die Stellung und Zahl der Kreise und die Anordnung der Tangenten bedingen allein die Varianten im Decor. So ist in Tafel 3, Nr. 1 blos aus dem wechselseitigen Tangiren der grossen und kleinen Kreise untereinander abzuleiten, wobei die sämmtlichen Kreiscentren an einer einzigen Leitlinie liegen; in Nr. 2 sind die Kreisringe auseinandergerückt, die Mittelpunkte liegen abwechselnd einmal an der obern, einmal an der unteren Leitlinie, vertical gestellte Tangenten vermitteln den Contact; Nr. 3, 4, 5 und 6 haben ebenfalls zwei übereinanderstehende Leitlinien, die Kreise in Nr. 3 alterniren, jedoch so, dass der Abstand der grossen Kreise nur dem halben Radius der kleinen entspricht, woraus sich die Schiefstellung der Tangenten von selbst ergibt; in Nr. 4 stehen die Kreise in einer Verticalen übereinander, aber die Tangenten der unteren Reihe correspondiren jeweilig mit dem nächstfolgenden Kreiselemente der oberen Reihe (schiefstehende Schlangenlinie); in Nr. 5 stehen die Kreisringe übereinander, nach rechts aufwärts gelegte Tangenten verbinden die beiden sich nach entgegengesetzter Richtung aufrollenden Kreisreihen zu S-Formen, nach rechts abwärts gelegte Tangenten bilden Verbindungsstege zwischen denselben, bei Nr. 6 alterniren die Kreise der beiden Reihen, Balkenlage nach links geneigt, Aufrollung der abgeschnittenen Kreisringreihen oben und unten im gleichen Sinne, das ist nach rechts. Nr. 5 und 6 ganz originell, Nr. 1, 2, 3 und 4 können auseinander abgeleitet werden, und zwar Nr. 2 aus 1 durch Hebung der ersten Kreisreihe um ein beliebiges Stück nach aufwärts (gestelzte Bögen), Nr. 3 aus 2 durch Zusammenrücken der Kreisreihen an der horizontalen Leitlinie um den halben Abstand, Nr. 4 aus 3 durch Verschiebung der Centren an der oberen Leitlinie um die halbe Distanz der Mittelpunkte, wodurch die ganze obere Reihe zusammt den mitfolgenden Tangenten gleichsam nach rechts gezogen wird. Nr. 1, 2, 5 und 6 sind Flechtmuster, und zwar 1 und 2 Mattenbordüren, 5 und 6 Ornamente an geflochtenen Rottankörbchen, 3 und 4 zeigen die Uebertragung des Flechtmusters in die verwandte Webetechnik und stellen Siratbordüren dar mit dem bereits mehrfach erwähnten blaurothen Streifendurchschuss.

Die beiden letzten Muster dieser Tafel (Nr. 7 und 8) enthalten die einfachsten Quadratfüllungen, welche aus den besprochenen Elementen abgeleitet werden können; die Anzahl der verwendeten Kreisringe ist acht, je drei stehen immer in einer Reihe neben- oder übereinander; die Lagerung der Tangenten ist übersichtlich und erklärt sich von selbst bei blossem Betrachten der Zeichnung. Es bilden sich hier schon jene einfachen, von zwei aufgerollten Hüllblättern flankirten Knospenformen, welche die eigentliche Grundlage aller übrigen Füllungsornamente dieses Genres ausmachen. Der Grund ist häufig von verschiedengefärbten, schiefgelagerten Balkenreihen durchschossen, ganz so wie bei 3 und 4 dieser Tafel, nur in diagonaler Stellung. Beide Ornamente habe ich von Rottankörben entnommen, wo sie als die einzigen dreigliedrigen Kreistangentenmuster offenbare, in der Noth des Augenblicks erfundene Lückenbüsser sind, da der Decor im Uebrigen auf beiden Objecten nur aus vierelementigen Füllungen besteht, die aber, wegen zu grosser Breite an jener Stelle nicht mehr Platz findend, ein Ornament mit blos drei Kreisen in der Reihe neben sich einschieben lassen mussten.

Die Tafel 4 enthält Kreistangentenmuster mit 4, 5 und 6 Kreiselementen in der Reihe; alle, mit Ausnahme von Nr. 2, zeigen die von zwei aufgerollten Hüllblättern flankirten Knospenformen, und zwar jeweilig sich in den rechtwinkeligen Raum der Quadratecken einschmiegend. Die sinngemässe Art der Tangentenlagerung und die blos dadurch bedingte überraschende Verschiedenheit in den daraus resultirenden Ornamentformen gewährt demjenigen, der diese Verzierungen mit Zirkel und Lineal nachconstruirt, ein, wie ich aus Erfahrung bekennen muss, nicht unerhebliches künstlerisches Vergnügen. Es entsteht ein eigenartig anmuthiges Formenspiel, wenn zwei oder drei gleich grosse Quadrate mit der unter sich gleichen Anzahl der Kreisringe als in allen Theilen congruente Versuchsfelder nebeneinandergelegt werden und nun durch das Ziehen der Tangenten die inneren Räume sich verschiedengestaltig beleben, so dass die ursprünglich gleichen Anfänge zu sehr heterogenen Endergebnissen führen. Hier muss ich nun einer

Fig. 64.
Kleine, viereckige Sitzmatte aus gespaltenem Rohr. Süd-Selebes.
(Dr. Czurda.)
(Ethn. Mus. Wien, Inv.-Nr. 1758. Orig.-Aufn.) Vergl. Text, Seite 104, 105.

Fig. 65.
Kleine, viereckige Sitzmatte aus gespaltenem Rohr. Süd-Selebes.
(Dr. Czurda.)
(Ethn. Mus. Wien, Inv.-Nr. 1753. Orig.-Aufn.) Vergl. Text, Seite 104, 105.

im höchsten Grade auffallenden Eigenthümlichkeit dieser exotischen Bildungen gedenken. Alle derartigen Füllungsformen, von der ersten bis zur letzten, ohne eine einzige Ausnahme, sind zweiaxig symmetrisch und die Symmetrieaxen liegen stets in den Diagonalen, niemals stehen sie vertical oder horizontal, oder besser, niemals fallen sie mit den Mittellinien des Quadrates zusammen. Wer mit dem Verzierungscodex des Abendlandes vertraut ist und daher weiss, wie ganz allgemein und unerschütterlich in der conventionellen Ornamentik bei 99 Percent aller quadratischen Decorcompositionen die Mittellinie des Quadrates als sozusagen prädestinirte Symmetrieaxe ihre erbgesessene Geltung hat, der wird dieses fast eigensinnige Vermeiden einer sonst allen Menschen geläufigen und sich als selbstverständlich aufdrängenden Axenlage als überaus auffällig erkennen müssen.

Fig. 66.
Essmatte »apa« aus Sukadana, Abtheilung Sekampong. Resid. Lampong'sche Districte, Sumatra. (v. Hasselt.)
(Ethnogr. Mus. Wien, Inv.-Nr. 30299. Orig.-Aufn.) Vergl. Text, Seite 105.

Selbst dort, wo die Mittellinie die Stellung der Symmetralen fast usurpiren zu wollen schien, wie in Tafel 4, Nr. 7, ist durch die Einschiebung der Rhomben und Deltoide im Mittelfelde die Diagonalsymmetrie gewahrt worden. So ist hier auch, wenn eine geschlossene, geradlinige Form überhaupt vorkommt, dieselbe stets ein Rhombus oder ein Deltoid (Tafel 3, Nr. 8, Tafel 4, Nr. 1, 2, 4, 5, 6, 7 und auf Tafel 5 in beiden Fällen), nur auf Tafel 4, Nr. 3 erscheint ein Quadrat und auf Tafel 4, Nr. 4 ein Octogon, aber doch kein reguläres, nur ein diagonales[1]). Die Ornamente Nr. 5, 6, 7 und 8 auf Tafel 3, Nr. 1, 2, 3, 4, 6 und 7 auf Tafel 4 befinden sich auf grösseren oder kleineren aus Rottan geflochtenen Körben, welche theils zur Aufbewahrung und zum Tragen von Reis, zum Tragen des Reissaatgutes und theils zur Aufnahme der den Feinden im Kriege abgehauenen Köpfe dienen. Der Rottan oder *Calamus*, auch Rohrpalme genannt, ist eine auf Borneo häufige, schwachgestengelte und nicht

---

[1]) Bourgoin theilt in seinem Werke »Théorie de l'ornement«, Paris 1873, p. 133, die Achtecke ein in 1. octogone régulier, 2. octogone mi-régulier, 3. octogone écartelé, 4. octogone pair, 5. octogone diagonal, 6. octogone irrégulier.

in eine Blätterkrone endigende Schlingpalme, deren glatte, glänzende, geringelte Zweige sich an Baumstämmen empor- und durch die Baumkronen der Urwälder von Stamm zu Stamm schlingen, dabei undurchdringliche Geflechte bildend. Die Blätter bestehen oft blos aus strickartigen Ranken; die dünnen, schmiegsamen Stämme erreichen eine Länge bis zu 3oo M. Sie liefern das sogenannte spanische Rohr und das zu Geflechten vortrefflich geeignete Material, welches wir an den erwähnten Körbchen, Matten und

Fig. 67.
Dayakischer Frauenhut aus Bandjermasin. (Harmsen.)
(Lithogr. Mus. Wien. Inv -Nr 31414. Orig.-Aufnahme.) Vergl. Text, Seite 10?.

Hüten der Eingebornen so allgemein finden. Die Körbchen, »raga menarem« (auf Tafel 8, Nr. 19, 20, 22, 23 dargestellt), sind cylindrisch aus Rottan geflochten, zumeist in drei Farben, braun, roth und schwarz gemustert, haben einen Holzreif am oberen Rande, der durch zierliches Rottanflechtwerk mit dem Flechttheil in Verbindung steht und am Boden manchmal kleine Auswölbungen oder Zapfen, um die Stabilität zu erhöhen. Die korbartigen Rottangeflechte sind, je nach dem Zwecke, welchem sie dienen sollen, von verschiedener Art; so gibt es Geflechte, welche zur Aufbewahrung der

Kochtöpfe dienen »rinka priok«, Reis- oder Mehlkörbchen »tampad tepong«, Körbchen zur Aufnahme der Knäuel des gesponnenen Zwirnes »tampad benang«, Reiskörbe »tankin bangin«, Tragkörbe »landji, butah« etc.[1])

Die Matten »tikar«, »bidai« oder »kalassa«, ersetzen den Dayaks, sowie auch im Allgemeinen den Bewohnern des indischen Archipels Tisch, Stuhl und Bett. Tafel 8, Nr. 15 stammt von einem kleinen Sitzmättchen »tapih«, deren eines die Dayaks gewöhnlich mit sich tragen; Tafel 4, Nr. 5 ist das Ornament einer grossen Matte, aus den Fasern einer Wasserpalmenart geflochten und darum besonders bemerkenswerth, weil die ganze Matte aus einfärbigen Blattstreifen zusammengesetzt ist, wodurch die Ornamentation völlig unsichtbar bleibt, wenn nicht die Matte unter einem bestimmten Winkel gegen das einfallende Licht liegt, wo dann die Ornamente, ähnlich wie bei unseren Damastwebereien, in leichtem Glanze sich schwach vom Grunde abheben. Welches hohe Vergnügen an künstlerischer Bethätigung, welche Leidenschaft für das Kunsthandwerk und welcher feingebildete Sinn für zarte Wirkungen spricht sich in dem Anfertigen verzierter Gebilde aus, deren Decor sich nicht aufdrängt, sondern erst mühsam gesucht oder zufällig entdeckt werden muss. — Das Behagen, die Verzierung um des künstlerischen Schaffens willen zu bilden, also die künstlerische Bethätigung als Selbstzweck, welche durch dieses Beispiel so treffend illustrirt wird, zeigt sich übrigens auch in allen übrigen Arbeiten dieses seltsamen Volkes, was sich schon aus der unbezähmbaren Sucht ergibt, alle Gebrauchsgegenstände ohne Ausnahme zu decoriren; diese Menschen ertragen nichts Unverziertes. Ein Seitenstück zu den einfärbigen, durch eine zierlich gearbeitete, unter gewöhnlichen Umständen jedoch unsichtbare Decoration belebten Dayakmatten bilden gewisse indische Stoffe, welche nach ähnlichen Principien gearbeitet sind. So besitzt die ethnographische Abtheilung des Wiener Hofmuseums einen rothen, golddurchwirkten Turbanstoff von Lahore aus Hügel's Sammlung (Inv.-Nr. 3174), welcher nebst dem Goldmuster einen wahrscheinlich durch partielle Mattirung mittelst Modeldrucks hergestellten Quadratdecor aufweist, dessen überaus zarter Wechsel von Matt und Glanz trotz präcisester Ausführung so wenig auffällig ist, dass man das interessante Stück lange in den Händen halten und aufmerksam betrachten kann, ohne dieses duftigen Schmuckes gewahr zu werden, der seine Existenz nur in einer ganz bestimmten Lage gegen das einfallende Licht verräth. Wenn früher gesagt wurde, dass in den Flechtarbeiten ein streng locales Element Borneos und ein specifisch dayakischer Ornamentstil zur Aeusserung gelangen, so erleidet diese Behauptung dadurch keine Einschränkung, dass Arbeiten von ähnlicher Beschaffenheit sich auch auf anderen Inseln des indischen Archipels vorfinden. So habe ich in Figur 64 und 65 zwei kleine viereckige Sitzmatten aus Süd-Selebes (Sammlung Dr. Czurda) beigebracht, in welchen sich ähnliche Ornamentmotive auffinden lassen, wie sie die dayakischen Flechtarbeiten enthalten. Aber abgesehen davon,

---

[1] »We noticed some very neat wickerwork wrought from the rattan. It is a species of basket, used in carrying articles on the back, which indeed is the only way they raise any burden.« Pohlman's tour in Borneo. Chinese repository, Canton 1840, vol. VIII, p. 299, 300.

dass ein auch nur einigermassen aufmerksames Betrachten die vorliegenden Arbeiten von Süd-Selebes als solche erscheinen lassen wird, welche sich zu der Eleganz der dayakischen Linienführung und Raumvertheilung verhalten wie ein kümmerlich gerathener Abklatsch zu einem werthvollen Originale, ist auch die Technik der Herstellung eine rohe, indem das gespaltene Rohr, aus welchem die Matten gemacht sind, nach fertiggestelltem Geflecht ganz mit schwarzbrauner Farbe überzogen und diese Farbe nachträglich an den Stellen, wo das Ornament hell erscheinen sollte, wieder durch Abschaben entfernt wurde; die dayakischen Flechtarbeiten dagegen sind aus vorher gebeiztem Materiale angefertigt und erscheinen daher direct in zwei Farben geflochten. — Auch das in Figur 66 mitgetheilte Beispiel aus Sumatra kann in Bezug auf die Schönheit des Ornamentes, obgleich Knospen- und Hüllblattmotive sehr an dayakische Geflechte erinnern, einen Vergleich mit diesen letzteren nicht aushalten. Ich habe bei dieser Mattenverzierung die abgetreppten Curven, so wie dieselben aus dem Flechtverfahren hervorgehen, getreu nach einer photographisch verkleinerten Pause beibehalten; bei den Geflechten der Dayaks und in Fig. 64 und 65 sind diese kleinen Streifenstufen, um die Continuität der Curven nicht zu stören, mit Absicht weggelassen worden. Schon die Art, wie die vier Blattelemente dieses Mattendecors aus dem Mittelquadrate sich entwickeln, ist, mit der Feinfühligkeit der dayakischen Linienführung verglichen, unsäglich plump; dagegen ist diese Matte den beiden früher besprochenen aus Selebes aus dem Grunde vorzuziehen, weil sie aus naturfärbigen

Fig. 68.
Schiffsschnabelverzierung. Durchbrochen gearbeitete Holzschnitzerei aus Neu-Guinea. (v. Renesse.) (Ethnogr. Mus. Wien. Inv.-Nr. 14192. Orig.-Aufnahme.) Vergl. Text, Seite 106.

und schwarz gefärbten Bambustreifen dem dargestellten Muster entsprechend geflochten und nicht erst nachträglich gefärbt ist. Eine solche Matte kostet nach van Hasselt in Sumatra den unglaublich niedrigen Preis von einem Viertelgulden holländischen Geldes. Zu bemerken ist noch, dass sowohl die Matten aus Selebes, als auch jene aus Sumatra in Bezug auf die diagonale Lagerung der Symmetralen mit den Dayakgeflechten übereinstimmen. — Zwei Prachtstücke edelster Decoration und nach ornamentalem Gesichtspunkte wahre Muster weiser Raumvertheilung sind die beiden Frauenhüte auf Tafel 5. Diese Hüte »srau« sind sehr flach, kegelförmig, aus dünnen Rottanfasern verfertigt, besitzen einen Durchmesser von 60 Centimetern und darüber und gelten daher gleicherweise als Kopfbedeckung, als Sonnen- und als Regenschirm. Die ganze Fläche des Kreises theilen drei Rottanradien, die mit weissen Glasknöpfchenreihen besetzt sind, in drei grosse Deltoide, welche in zwei Farbennuancen in der bereits besprochenen, für Geflechte typischen Weise decorirt sind. An der Peripherie sind kleine halbirte Schneckenschalen aufgereiht; das Geflecht ist sehr fein und zart und erhält durch einen um den äussern Rand herumgelegten, mit Rottanfäden festgenähten Reifen grössere Festigkeit; an der Unterseite ist in der Mitte eine geflochtene Mütze zum Aufsetzen befestigt. Diese Hüte werden besonders von neuvermählten jungen Frauen getragen; »Mädchen tragen in der Regel keine Hüte« (Dr. Bacz). Herr Dr. Robert Sieger hat sich durch das Studium eines im Berliner Völkermuseum befindlichen reich ornamentirten Dayakschädels zu der in einem Briefe an mich enthaltenen Frage veranlasst gesehen, ob nicht die nach den Schädelnähten (Sutura coronalis und Sutura sagittalis) angeordnete dreigetheilte Decoration des Schädeldaches, von da auf die Kopfbedeckung überspringend, die Anordnung der Geflechtornamentation nach den drei radial gestellten Deltoiden veranlasst haben könnte, eine Frage, die ich nach den mir zu Gebote stehenden Erfahrungen nicht zu beantworten wage. Die erwähnte radiale Dreitheilung ist indess nicht ausschliesslich für alle Dayakhüte charakteristisch; ich habe einen in Figur 67 beigeschlossenen Hut aus der Gegend von Bandjermasin (Sammlung Harmsen) aufgenommen, welcher im Mittelfelde eine Quadratfüllung aufweist und auch nur durch die reihenweise aufgerollten Spiralen oder geschlitzten Kreisringe an die Hüte aus dem Kapuasgebiete erinnert. Ob nun der Decor mit der Verwendung rhythmisch aneinandergeschobener Kreisringe den Dayaks ganz ursprünglich eigen ist, oder ob verwandte Bildungen, z. B. die aus gebogenen Drähten zusammengesetzten Compositionen auf chinesischen Arbeiten in Email cloisonné der Erfindung solcher Motive Vorschub geleistet haben mögen, das wird gegenwärtig schwer zu entscheiden sein. Viele Schnitzereien Neu-Guineas, wo im Allgemeinen in Bezug auf die Ornamentik eine nahe Verwandtschaft mit den bezüglichen Erscheinungen des ostindischen Archipels constatirt werden kann, weisen eine systematische Durchbildung des Kreistangentenornamentes auf. Ein Beispiel dieser Art siehe in Figur 68; andere ähnliche Beispiele können in Dr. M. Uhle's vortrefflicher Publication über die »Holz- und Bambus-Geräthe aus Nordwest Neu-Guinea« eingesehen werden, und ich verweise besonders auf die Schiffsschnabelverzierung von Ansus (Tafel II, Figur 2 des genannten Werkes) »ornamented with masses of open filagree work« (Wallace, Malay. Archipelago 1869, II, 324) und auf den Untersatz eines Ahnenbildes von einem Todtenfelde bei Passim (ebendaselbst Tafel III, Figur 4). Hierher gehören auch die in Figur 69 dargestellten Verzierungen an einer tibetanischen Schwertscheide. Keinesfalls sind indess die mit den besprochenen Dayakgeflechten verwandten Ornamentgebilde anderer Völker, soweit mir die Kenntnissnahme derselben möglich war, von einer solchen Beschaffenheit, dass daraus eine Vorbildlichkeit der letzteren für die Arbeiten der Dayaks unmittelbar abgeleitet werden könnte.

Fig. 69.
Verzierung an einer Schwertscheide aus Nyarum am Ya-lung-kiang in Tibet.
(Kreitner, Exp. Széchényi 1877—1880.)
(Ethnogr. Mus. Wien. Inv.-Nr. 18631.
Orig.-Aufnahme : Vergl. Text, Seite 105.)

B) Arbeiten in Holz, Bambu, Horn und Bein.

Während die im Vorangehenden besprochene Gruppe der Textilproducte dem Wesen der technischen Herstellungsart entsprechend durchaus geometrische Ornamente strenger und einfacher Gliederung aufweist, treten in den Holz-, Bambu-, Horn- und Beinschnitzereien der leichteren, freieren, nicht an Fäden- und Streifendurchkreuzungen gebundenen, und auch nicht die Fläche durchsetzenden, sondern schrankenlos über eine glatte Oberfläche gebietenden, mehr zeichnerischen Darstellungsweise conform vielcurvige Arabesken auf. Sie sind in übersichtlicher Zusammenstellung zumeist auf Tafel 6 und 7 vereinigt, stellen zum überwiegend grössten Theile contourirte Ritzungen, geschwärzte Gravirungen und eingetiefte Schnitzereien dar und zeigen in ihrer Gesammtheit den höchst interessanten Umbildungsprocess eines einfachen Grundmotivs zu den seltsamsten Variationen. Die Ornamente dieser beiden Tafeln sowohl, als auch die der Tafeln 3, 4 und 5 wetteifern an Schönheit mit den besten decorativen Hervorbringungen der hervorragendsten Culturvölker und lassen an Originalität und Logik der Conception manche Erzeugnisse der zu Ruhm und Ehre bestehenden Ornamentstile hinter sich; wir haben es hier mit tropischen Erscheinungen zu thun, die in der ganzen conventionellen Ornamentgeschichte ohne Gleichniss dastehen, und die, einmal ihrem Werthe nach erkannt, unmöglich länger ignorirt werden können. — Wie in der Gruppe der geometrischen Decorationsmotive, so zeigt sich auch hier im eminentesten Grade eine vollkommene Stoffangemessenheit. Die Ornamente dieser Gruppe gleichen fast kalligraphischen Problemen, so leicht, in so anmuthigem, mühelosem Flusse sind sie hingeschrieben. Im Verfolgen dieses Gedankens fühle ich mich versucht, die Form 11 auf Tafel 6 ein ornamentales Stenogramm zu nennen. Im höchsten Grade bewunderungswürdig sind die heitere Mühelosigkeit und die sichere Bravour, womit diese decorative Schnellschrift über weite Bambuflächen ausgebreitet ist. Man sieht fast in dem leichten Schwunge und in dem tänzelnden Rhythmus der sich ungezwungen aufrollenden Curven die über die glatte Fläche hinziehende Stahlspitze, das spielende Ritzen oder Graviren der Nadel oder des Messers.

Das Grundmotiv dieser sämmtlichen Bordürenmuster ist eine aus der griechischen Ornamentik wohlbekannte Form, ein Urmotiv: das Kyma, die Woge. Durch Entgegenstellung, durch Uebereinanderschiebung, durch Ueberstürzung und Einrollung dieser einzigen Urwelle ist die ganze Fülle von seltsamen Varianten entstanden, kaum das Grundmotiv noch ahnen lassend, aber doch in heimlichen Gängen von diesem noch durchzogen und belebt. Und wie als Seitenstück zum sogenannten »laufenden Hunde des Vitruvius« begegnet uns hier auf Tafel 6, Nr. 18 der Dayaken geheiligtes laufendes Krokodil, von dem unwiderstehlichen wallenden Zuge des Kymation erfasst, in possirlichen Beugungen.

Ich habe die Ornamente auf den Tafeln so geordnet, dass insbesondere auf die ideelle Zusammengehörigkeit das Hauptgewicht gelegt erscheint und sich die einzelnen

Ableitungen aus dem Grundmotiv der Woge schon durch die vergleichende Betrachtung ergeben. So entsteht auf Tafel 6, Nr. 2 aus 1 durch Abrundung der schiefgestellten Geraden und Anschluss der Reihenelemente aneinander, 3 aus 2 durch Reducirung der schiefgestellten S-Form auf die blos lineare Erscheinung und beiderseitige Einfassung derselben, 4 aus 3 durch einfache Umkehrung der Laufrichtung, 5 aus 4 durch beiderseitig zugewachsenen Blattansatz, 6 aus 2 durch Parallelismus der Randcontouren, 7 aus dem nach rechts abrollenden Kyma durch Einschiebung horizontaler Unterbrechungsgeraden, 8 aus dem nach links abrollenden Kyma durch Einschiebung schiefer Unterbrechungsgeraden, 9 aus dem Kyma mit Gegenbewegung durch Zwischenstege (besonders reizvoll), 10 aus dem eingefassten Kyma mit alternirendem Blattansatz, 11 aus dem vollkommen gezeichneten Kyma mit partiellen Auslassungen, 12 aus 9 mit Doppelblattformen statt der Zwischenstege, 13 aus 10 durch horizontale Abtrennung des unteren Drittels und dadurch herbeigeführte Isolirung der einzelnen Wogenelemente, 14 aus 13 durch abwechselnde Wendung dieser Wogenelemente nach aufwärts und abwärts, 15 aus dem Kyma durch Einschiebung eines Kreiselementes in die Woge, 16 und 17 durch vegetabilische Ausschmückung des Kymalaufes, 18 durch Uebertragung der Kymabewegung auf den Reptilienkörper, was überdies für die Gangart der zur Darstellung gebrachten Thiere ganz charakteristisch ist.

Fig. 70.
Dayakische Schnitzerei an einer Lanze. Ableitung eines geometrischen Decors aus einem Pflanzenornamente. (Dr. Bacz.)
(Ethnogr. Mus. Wien. Inv.-Nr. 2/018. Orig.-Aufn.)
Vergl. Text, Seite 109.

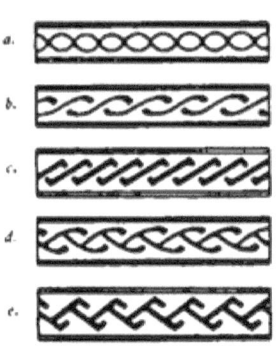

Fig. 71.
Schema der Entwicklung verschiedener Bandstreifen aus einer einfachen Wellenlinie. a, b, c und d Battournamente auf einer Bambubüchse, e Dayakornament auf einem Rottangeflecht.
(Hagen und Novara-Expedition.)
(Ethn. Mus. Wien. Inv.-Nr. 2249 u. 3712. Orig.-Aufnahme.)
Vergl. Text, Seite 109.

Mit Zugrundelegung dieses einfachen Schlüssels liessen sich leicht auch die verwandten Ornamente der anderen Tafeln in derselben Weise analysiren. So ist auf Tafel 7 Nr. 1 eine Combination von 9 und 15 aus Tafel 6 mit rhombischem Abschluss der einzelnen Ornamente, Tafel 7, Nr. 2 analog Tafel 6, Nr. 17 etc.

Tafel 7, Nr. 5 und 6 sind sehr interessant, weil sie mit Leichtigkeit aus einander abgeleitet werden können; man braucht nämlich bei Nr. 5 blos die drei Blattspitzen in die Vollbalken zu setzen, wodurch sich nothwendig zugleich eine Schwächung der Verbindungsstengel ergibt, um das reizende Blattgewinde von Nr. 6 zu erhalten; ganz ähnlich verhält es sich bei Tafel 7, Nr. 10 und Tafel 2, Nr. 8. Tafel 7,

Nr. 10 ist eine pflanzliche Composition, bestehend aus alternirend nach aufwärts und nach abwärts gerichteten Doppelblättern auf gekrümmten und hakenförmig gegen einander gestellten Blattstielen, wobei, wenn man den freibleibenden Raum zwischen den Blättern und Stielen genauer betrachtet, die Kymabewegung sofort in die Augen fällt. Die Ableitung des geometrischen, schematischen Decors mit den Y-Elementen (Tafel 2, Nr. 8) aus dem Pflanzenornamente ist in hohem Grade bemerkenswerth und charakterisirt die Entstehungsgeschichte vieler decorativer Erfindungen so treffend, dass ich in Figur 70 den Ornamentstreifen mit den beiden aus einander abgeleiteten Motiven so in den Text setze, wie ich ihn an einer Dayaklanze vorgefunden habe.

Wie man aus der Figur 70 ersieht, begann der ornamentirende Dayakkünstler damit, den Lanzenschaft mit den in rhythmischen Reihen nebeneinander gestellten Blattformen zu verzieren, die, für sich allein betrachtet, das hübsche und originelle Ornament Tafel 7, Nr. 10 ergeben; im Verlaufe der Arbeit jedoch, sei es in Folge künstlerischer Inspiration, sei es in Folge der Abspannung durch die stete Wiederholung desselben Gebildes oder sei es endlich aus Nachlässigkeit oder Bequemlichkeit, bildete die schnitzende Hand die Blattcurven nach und nach weniger gekrümmt und streckte sie endlich völlig zur geraden Linie aus, indem zugleich die Blattspitzen und Stielenden stumpf abgehackt wurden, wodurch, wie die Figur 70 anschaulich macht, ein vollkommen neues, streng geometrisches Ornament entstand, welches ich in Tafel 2, Nr. 8 den geradlinigen Decorationsmotiven einordnete.

Die zufällige oder beabsichtigte Umbildung von Ornamentreihen in solche von oft gänzlich verändertem Aussehen kann man an den decorativen Arbeiten der Naturvölker nicht selten beobachten, und es dürfte sich vielleicht verlohnen, diesen Erscheinungen ganz besonders nachzuspüren. So kommen die Formen Tafel 7, Nr. 5 und 6 wiederholt an einem und demselben Ornamentstreifen nebeneinander vor. In Figur 71 bringe ich noch einige hiehergehörige Beispiele bei, wo die erste Reihe geschlossene Wellenlinien auf Batta'schen Bambugravirungen zeigt; in so correcter Ausführung kommen dieselben jedoch selten vor, da die Battas diese Wellen nicht in einem Zuge, sondern in einzelnen Kymaelementen ritzen, die nun nicht immer genau zusammen treffen (2. Reihe), manchmal werden dieselben auch ganz eckig gebildet (3. Reihe), oder die ursprüngliche Lagerung wird gänzlich vernachlässigt (4. Reihe), oder endlich, es werden auch diese Formen eckig abgeschrägt (5. Reihe; siehe Dayakornamente Tafel 1, Nr. 11).

Ich glaube, diese wenigen Beispiele dürften genügen, um den Beweis zu erbringen, dass das Studium der Naturvölkerornamentik, einmal mit der nöthigen Aufmerksamkeit betrieben, den Schlüssel zur Lösung mancher Frage der allgemeinen Ornamentgeschichte zu liefern vermöchte.

Wohl das schönste und zierlichste der in dieser Sammlung enthaltenen Decorationsmotive und an und für sich ein Gebilde von unübertrefflicher Eleganz der Linienführung ist das Ornament auf Tafel 7, Nr. 17; es zeigt in stark vergrössertem Massstabe eine überaus sauber und correct mit minutiöser Sorgfalt in Bein ausgeführte

Gravirung, die, so wenig das auf den ersten Blick auch auffällt, ebenfalls nur aus dem einfachen, aber diagonal gestellten und mit Blattdecor ausgezierten Kyma besteht. Einige der auf Tafel 6 und 7 dargestellten Motive gemahnen sehr stark an Formen aus der chinesischen Ornamentik (Tafel 6, Nr. 17, Tafel 7, Nr. 2, 3, 14, 18). Eine Eigenthümlichkeit, welche man an fast allen auf Schneckenwindungen basirenden Ornamenten der Dayaks beobachten kann, die aber auch bei den Battas, auf Neu-Guinea, auf verschiedenen Punkten des ostindischen Archipels, in China und besonders auf Neu-Seeland, angetroffen wird, ist die eingehängte Spirale ⦵, bei welcher die Zeichnung der eingerollten Curven aus zwei Theilen besteht, was zur Folge hat, dass die gezeichnete Spiralenlinie keine Continuität aufweist. (Tafel 6, Nr. 7, 8, 10, Tafel 7, Nr. 17, Tafel 9, Nr. 1, 3, 7, 9 etc.) Nur ganz vereinzelt findet sich die im Linienzuge zusammenhängende

Fig. 72.
Schnitzerei an einem Dayaksarge. (Dr. Bocz.)
Ethn. Mus. Wien.
Inv.-Nr. 7067.
Orig.-Aufn.) Vergl.
Text, Seite 110.

Form ⦵, und wo sie vorkommt, ist sie stets so gebildet, dass der leer bleibende Zwischenraum, als weisse Linie aufgefasst, für sich wieder den Charakter der eingehängten Spirale erhält. (Tafel 6, Nr. 9, 12, etc.)

Eingehängte Spiralen nach Dayakart habe ich vorgefunden an Flechtarbeiten der Alfuren, an Schnitzereien der Battas, in Tätowirmustern und Holzarbeiten der Neu-Seeländer, an Schiffschnabelverzierungen von Neu-Guinea, vereinzelt in Arbeiten aus China und Japan. Eine weitere Eigenthümlichkeit der dayakischen Gravir- und Schnitzornamentik besteht darin, dass nicht selten einzelne Blattansätze sich aus der organischen Blattentwicklung gleichsam loslösen, um sich an eine das Ornament einfassende oder dasselbe begleitende gerade Linie oder an irgend eine benachbarte Form anzuschmiegen. (Vergl. Figur 72 und das dafür charakteristische Beispiel Tafel 7, Nr. 3.) Ich habe diese Besonderheit in systematischer Ausbildung nur noch bei den Battas auf Sumatra wahrgenommen und verweise auf zwei Ornamente dieser Art in Figur 73 und 74, welche auch ausserdem anschauliche Parallelen zu dayakischem Gravirdecor bieten. Figur 73, ein Theil der Oberfläche einer gravirten Bambubüchse aus Sumatra, ist in dem an der Wellenlinie sich hinziehenden Blattmuster überaus verwandt mit einer ganzen Serie von Dayakornamenten ähnlicher Herstellungsart (Tafel 6, Nr. 17, Tafel 7, Nr. 2, 3, 18, Tafel 10, Nr. 2, 3); nur sind bei dem Battamuster die Blattspitzen durch die in Wellenlinien sich hinziehenden Stiele sämmtlich abgeschnitten, eine Erscheinung, die, wie ich glaube, für die Battaornamentik charakteristisch ist. (Vergl. auch Figur 75.)

Die Uebereinstimmung des in Figur 76 dargestellten Battaornamentes mit den dayakischen Verzierungsmotiven auf Tafel 9, Nr. 9, 10, und Tafel 10, Nr. 1 braucht, was die Anlage der Leitcurven betrifft, kaum eingehend besprochen zu werden.

Von besonderer Schönheit sind unter den Dayakornamenten dieser Gruppe die Ritzungen auf Bambu und die Gravirungen auf Holz und Bein. Aus Bambu werden nicht blos die Dielen in den Wohnungen, die provisorischen Gebäude in den Anpflanzungen, die Brücken über Flüsse und Abgründe, Baumleitern, Körbe, Wassereimer, Käfige, Fischbehälter, Kochgeschirre und Aufbewahrungsgefässe gemacht, sondern es werden aus den dünneren Stücken auch die vielgestaltigen kleinen Gegenstände des Alltagsbedarfes, Sirih- und Kalkdosen, Messerscheiden, Pfeifen, Feuerzeuge, Musikinstrumente und dergleichen Dinge verfertigt. »Fast alle tropischen Länder produciren Bambusrohr, und wo immer es in Ueberfluss gefunden wird, da brauchen die Eingebornen es zu einer Menge von Dingen. Seine Härte, Leichtigkeit, Glätte, Geradheit, Rundung und sein Hohlsein, die Bequemlichkeit und Regelmässigkeit, mit der es

Fig. 73.
Bambusritzung der Battas auf Sumatra. (Dr. Hagen.)
(Ethnogr. Mus. Wien. Inv.-Nr. 21492. Orig.-Aufnahme.) Vergl. Text, Seite 110.

gespalten werden kann, seine sehr verschiedene Grösse, die wechselnde Länge seiner Knoten, die Leichtigkeit, mit der es geschnitten und mit der Löcher hineingebohrt werden können, seine harte Aussenseite, sein Freisein von jedem ausgesprochenen Geschmack oder Geruch, sein reichliches Vorkommen und die Schnelligkeit seines Wachsthums und seiner Vermehrung, alles das sind Eigenschaften, die es für hundert verschiedene Zwecke verwendbar machen, denen zu dienen andere Materialien viel mehr Arbeit und Vorbereitungen erfordern würden. Der Bambus ist eins der wundervollsten und schönsten Producte der Tropen und eins der werthvollsten Geschenke der Natur an uncivilisirte Völker.«[1]) Die kleineren Bambuartikel der Dayaks sind fast alle mehr

---

[1]) Wallace, Der malayische Archipel I, p. 108.

oder weniger reich verziert; einzelne davon sind wahre Muster überreicher Decorationskunst; so stammen die Ornamente Tafel 6, Nr. 17, Tafel 7, Nr. 2, 5, 6, 18, Tafel 8, Nr. 17 und Tafel 10, Nr. 14 sämmtlich von einer einzigen, mit zierlich eingeritzten Arabesken in der ganzen Länge von 46 Cm. vollkommen überspannenen und umkleideten Bambubüchse »kumop«, »tampad sabun«, welche die Bestimmung hatte, zur Aufbewahrung eines Seifensurrogates zu dienen. Dr. Bacz erzählt, dass diese Gravirungen in seiner Gegenwart »von einem gewöhnlichen Dayak« mit einem »verhältnissmässig grossen,

Fig. 71.
Ornament der Battas auf Sumatra. (Dr. Hagen.)
(Lehrb. Mus. Wien, Inv.-Nr. 22453, Orig.-Aufn.)
Vergl. Text, Seite 80, 110.

für europäische Begriffe plump geformten Messer«, ohne Plan oder Vorzeichnung in sicheren und rasch hingeworfenen Zügen ausgeführt wurden. Das Ornament Tafel 10, Nr. 14, ein in reichen Spiralen und Blattwindungen aus dem Principe des Kymalaufes abgeleitetes complicirtes Decorationsmotiv, könnte ebenso gut für chinesisch wie für dayakisch gelten, und der Umstand, dass »ein gewöhnlicher Dayak« ohne Zögern und ohne langes Besinnen mit Sicherheit und Schnelligkeit so künstlich aufgebaute Zierformen ohne Leitcontour aus freier Hand in die Bambufläche zu ritzen im Stande ist, lässt darauf schliessen, dass dieses Volk wohl schon seit Generationen gewisse, zum Theile auf China zurückweisende Decorationstypen in Folge zahlloser Wiederholungen geradezu auswendig gelernt hat. Im Allgemeinen besteht der Decor in Bamburitzungen, in Bein- und Holzschnitzereien aus frei geschwungenen Arabesken, wobei an eingerollte Spiralenwindungen, welche sich längs eines Wellenbundes hinziehen, nicht selten einfache Blattformen in den charakteristischen Biegungen der indischen Palmette angeschlossen sind; doch kommen ab und zu auch geradlinige Muster und elementare geometrische Motive vor. (Tafel 1, Nr. 5, 6, 7, 8, 9, 14, Tafel 2, Nr. 1, 3, 4, 7, 8, 9, 15, Tafel 8, Nr. 2, 3, 5, 7, 8, 11, 14.) So stammen die beiden Ornamente Tafel 1, Nr. 7 und 8, sowie Tafel 8, Nr. 2 von einfachen Dayakflöten »suling«, Tafel 2, Nr. 9 und Tafel 8, Nr. 5 von einer Trommel »ntawan«. Das an einen gezähnten Thierrachen erinnernde Flötenornament Tafel 1, Nr. 8 findet in dem Lanzendecor Figur 77 eine Parallele, nur dass in dem letzteren die Trapeze der Bamburitzung durch in den Lanzenschaft eingeschnittene Viertelkreise ersetzt sind.

Die beiden erwähnten Flöten sind mit Verzierungen versehene Bamburöhren, die nach der Art unserer Hirtenpfeifen mit fünf Stimmlöchern versehen sind, doch gibt es ausser ihnen bei den Dayaks noch eine andere Gattung flötenartiger Instrumente (Kleddi), welche in der Weise hergestellt werden, dass man einen Theil der Wand einer ausgehöhlten Labufrucht (Kalebasch) entfernt und in der so entstandenen Oeffnung ein Bündel ungleich langer, dünner Bamburöhren mittelst Wachs oder Klebharz befestigt. Als Mundstück des Instrumentes dient der lange, dünne und hohle Fortsatz der Labufrucht. »Am oberen Ende der längsten Röhre befindet sich ein kurzes Stück Bambu, ohne Zweifel um den Ton in irgend einer Weise zu reguliren.«[1]) Das Instrument besitzt einen sympathischen Orgelton. Musikinstrumente von völlig identischer Bauart finden sich sowohl in Indien als auch in China, und ich habe des Vergleiches wegen in Figur 78 drei derartige Instrumente, wovon eines aus China, eines aus Indien und eines aus Borneo stammt, nebeneinandergestellt. Das chinesische »sang«[2]) ist in einem sehr instructiven englischen Aufsatze im »Chinese repository« ausführlich beschrieben, woraus ich folgende Stellen dem Wortlaute nach hier folgen lasse: »The sang. Of this, there are two sorts figured in the Urh Ya; one called the chaou or a bird's nest, the other ho or sweet concord. It is a collection of tubes varying in length so as to utter

Fig. 75.
Decor auf einer Bambubüchse der Battas. (Dr. Hagen.)
(Ethn. Mus. Wien. Inv.-Nr. 2219). Orig.-Aufn.) Vergl. Text, Seite 110

sounds at harmonic intervals from each other, and thus to embody the principle of the organ stops, and to form the embryo of that magnificent instrument. Apart from the tubes, we have to establish another analogy with the organ in the presence of a wind-chest, being a simple bowl, into the top of which the tubes enter and are held in their position. The tubes are of five different lengths and correspond in appearance to the very ancient scale of five sounds. A certain number of these tubes are pierced a little above their base to prevent their sounding, except at the will of the performer. Some of these holes look inwards, and seem thus to have been placed out of reach on purpose. — The most convenient position for holding and stopping the instrument is the horizontal. Some practice is necessary to manage the breath successfully as to intension and remission, and still more to stop those ventiges that lie behind. — By a gentle movement of the instrument a beautiful trill will be produced, which combined with the harmonics of the larger sets gives you the organ shake in miniature. I have not met with a single

---

[1]) C. Bock, a. a. O., p. 249.
[2]) Im Berliner Völkermuseum führt dieses Instrument den chinesischen Namen »schéng«; in Japan, wo es ebenfalls bekannt ist, heisst es »siyô«.

Chinese who knew anything about the sang, save that it was sometimes used in the religious rites performed in honor of Confucius.«¹) Sowohl diese Beschreibung, als auch die in Figur 78 einander gegenübergestellten Zeichnungen beweisen wohl hinlänglich, dass die in Rede stehenden drei Instrumente nichts Anderes sind als im Wesentlichen vollkommen übereinstimmende und selbst in der Gestalt nur wenig von einander abweichende Erscheinungsformen einer und derselben Grundidee, die so alt und deren Herkommen so unsicher ist, dass selbst die Chinesen nichts Näheres darüber zu berichten wissen. Das von mir nach dem Originale gezeichnete chinesische Instrument besteht aus siebzehn ungleich langen Pfeifenrohren, die kreisförmig in dem konisch zulaufenden, runden Windkasten stecken, an welchem seitlich ein zierlich gearbeitetes Mundstück angebracht ist. (Inventar-Nr. 2947, Sammlung Hügel; ein zweites, aus dem nördlichen China, von der Novara-Expedition. Inventar-Nr. 5751.) Das indische Musikinstrument, von den Mrungs, einem der Hügelstämme von Tschittagong, herrührend, stellt die Copie einer Abbildung aus dem Werke von Riebeck²) dar und unterscheidet sich von dem dayakischen »kleddi« nur durch die unparallele Stellung der in die Kürbisschale eingesetzten Rohre, wozu jedoch bemerkt werden muss, dass sich im Wiener ethnographischen Museum noch eine andere indische Kürbisflöte mit zwei parallelen Pfeifen aus der Sammlung des Raja Tagore aus Calcutta befindet.³)

Fig. 76.
Holzschnitzerei an einem Batta'schen Zauberstabe.
(Dr. Hagen.)
(Ethn. Mus. Wien. Inv.-Nr. 2252).
Orig.-Aufn.)
Vergl. Text, S. 110.

Auch in Siam kennt man ein auf demselben System beruhendes Instrument von beträchtlicher Länge, die sogenannte Rohrorgel.

Die Trommeln »ntawan« oder »gandang« der Dayaks bestehen aus schöngeformten, ausgehöhlten Eisenholzblöcken, welche in der Regel mit eingeschnittenen Figuren verziert und mit einem Thierfell überzogen sind, das durch Eintreiben kleiner Holzkeile unter die dasselbe haltenden Rottanbänder nach Belieben gespannt werden kann. Beim Trommeln wird das Instrument zwischen den Beinen festgeklemmt und mit der Hohlhand geschlagen. Nach Veth führen die an der Westküste Borneos in Gebrauch stehenden und daselbst überaus beliebten Trommeln die Namen »ketebung«, »tegunung« und »sobang«; sie werden mit der Haut der *Boa constrictor* bespannt und bei festlichen Gelegenheiten in lärmender Weise gehandhabt. »De rebana, mede eene soort van trom of tamboerijn, is hun niet onbekend, maar schijnt van vreemden oorsprong te zijn, gelijk ook de groote en kleinere metalen bekkens, onder de namen van gong en tjanang bekend, die van Java worden ingevoerd, en meer als bewijs van rijkdom, dan om werkelijk tot speeltuig te dienen, worden aangekocht.«⁴)

---

¹) Chinese repository. Canton 1840, vol. VIII. Lay, Musical instruments of the Chinese, p. 52, 53.
²) Dr. Emil Riebeck, Die Hügelstämme von Chittagong. Berlin 1885. Tafel 15, Fig. 2.
³) Inv.-Nr. 24013. Dieses Instrument führt den Namen »tubri«, skr. Tiktiri, die Flöte der Schlangenbeschwörer. (Rajah Tagore, Catalogue of musical instruments of India. Calcutta 1886, p. 9.)
⁴) Veth, a. a. O., II, p. 214.

Ausser den schon genannten Instrumenten haben die Dayaks, bei denen es an Musik niemals fehlt, noch eine Reihe von verschieden gestalteten Geigen, Lauten, Maultrommeln u. s. w. Geigenartige Streichinstrumente »djimpai« (Bock), »srunai« (Bacz), »gela« (Veth) werden entweder aus mit Thierhäuten überzogenen halben Kokosnussschalen oder hohlen Eisenholzhalbkugeln oder auch aus halbirten, mit Fischhaut überzogenen Labufrüchten verfertigt, denen ein mit einer oder zwei Rottansaiten bespannter, häufig durch Schnitzereien verzierter Griff angesetzt wird; der aus einem Bambustäbchen bestehende Bogen ist ebenfalls mit einem dünnen Rottanfaden bespannt. »Dit eenvoudig instrument staat tot de sierlijke, tweesnarige, ivoren rebab der Javanen in dezelfde verhouding als de beschaving der Dajaks tot die van Java.« (Veth.) Auch bei den Chinesen kommt ein den dayakischen Djimpai's vollkommen ähnliches, dreiseitiges Instrument »san heen« vor, das einen trommelförmigen, cylindrischen, mit der Haut der Tan-Schlange bespannten Körper und einen langen Griff besitzt. (Lay.)

Von den Verzierungen auf Bambu bestehen die meisten aus einfachem Liniendecor; doch werden manche derselben dadurch zur Bedeutung von Flächenelementen ausgebildet, dass die glatte Bambuoberfläche an einzelnen Ornamentfeldern oder im Ornamentuntergrunde vollkommen abgeschabt und mit Drachenblut roth gefärbt oder auf andere Weise farbig zur Geltung gebracht wird. (Tafel 1, Nr. 9 und 14, Tafel 9, Nr. 10 etc.). Nr. 9 der ersten Tafel stammt von einem Feuerzeug und ist die Umsetzung des Ornamentes von Tafel 3, Nr. 1 ins Geradlinige. Die Feuerzeuge »tali api« bestehen aus kleinen Labufrüchten und Bambudöschen zum Aufbewahren von Tabak, Sirih, Kalk etc. und werden nebst

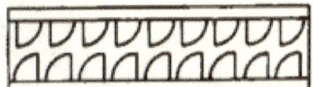

Fig. 77.
Decor einer Dayaklanze. (Dr. Bacz.)
(Ethn. Mus. Wien. Inv.-Nr. 7422. Orig.-Aufn.)
Vergl. Text, Seite 113.

allerlei Talismanen am Gürtel getragen. Ornamente von den zu solchem Zwecke verwendeten kleinen Büchschen sind Tafel 1, Nr. 9; Tafel 6, Nr. 2; Tafel 7, Nr. 3, 4, 9, 14; Tafel 8, Nr. 7, 8. Einen grossen Reichthum an schönen Verzierungen weisen die Bein- und Holzschnitzereien an den Griffen und Scheiden der Messer, Dolche und Schwerter, sowie die geschnitzten Lanzenschäfte auf. Geometrischer Decor ist, wie schon einmal erwähnt, selten (Tafel 1, Nr. 5, 6; Tafel 2, Nr. 3, 8, 15; Tafel 8, Nr. 3); gewöhnlich sind diese Schnitzarbeiten in freien und geschmackvollen Araheskengewinden ausgeführt. Muster solcher Verzierungstechnik befinden sich auf Tafel 6, Nr. 4, 9, 10, 11, Tafel 7, Nr. 8, 10, 16, 17, Tafel 9, Nr. 7, 11, 12, 13 und Tafel 10, Nr. 12. — Die Formen auf Tafel 7, Nr. 16, 17 und Tafel 9, Nr. 7, 12, 13 sind Beispiele für das Vorkommen der eingehängten Spiralen, Tafel 9, Nr. 11 erinnert auffallend an chinesische Decorationsmotive. Ein an diesem Platze sehr bemerkenswerthes Ornamentgebilde ist Tafel 10, Nr. 12. Diese Form, wenn auch, wie das damit geschmückte Object zweifellos verräth, von einem Dayakkünstler, sei es nun mit oder ohne Kenntniss von deren symbolischer Bedeutung, zur Ausschmückung eines thierkopfähnlichen Dolchmessergriffes benützt, ist das in China und Japan in zahlreichen Varianten auftretende Zeichen für die unerschöpflich fortzeugende Vereinigung des männlichen und weiblichen Principes, welches unter dem Namen des Yin- und Yang-Symbols unzählige, verschiedengestaltete Wiederholungen sowohl im Decor mannigfacher Gebrauchsgegenstände, als auch in mystischen Signaturen philosophischen Charakters gefunden hat. Ich habe in Figur 79 eine Collection verschiedener Varianten des Yin- und Yang-Symbols und damit verwandter, vielleicht auch daraus abgeleiteter Ornamentformen zusammengestellt, von welchen Nr. 1,

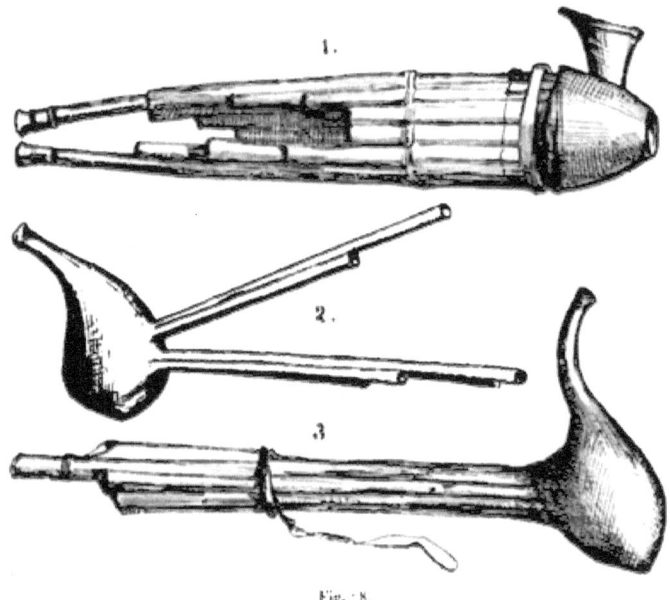

Fig. 78.
Nr. 1. Chinesische Pfeifenharmonika »sing- oder sang«. (Hügel.)
(Ethnogr. Mus. Wien. Inv.-Nr. 7947. Orig.-Aufn.)
Nr. 2. Musikinstrument der Mrung. (Riebeck.) Nr. 3. Dayakflöte »kledi«. (Dr. Bacz.)
(Ethnogr. Mus. Wien. Inv.-Nr. 7947. Orig.-Anin. Vergl. Text, Seite 113, 114.

der Vasendecor aus Kioto, bis auf das Fehlen der Blattspitzen der das Symbol bergenden Lotosblüthe mit dem in Rede stehenden Dayakornamente fast völlig identisch ist. Ebenso zeigt Nr. 3 den Decor einer Schale aus Borneo; es erscheint mir aber zweifellos, dass diese Schale chinesisches, von den Dayaks käuflich erworbenes Fabricat ist, da die dayakischen Töpfereien, von welchen weiter unten die Rede sein wird, eine durchaus anders geartete Mache aufweisen. Es ist hier nicht der Ort, die Ableitungen der verschiedenartigen Yin- und Yang-Symbole, sowie deren ideellen Zusammenhang mit dem Mysticismus der »acht Diagramme« und mit den indischen Linga- und Yoni-Darstellungen weiter zu verfolgen;[1]) so viel kann wohl als sicher betrachtet werden, dass das auf Tafel 10, Nr. 12 dargestellte Davakornament nichts weiter als eine sclavisch nachgebildete Copie eines (vermuthlich chinesischen) seiner Bedeutung nach vielleicht gar nicht verstandenen Vorbildes ist. Die Schnitzmesser »langgäi« oder »lunga«, welche fast immer schön gearbeitete Hirschhorngriffe und ornamentirte, manchmal auch mit Drachenblut gefärbte Scheiden haben, werden an Schnüren neben dem »tali api« am Gürtel getragen. Diese Messer werden zu den mannigfaltigsten Zwecken verwendet, und namentlich die schön geschnittenen und geritzten Ornamente auf Holz, Bein und Bambu, welche den Hauptinhalt der Tafeln 6, 7 und 9 ausmachen, verdanken ihre Entstehung nur den Langgäis.

Die Schnitzereien und Gravirungen werden mit den umgekehrten, mit der Schneide nach aufwärts gerichteten Messern ausgeführt, und so unpraktisch und plump diese Werkzeuge auch zu sein scheinen, erweisen sie sich doch in den geschickten Händen der Dayaks für die feinsten, graziösesten und sorgfältigsten Ausführungen verwendbar. Grössere Arbeitsmesser oder Hackmesser (Parangs), welche meist in zweigetheilten Scheiden stecken, die durch Rottanbänder zusammengehalten werden müssen, werden wie Schwerter an der linken Seite getragen und gehören zu den wichtigsten Haushaltungswerkzeugen, da die Dayaks mit ihnen Bäume fällen, Balken schneiden, Holz spalten, Cocosnüsse öffnen, Schweine und Hühner schlachten, Padi (Reis) ernten etc. Im Nothfalle müssen sie sich wohl auch als Vertheidigungswaffen verwenden lassen. Die eigentlichen Waffen der Dayaks sind jedoch die Mandaus oder Koppensneller, Dolchmesser, Blasrohrlanzen und Pfeile. Die Griffe und Scheiden der Mandaus, die Pfeilköcher und Lanzenschäfte sind in der Regel durch Schnitzereien und Ritzungen mehr oder weniger reich verziert. (Tafel 2, Nr. 3 und 8; Tafel 6, Nr. 4; Tafel 7, Nr. 10; Tafel 8, Nr. 3 und 21; Tafel 9, Nr. 7, 11, 12, 13.) Meisterwerke edelster Ornamentation sind ausserdem in der Wiener Sammlung eine zur Verfertigung der bunten Jackensäume dienende gravirte und gefärbte Wirknadel »sulat«, deren reizvoller Decor aus der einfachen Gegenüberstellung zweier rhythmischer Kymareihen längs einer Symmetralen entsteht (Tafel 9, Nr. 9), die originelle, auch aus dem doppelten Wogenlauf abgeleitete

---

[1] Häufig wird die Vereinigung von Linga und Yoni nicht durch die bekannten plastischen Darstellungen, sondern durch blos schematisch gezeichnete Contouren versinnlicht, welche aus zwei concentrischen Kreisen bestehen, oder aus einem aufgeschlitzten Kreise, in welchen eine am Ende knopfartig verdickte Gerade eindringt etc. Während also in den plastischen Gebilden dieser Art Mahâdeva durch einen cylindrischen, normal auf die lyraähnliche Yoniplatte gestellten Stein repräsentirt ist, »this other and poorer type is without the upright, and is apparently a conventional rendering, or sketch of these symbols, roughly cut on the stone, the inner circle representing the Mahâdeo, the outer circle the Yoni...« J. H. Rivett-Carnac, Archaeological notes on ancient sculpturings on rocks in Kumaon, India. Calcutta 1879, p. 4. Vergleiche hierüber auch desselben Verfassers Abhandlungen »On masons' marks« (Indian Antiquary, Dec. 1878) und »Prehistoric remains in Central India.« (Calcutta 1879.) Du Sartel (p. 82) erklärt diese auf chinesischen Töpfereien nicht seltene Darstellung: »Ce signe symbolise la réunion de forces créatrices, le Yang et le Yin, l'une, positive, mâle et noble, l'autre négative, ou plastique et femelle,« und im Chinese repository (Canton 1841), vol. X, p. 39, heisst es: »Gods are the noble (yang) spirits of heaven, demons are the ignoble (yin) influence of the earth. The sun is the focus of all the male principles. The moon is the type of great female principle.«

1. Decor einer Fatenecevase aus Kioto. (Bowes.)[1]
2. Decor eines Hizen-Gefässes. (Bowes.)[2]
3. Decor einer Schale aus Borneo (?), (Harmsen.) (Ethn. Mus. Wien. Inv.-Nr. 31410. Orig.-Aufn.)[3]
4. und 5. Japanische Ornamente aus einem japanischen Musterbuche für kunstgewerblichen Decor. (Bibliothek des österr. Museums f. Kunst und Industrie N. 2946.)
6. Verzierung eines hölzernen Aufsatzes aus Annam. (v. Scherzer, Ostasiat. Exp. 1870.) (Ethnogr. Mus. Wien. Inv.-Nr. 4836. Orig.-Aufn.)[4]
7. Gelb, roth und blau gemaltes Ornament von einer Toilettedose aus Korea. (Haas.) (Ethn. Mus. Wien. Inv.-Nr. 21470. Orig.-Aufn.)[5]
8. Verzierte Messingplatte mit Geldeinwurf; vom Utensilienkasten eines herumziehenden Harfners; aus Futschau. (Oest. Handels-Mus. Wien. Orig.-Aufn.)
9. Zeichnung einer japanischen Schablone. (Dolmetsch.)[6]
10. Seidenstickerei in Gold auf Blau von einer japanischen Rüstung aus Yokohama. (v. Siebold.) (Ethnogr. Mus. Wien. Inv.-Nr. 29938. Orig.-Aufn.)[6]
11. Rosette aus sechs sich um ein Centrum drehenden Fischen. (Collinot.)[7]
12. Rosette aus sechs sich aus einem centralen Kreisring entwickelnden Blättern. Von einem altmalayischen Stoffe. (Hagen.) (Ethn. Mus. Wien. Inv.-Nr. 27680. Orig.-Aufn.)

Fig. 79.
Yin- und Yang-Symbole und damit verwandte Ornamentformen.
Vergl. Text, Seite 116.

1) James Lord Bowes, Japanese marks and seals. London 1882, Nr. 338, p. 155. »the makers mark«.

2) Ebendaselbst, Nr. 125, p. 84. »Hizen pottery. Scratched upon a flower pot of old Hirato stoneware.«

3) Vollkommen identisch mit in Roth und Blau ausgeführter Malerei auf einer koreanischen Flagge, dem Wesen nach ganz gleich mit dem in Du Sartel, La porcelaine de Chine, abgebildeten Decor vom Innern eines chinesischen Tellers (p. 81, Fig. 53.) »A l'intérieur d'un anneau dans lequel sont rangés circulairement les Pa-Koua; et au centre, d'une rosace formée par la réunion du Yang et du Yin. Marque en cachet imprimée dans la pâte: Ta-Thsing-Yong-tching-nien-tchi (1723—1736). Collection Du Sartel.«

4) Vollkommen übereinstimmend mit dem Decor einer koreanischen Kopfrolle im österreichischen Handelsmuseum zu Wien. In Korea häufig. Wird auch als koreanisches Wappen bezeichnet.

5) Dolmetsch, Japanische Vorbilder [Mittheilungen des österreichischen Museums.] (Japanische Schablonen aus der Sammlung des Herrn Professor Bälz in Tokio.) Dem Wesen nach vollkommen übereinstimmend mit den gothischen Masswerkverzierungen, welche unter dem Namen der Flamboyantmuster in der französischen Architektur des Mittelalters beliebt waren. (Lübke, Geschichte der Architektur, p. 467, 468.)

6) Japanisches Zahlzeichen, Familienwappen, Abzeichen der Feuerwehrmänner in Japan. (Nach brieflicher Mittheilung des Secretärs der japanischen Gesandtschaft in Wien, Herrn Tannahassi.) Die kreissegmentartigen Orakelhölzer, welche von den fruchtbarkeitertlehenden Hindufrauen in die Höhe geworfen werden, um aus der Art ihres Fallens und aus ihrer Stellung zueinander Prophezeiungen abzulesen, bilden die Form der beiden Seitentheile des Ornaments — das weibliche Princip — zwischen welche der Mittelbalken — das männliche Princip — eingeschoben ist. (Nach mündlicher Mittheilung des Herrn Consuls Jos. R. v. Haas in Schanghai.) Dasselbe Gebilde in J. L. Bowes, Japanese marks and seals auf p. 208, Nr. 512, »stamped upon an Ash Bowl of Bizen Hitasuke ware, said to have been made about 1579 A. D. The mark of the maker«.

7) Collinot et Beaumont, Ornements arabes. Recueil de dessin pour l'art et l'industrie. Paris 1883. »Rosace pour plafonds«, Pl. 9.

Kammverzierung (Tafel 10, Nr. 1) und die schönen Spinnrad-, Ruder- und Sargschnitzereien (Tafel 2, Nr. 4; Tafel 6, Nr. 5, 15, 16, 18; Tafel 7, Nr. 1, 11, 12; Tafel 8, Nr. 11; Tafel 9, Nr. 2, 6; Tafel 10, Nr. 4, 5, 11.) Die Spinnradverzierungen sind in Eisenholz geschnitzt und bestehen aus zahlreichen Arabesken, aus Thierfiguren und Menschenköpfen; die Ruder, gleichfalls aus Eisenholz verfertigt, zeichnen sich ebensowohl durch gefällige, handliche Formen, als auch durch passende und geschmackvolle Decoration aus; die Särge, auf ihrer ganzen Oberfläche mit Schnitzwerken vollkommen bedeckt, werden aus halbirten, ausgehöhlten Baumstämmen trogartig gebildet und für durch Tapferkeit und Verstandeskräfte hervorragende Stammesgenossen je nach dem Ansehen derselben in mehr oder weniger reicher Durchbildung angefertigt. Die Sargdecoration auf Tafel 9, Nr. 2, zeigt die schematische Darstellung eines von Krokodilen belebten Sumpfes; ein dichtes Gewirr ineinander verschlungener, reich verästelter Wasserpflanzen bedeckt die cylindrisch gebogene Fläche, und zwischen den an siamesische Ornamentgebilde (Figur 80) erinnernden, seltsam eingerollten Blattbündeln lassen sich vereinzelte Darstellungen von lotosartigen Blüthen und Blüthenknospen in Profil- und Frontalansicht erkennen. Da im ostindischen Archipel die Todtenverehrung und insbesondere der Ahnencultus die Hauptgrundlage aller religiösen Handlungen und fast die einzige einheimische Cultusform darstellt, was bereits bei der Besprechung der sculptirten Todtenbildnisse ausführlicher erörtert worden ist, so erklärt sich die grosse Sorgfalt, welche auf eine reiche, künstlerische Ausstattung der Särge verwendet wird, ganz von selbst. Der Ahnencultus ist in gleicher Weise wie auf Borneo fast auf allen Inseln der Bandasee, bei den Igorroten, im Tenggergebirge auf Java, bei den Battas, auf Nias, bei den Topantunuasu in Central-Selebes und bei den Alfuren von Halmahéra anzutreffen[1]; er kommt also in allen Theilen des Archipels, ausserdem aber auch in China und Japan vor. In China reicht der Ahnencultus bis in die graue Vorzeit zurück und bildete daselbst von jeher eine Grundsäule der chinesischen Gesellschaft. Die bei den Chinesen gebräuchlichen Ahnenbildnisse wurden zugleich als die Träger der Geister der Verstorbenen betrachtet.[2]

Aehnlich liegen die Verhältnisse in Japan, wo der Ahnencultus die in Ostasien weit verbreitete Sitte der Adoption zu einer geheiligten Staatseinrichtung erhob, und wo der religiöse Zweck der durch die Adoption gesicherten Erhaltung der Familien zu allen Zeiten vornehmlich darin bestand, »die Fortdauer der den Vorfahren bestimmten Opfer zu sichern. — In China wie in Japan gab und gibt es deshalb wegen des Ahnencultus kaum ein grösseres Unglück für den Familienvater, als keinen Sohn zu haben, da es

Fig. 80.
Ornament von einem Bronze-Buddha der Laos in Siam. Tscheng-hai. (C. Bock.)
(Ethn. Mus. Wien. Inv.-Nr. 19078. Orig.-Aufn.)
Vergl Text, Seite 119

---

[1] Dr. M. Uhle, Holz- und Bambus-Geräthe aus Nord West Neu Guinea. Leipzig 1886, p. 3.
[2] Dr. J. Kohler, Rechtsvergleichende Studien. Berlin 1889, p. 183.

dann an Jemand fehlte, den Vorfahren Opfer zu bringen, damit dieselben in der Unterwelt nicht ewiglich hungern und dürsten müssen«.[1]) Es wird auch schwerlich in irgend einem Lande auf die ununterbrochene, allerdings häufig nur durch die Adoption ermöglichte Erbfolge ein so hohes Gewicht gelegt wie in Japan, und von dem Geschlechte des Mikado behauptet man mit Stolz: »Since the heavenly ancestors established the foundations of the country, the imperial line has not failed for ten thousand years.«[2])

Die Verwendung der Krokodilfigur zur Sargdecoration dürfte sich auf die im ostindischen Archipel allgemein verbreitete Krokodilverehrung und auf eine mit derselben im Zusammenhange stehende Transmigrationsidee zurückführen lassen. Der Glaube an eine Verwandtschaft des Menschen mit dem Krokodil findet sich bei den Malayen von Sumatra, bei den Battas, Javanen, Bugis und Makassaren, bei den Tagalen auf Bangka, Timor, Buru, Aru u. s. w. So fürchten sich die Javanen in der sicheren Voraussetzung, dass ihnen ihre »Grossväter« und »Väter« nichts Böses zufügen werden, beim Baden keineswegs vor Krokodilen, und auf Borneo werden diese Reptilien, welche (nach Hardeland, Wörterb. p. 24, s. v. badjai) zeitweise menschliche Gestalt annehmen können,

Fig. 81.
Tibetanische Verzierung von einem mit Messing beschlagenen eisernen Tintenzeug. (Dr. Stoliczka.)
(Ethn. Mus. Wien. Inv.-Nr. 458. Orig.-Aufn.) Vergl. Text, Seite 123.

Fig. 82.
Tibetanische Verzierung von einem mit Messing beschlagenen eisernen Tintenzeug. (Dr. Stoliczka.)
(Ethn. Mus. Wien. Inv.-Nr. 458. Orig.-Aufn.) Vergl. Text, Seite 123.

nur getödtet, wenn es die Blutrache erfordert; das Tragen von Krokodilzähnen als Amulet ist in ganz Borneo gebräuchlich,[3]) und Weddik berichtet über ein Thier mit Krokodilkopf und einem Menschenkopf im Rachen, welches neben einem Sarge bei den Modangs in Kutai aufgestellt war. Dieselbe Scheu vor dem Tödten der Krokodile, welche die Dayaks auszeichnet, finden wir auch auf Mysore, Madagaskar und Timor. »Die Bewohner von Kupang auf Timor haben eine unüberwindliche Furcht vor dem Tödten von Krokodilen und beten bei getödteten.« (Uhle, a. a. O., p. 6.) Einen ähnlichen Thierglauben finden wir wieder bei den Papuas der Geelvinkbai. Zufolge der ausgesprochen pflanzlichen und geometrischen Richtung der Dayakornamentik fällt das Auftreten fast unstilisirter, vereinzelter Thierfiguren, wie solche in den Krokodilgestalten der bespro-

---

[1]) Rein, Japan. Leipzig 1881, Bd. I, p. 490, 491.

[2]) F. O. Adams. The history of Japan. London 1874, vol. I, p. 6.

[3]) Aan de tanden van den krokodil hechten zij eene bijzondere waarde. Wanneer zij deze bij zich hebben, achten zij zich onkwetsbaar en voor rampen beveiligd, terwijl zij, zelfs in geheel ongebaande streken, alsdan nimmer zullen verdwalen. Veth, a. a. O., II, p. 314.

chenen Sargverzierungen und in der Bordüre auf Tafel 6, Nr. 18 ersichtlich sind, doppelt auf. Von anderen, durch Schnitzarbeit oder Ritzung verzierten Gegenständen sind noch Töpferschlägel (Tafel 2, Nr. 1), Eisenholzformen zum Giessen der Bleiknöpfe (Tafel 2, Nr. 7), Armbänder (Tafel 6, Nr. 12), Prauen (Tafel 6, Nr. 13, 14) und die durch oft reiche Ornamentik geschmückten Menschenschädel zu erwähnen. Einen Schädeldecor einfacher Art, blos aus einigen eingeritzten Curven bestehend, welche ein Gebilde umgrenzen, das auffallend an die schematischen Darstellungen der Fledermäuse (Glücksymbole, fô¹) in Erzeugnissen des chinesischen Kunstgewerbes erinnert, habe ich in Tafel 9, Nr. 4 beigebracht.

Interessante Beispiele dieser Art von reicher und überaus complicirter Ausführung enthält das Völkermuseum zu Berlin.

Herr Dr. Robert Sieger hatte die Freundlichkeit, mir ausführliche briefliche Mittheilungen über die von ihm eingehend untersuchten Objecte des Berliner Völkermuseums zu übersenden, aus welchen ich über die ornamentirten Dayakschädel Folgendes entnehme.

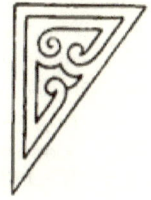

Fig. 83.
Ornament von einer japanischen Vase in Email cloisonné. (Herdtle, Ostasiatische Bronze-Gefässe u. Geräthe. Taf. III.)
Vergl. Text, Seite 121.

An einem der mit eingeschnittenen Ornamenten verzierten Schädel sind die erhöhten Bandornamente schwarzbraun gefärbt, und werden die Grenzen der verschiedenartige Motive enthaltenden Verzierungsfelder, welche durch das Stirnbein und die beiden Seitenwandbeine repräsentirt sind, durch die Kopfnähte gebildet; ebenso ist am Hinterhauptbeine ein kleines viertes Ornament durch die Sutura lambdoidea von den übrigen abgesondert; die beiden Gesichtspartien weisen verschiedengestalteten Decor auf; besonders bemerkenswerth die schöne Umrandung der Augenhöhlen. Die Ornamentmotive sind concentrische Kreise und stilisirte Pflanzenformen.²) An einem zweiten Schädel wurden die Ornamentzwischenräume durch Abschaben der Knochenmasse zu vertieften Feldern gestaltet, welche (wahrscheinlich mit Drachenblut) roth gefärbt sind. »Die Eintheilung schliesst sich hier an die Nähte nur ungefähr an.« Kreistangentenornamente zum Theile, namentlich an den Gesichtsknochen, vermittelst leicht eingeritzter Linien nur skizzirt. An einem dritten Schädel ist der Gesichtstheil (durch Bossirung?) künstlich hergestellt und mit einem leichten Metallüberzuge versehen. Die Abtheilung der Ornamentfelder ergibt in der Mitte des Schädeldaches einen kreuzförmigen Raum, von welchem aus der Decor symmetrisch vertheilt ist; »aber die Abtheilung selbst, der die vier Theile trennende, ornamentlose Raum, entspricht nicht genau der Naht, das Ornament greift gelegentlich über.« Das Stirnbein ist gesondert behandelt und enthält ein viertheiliges, symmetrisches Blattornament. (Vgl. hierzu den in Fig. 9 abgebildeten Schädel

---

¹) Du Sartel, a. a. O., p. 106.
²) Ein prachtvoller Schädel in dieser Art von Ornamentirung ist auch im ethnographischen Museum zu Kopenhagen unter Nr. 225 zu finden.

der Wiener Sammlung.) Ein anderer Schädel ist nicht nur am Gesichtstheil, sondern auf seiner ganzen Oberfläche mit Metall überzogen und enthält stilisirte Pflanzenornamente. — Die Gewohnheit des Koppensnellens »ayau«, »kayau«, welche bei so vielen Völkern des Archipels angetroffen wird, deren einziger Zweck die Erbeutung von Menschenschädeln ist, und über deren Vorkommen bei den Tauriern der Krim auch Herodot berichtet, hat gewiss nicht in unsinniger Grausamkeit und Mordlust ihre Veranlassung und findet ihre hauptsächlichste Erklärung in der bei diesen Völkern nachgewiesenen Existenz religiöser Wahnbegriffe und eines bis zur Masslosigkeit gesteigerten Aberglaubens.

»Dat het ‚ajau‘ van oorsprong een min of meer godsdienstige instelling is, zou ik ook dáaruit afleiden, dat men algemeen in de Koeteische bovenlanden, waar het koppensnellen door den Sultan vrij wel is onderdrukt, klaagt over groote rampen en tegenspoeden, in de laatste jaren ondervonden, zooals misoogst, ziekten, enz. en deze toeschrijft aan ontevredenheid der geesten over het niet meer brengen van menschenoffers.«[1]) Sicherlich haben auch noch andere allgemeine Grundzüge der menschlichen Natur zur Entwicklung dieses Gebrauches beigetragen, so derjenige der Eitelkeit, der des Stolzes über verübte Heldenthaten und jener der Freude der Frauen über den Besitz wehrhafter, unerschrockener, kampfbereiter Männer. »Bekend is de bewering van vele schrijvers dat onder de Dajaks geen meisje hare hand zal geven aan een man, die haar niet minstens één afgesneden hoofd als bewijs van zijn heldenmoed kan aanbieden.«[2])

Es gibt verschiedene Gelegenheiten, bei denen das Koppensnellen den Mitgliedern eines Dayakstammes zur heiligen Ehrenpflicht gemacht wird; solche Fälle treten ein beim Tode eines Radja, in manchen Gegenden bei Sterbefällen überhaupt, bei Hochzeiten, bei der Geburt eines Sohnes u. s. w. Bei dem Tode des Stammesoberhauptes wird oft eine bedeutende Zahl von Menschenopfern gebracht, in der Voraussetzung, dass die Seelen der Enthaupteten der Seele des abgeschiedenen Radja als Diener und Sclaven ins Jenseits folgen, ihm dort seine Waffen nachtragen und in jedem Betracht zu seinem Befehl stehen. (Low). Für jeden bei einem Stamme geschnellten Kopf fordert die Blutrache den entsprechenden Ersatz, und das gegenseitige Morden würde daher niemals zu einem Abschlusse gelangen, wenn nicht obrigkeitliche Verordnungen demselben Einhalt geböten.[3])

Die Behandlung der geschnellten Köpfe ist bei den verschiedenen Stämmen sehr verschieden. Im Gebiete von Brunai werden dieselben mit allerlei Liebkosungen über-

---

[1]) Tromp, Uit de Salasila van Koetei. Bijdragen tot de Taal-, Land- en Volkenkunde van Nederlandsch-Indië XXXVII, 70.

[2]) Veth, a. a. O., II, 277.

[3]) »Human heads are suspended over us as we write. As usual, they are ornamented with various figures, carved in the bone with a knife, and with bunches of leaves of the rattan. Among the heads is a small bow, carefully tied up with cord. On inquiring its use and meaning, we are told that it is a challenge from a rival Dyak kampong of the Mempawa region. This seems to be an emblem chosen by common consent, as a warning for any village receiving it, to look out for their heads.« Pohlman's tour in Borneo. Chinese repository, Canton 1840, vol. VIII, p. 300.

häuft, es werden ihnen Ehrenbezeigungen erwiesen, reiche Mahlzeiten dargebracht, Sirihblätter, Betelnüsse, ja selbst Cigarren in den lippenlosen Mund gesteckt; und das geschieht Alles nicht etwa aus leichtfertigem Spott, sondern mit jenem heiligen Ernste, den nur die religiöse Ueberzeugung zu verleihen im Stande ist. »Sommige stammen bewaren de hoofden met vleesch en haar, andere ontdoen ze van beiden en stellen zelfs een stuk hout in de plaats der onderkaak. Soms worden zij met witte of roode strepen beschilderd of met antimonium zwart gemaakt, somtijds ook in tin gevat, en niet zelden worden de oogkasten met schelpen gevuld.« (Blume.) Vergleiche über dieses vielbearbeitete, hier nur flüchtig berührte Thema unter Anderem A. B. Meyer's Versuch, den Cultus von Feindesschädeln aus einem Ahnenschädeldienste abzuleiten. (Ausland, 1882, 323.)

Zum Schlusse der hier mitgetheilten Bemerkungen über die dayakische Schnitzornamentik muss ich noch anfügen, dass einige der Bamburitzungen und Holzschnitzereien (Tafel 6 und 7) eine weitgehende Verwandtschaft mit den in Figur 81 und 82 dargestellten, an chinesischen Decor erinnernden Verzierungen aus Tibet aufweisen, und dass einfache Dreieckfüllungen, wie an den Spinnradmustern Tafel 10, Nr. 5 und 11, auch in ähnlicher Form (vergl. Figur 83) an japanischen Arbeiten in Email cloisonné gefunden werden können.

C) Metallarbeiten.

Die meisten der hier in Betracht kommenden Gegenstände verdanken ihre Herstellung der Schmiedetechnik und gehören jener Gruppe von Waffen und Werkzeugen an, welche die Dayaks zum Theile aus dem von ihnen selbst gewonnenen vorzüglichen Eisen Borneos, zum Theile aus von chinesischen Händlern oder an den Küstenplätzen erworbenem englischen Rohmaterial mit Verständniss und grossem Geschick anzufertigen wissen.

Eisen von ausgezeichneter Qualität kommt an mehreren Punkten der Insel vor und bildet trotz der wenig rationellen Art der Ausbeutung in manchen Districten sogar einen Handelsartikel. So beziehen die malayischen Eisenschmiede am Bahanflusse ihr Eisen vom Duson Ulu;[1] Hunt erzählt von einem ausgedehnten, sehr ergiebigen Eisenlager im Matan-Districte, wo das Metall in gediegenem Zustande, frei von allen Zusätzen oder Verunreinigungen gefunden wird, und das in der gleichmässigen Güte seiner Qualität den Vergleich mit dem besten schwedischen Eisen aushält; auch von dort findet eine theilweise Ausfuhr statt, obzwar die Nähe der Goldminen dieser Gegend und der Mangel einer thatkräftigen Regierung die Production schmälern und die Ergiebigkeit der Ausbeutung ungünstig beeinflussen; vom Duson beziehen auch die Bekompayer ihr Eisen; die Waffen von Nagara sind im ganzen Orient bekannt.[2] Spenser

---

[1] Breitenstein, Mitth. der geogr. Gesellsch. Wien, XXVIII, 1885, p. 243.
[2] Hunt's Sketch of Borneo or pulo Kalamantan in Keppel, Expedition to Borneo I, p. 403.

St. John erzählt in seinem Berichte über die Kayans von Baram: »I procured to-day a packet of the iron they use in smelting; it appeared like a mass of rough, twisted ropes. They use, also, two other kinds, of which I did not obtain specimens«,[1]) und schildert die Gewinnung des Metalls in folgender Weise: »I may remark that their iron ore appears to be easily melted. They dig a small pit in the ground; in the bottom are various holes, through which are driven currents of air by very primitive bellows. Charcoal is thrown in; then the ore, well broken up, is added and covered with charcoal; fresh ore and fresh fuel, in alternate layers, till the furnace is filled. A light is then put to the mass through a hole below, and, the wind being driven in, the process is soon completed.«[2]) Die Blasebälge »rapun«, deren sich die Dayaks zum Schmelzen und zum Glühendmachen des Eisens bedienen, bestehen der Hauptsache nach aus zwei Saugröhren mit den dazugehörigen Kolben, zwei kurzen Bamburöhren und einem durchlöcherten Lehmziegel. Die Saugröhren sind aus walzenförmig abgerundeten, ausgehöhlten Eisenholzblöcken verfertigt, beiläufig einen Meter hoch, unten geschlossen und stossen die durch mit Baumwollfransen umdichteten Kolbenscheiben nach abwärts gepresste Luft in die beiden über dem unteren Ende seitlich angesetzten Leitungsröhren und von da in den Feuerraum.[3]) Die bemerkenswerthesten und kunstreichsten Schmiedearbeiten der Dayaks sind die Mandaus. Ueber die Herstellungsweisen, Arten, Benennungen und Verzierungen derselben hat S. W. Tromp[4]) eine eingehende Abhandlung veröffentlicht, welcher ich die im Nachfolgenden angeführten Details entnehme; dasjenige, was dabei unter Einem über die Mandaugriffe mitgetheilt werden muss, gehört allerdings nicht in das Gebiet der Metallotechnik, wurde aber der besseren Uebersichtlichkeit wegen doch in dem natürlichen Zusammenhange belassen. Ein guter Mandau ist in Kutai kostbar; man nimmt dazu das Kenya-Fabricat von Poh-kedjin, dem unabhängigen Berglande am Ursprunge des Kayanflusses in Central-Borneo. Die roh gearbeiteten Mandaus von Poh-kedjin werden in den Oberlanden von Kutai mit 10 bis 12 holländischen Gulden bezahlt und bilden von dort aus einen gesuchten Handelsartikel. Jemand, der auf einen guten, verlässlichen Mandau Werth legt, kauft daselbst das derbe, ungeschlachte Fabricat und überlässt dasselbe zur gründlichen Erprobung der Güte des Materials einem Baumfäller, welcher damit das Gehölz behufs Urbarmachung des Landes ausrodet. Hat ein solcher Ladangbauer den zu unter-

---

[1]) S. St. John, a. a. O., vol. I, p 123

[2]) Ebendaselbst, vol. I, p. 131, 132.

[3]) Eine mit dem hier Gesagten in allem Wesentlichen übereinstimmende Beschreibung der daynkischen Essen gibt Keppel in seinem schon mehrfach citirten Werke »Expedition to Borneo«, vol. I, p. 65: »The Dyaks, as is well known, are famous for the manufacture of iron. The forge here is of the simplest construction, and formed by two hollow trees, each about seven feet high, placed upright, side by side, in the ground; from the lower extremity of these, two pipes of bamboo are led through a claybank, three inches thick, into a charcoal-fire; a man is perched at the top of the trees, and pumps with two pistons (the suckers of which are made of cocks' feathers), which being raised and depressed alternately, blow a regular stream of air into the fire.«

[4]) S. W. Tromp, Mededeelingen omtrent mandau's, Internationales Archiv für Ethnographie, Bd. I, Heft 1, 1888, p. 22 ff.

suchenden Mandau während einiger Jahre in der angegebenen
Weise gebraucht, und hat das Eisen selbst durch Kappen des härtesten
Holzes keinen Schaden genommen, dann beginnt erst die eigentliche
feine Bearbeitung, welche darin besteht, dass der Mandau auf der
einen Seite hohl geschabt und auf der andern Seite flach geschliffen
wird. Das Schaben und Schleifen geschieht aus freier Hand mit
Steinen von gröberem und feinerem Korne, und da diese Arbeit
sehr zeitraubend ist, so muss sie durchschnittlich mit 50 holländischen Gulden bezahlt werden. — Die Mandaus von Kutai unterscheiden sich von jenen des mehr nördlich gelegenen Berau dadurch, dass die ersteren den Griff in der geraden Fortsetzung der
Klinge haben (Figur 84), während bei den letzteren der Rücken
der Klinge ein wenig nach oben abbiegt. In Kutai hat man
zwei Hauptsorten von Mandaus; die erste, kleine Sorte wird von
den im Süden und Osten wohnenden Tundjung-, Bentian- und
Benuwa-Dayaks, die zweite, grosse Sorte wird von den Modang-,
Bahau-, Kenya-, Kayan-, Penihing- und Punan-Dayaks, sowie in
dem Flachlande von Kutai gebraucht. Der Mandau ist ebensowohl
als Waffe, wie als Werkzeug verwendbar; der Gebrauch, der von
ihm gemacht wird, ist ein sehr vielfältiger; er gehört für jeden
Dayak zu den unentbehrlichsten Dingen und fehlt nie bei der täglichen Ausrüstung; »bovendien heeft hij het voordeel dat tal van
vrouwen met het vervaardigen zijner versierselen (krulen garni-
turen) geld verdienen kunnen; te Tengaroeng kwam dit menig huis-
gezin zeer te stade.« (Tromp, p. 23.) Die Kayan-Mandaus sind concav
auf der Ober- und convex auf der Unterseite und werden nach Wunsch
des Bestellers entweder rechtshändig oder linkshändig angelegt. Ein
solcher Mandau ist ein gefährliches Instrument in der Hand des Un-
geübten; »for if you cut down on the left side of a tree with a
right-handed sword, it will fly off in a most eccentric manner; but,
well used, it inflicts very deep wounds, and will cut through young
trees better than any other instrument.« (St. John, a. a. O., I., 131.)
In Bezug auf die Form der Mandauklingen herrscht, namentlich was
die Art und Weise des Ablaufs gegen die Spitze betrifft, eine ziem-
liche Verschiedenheit. Da sich die Klingen vom Ansatz des Griffes
gegen die Spitze zu continuirlich verbreitern, so wird der im Allgemeinen einigermassen jähe Abfall des oberen Klingenrandes auf
verschiedenartige Weise, häufig mit Zuhilfenahme kunstreicher
Verzierungen bewerkstelligt. Die so entstehenden Varianten der
Klingenform, welche uns einen hohen Begriff von der Entwicklung der dayakischen Schmiedetechnik zu geben vermögen, führen

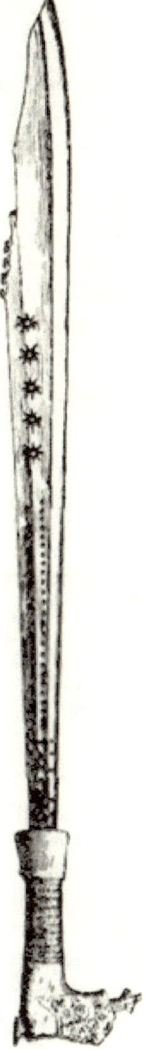

Fig. 84.
Mandau des
Sultans von Kutai.
(Intern. Archiv für
Ethnogr. I, Taf. III,
Fig. 1.)
Vergl. Text, S. 128, 130.

verschiedene Namen, so heisst im Longwai-Dayakischen eine in geraden einfachen Linien begrenzte Klinge »leng« oder »monong«, eine solche, wo die Curven des Abfalls bis fast zur Spitze reichen (Figur 85, a), »lidjib«, eine solche, wo die Verzierungsmotive noch auf der Höhe des Schwertrückens endigen (Figur 85, b), »li-potong« etc. Selbstverständlich ist hierbei auch die Art der Curvenkrümmung und Zusammensetzung nicht ohne Belang, und die zarten Spiralen, welche dem Schmiedeeisen zur Darstellung reicher oder zierlicher Klingensilhouetten abgerungen werden (Figur 84), contrastiren manchmal seltsam mit der rauhen, blutigen Bestimmung dieser Mordwerkzeuge. Bei der feinen Ausführung der Klingen werden auf den Seitenflächen derselben verschiedenartige Verzierungen mit Kupfer oder Silber eingelegt, unter welchen kleine, in Reihen angeordnete kreisförmige Stifte, die entweder durch die halbe oder auch durch die ganze Klingendicke reichen, die gewöhnlichsten sind.

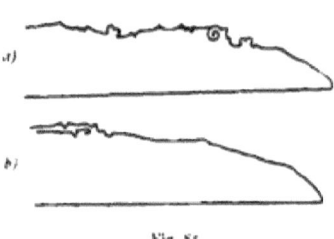

Fig. 85.
Typische Formen von Mandauklingen
»lidjib«, »li-potong«,
(aus m. Archiv für Ethnogr. I, p.25, Fig. c und d.
Vergl. Text. Seite 126.

Die Annahme, dass jedes der auf der Schwertfläche angebrachten Metallscheibchen einen mit dem verzierten Mandau geschnellten Kopf bedeute, und dass daher diese Ornamentreihen nur eine Art Mordregister zu repräsentiren hätten, dürfte wohl aus verschiedenen Gründen zu bezweifeln sein; eine zweite Verzierung ist das sogenannte »mata djoh« (vgl. Tafel 6, Nr. 2), eine dritte »mata kalong« (die S-förmig gekrümmten Spiralen unmittelbar unter dem Griffe auf Figur 84) und eine vierte »tap-set-sien« (siehe die fünf sternförmigen Gebilde an dem Mandau des Sultans von Kutai, Figur 84). Manchmal wird auch die Klinge an der Schneide bis zu einer gewissen Breite blau gemacht, was auf die Weise geschieht, dass mit dem zu färbenden Mandau einige Stunden lang Axthiebe in die saftigen Stämme junger Kapokbäume ausgeführt und die Klingen langsam durch die so entstandenen Einschnitte gezogen werden; hiedurch entsteht ein schönes Blau, welches an dem Mandau je nach dem Grade der Abnützung längere oder kürzere Zeit erhalten bleibt.

Der Griff, worin die Klinge mit »kemalau« (Guttapercha) sicher befestigt wird, besteht gewöhnlich aus sehr hartem Holze, aus Horn oder aus Bein. Man unterscheidet ebensowohl bei den Griffen wie bei den Klingen gewisse typische Formen, welche eigene Bezeichnungen tragen.

So gibt es ganz einfache glatte Griffe, welche im Longwai-Dayakischen »so-op kenhong« heissen; manchmal sind sie an der Oberfläche leicht decorirt »so-op kombeh«, oder die Decoration derselben Art ist tief in die Masse eingeschnitten »so-op goanliklik«, oder endlich es sind die Formen des menschlichen Kopfes in blosser Andeutung oder in eigenthümlich stilisirter Durchbildung in dem Griffknie ausgesprochen »so-op nyong pendjoh«. (Vergl. die Darstellungen in Figur 86 und den Mandaugriff auf Tafel 8, Nr. 21.) Von den Mandauscheiden, welche aus zwei ursprünglich getrennten Holzbrettchen zusammengefügt werden, erwähnt Tromp zwei Gattungen; die erste heisst im Kutinesischen »sarong seltup«, im Longwai'schen »segun dungban« oder »segun senpot« und bei diesen geschieht die Zusammenfügung der beiden Holztheile in der Weise, dass an der Seite, wo die Schärfe der Schneide sich befindet, ein Stück Rottan die Scheide der Länge nach abschliesst; das Bindwerk ist dadurch nur auf die Scheidenenden beschränkt und die Decoration auf der Fläche ist daher nicht eingeengt oder unterbunden; aber diese Scheiden haben den Nachtheil, dass der Mandau wegen der Reibung mit der glasharten Rottanoberfläche sehr bald seine Schärfe verliert. Daher werden sie auch meistens nur als Zierstücke verwendet, während man zum täglichen Gebrauche solche Scheiden verwendet, die vorne und rückwärts offen und nur an drei oder vier Stellen mit einem Rottangewinde versehen sind, welches aussen die Scheide mehrfach umschliesst. Fünf solcher Bindungen darf nur die Mandauscheide des Radja haben, wie denn überhaupt an den Mandaus noch eine grosse Zahl derartiger Distinctionszeichen unterschieden werden kann, worüber ausführliche Erklärungen in dem hier citirten Aufsatze von Tromp gefunden werden können. Die Mandaus der Wiener Sammlung zeigen sehr deutlich den am Klingenansatze geknickten Griff; rinnenartige Einschnitte, geschmiedete Silhouetteverzierung des Schwertrückens, Gravirung und Tauschirung weisen einige Exemplare auf.

Ich habe in Tafel 9, Nr. 8 die Gravirung einer Mandauklinge abgebildet, welche wie die Copie einer von Du Sartel (auf Tafel I, Figur 6 seines bereits genannten Werkes) dargestellten chinesischen Gefässornamentation aussieht. Die Mandaus werden im Kapuasgebiete (nach Dr. Bacz) nicht aus einheimischem Materiale, sondern aus von chinesischen oder malayischen Händlern erworbenem englischen und schwedischen Stahle verfertigt und sind so hart und scharf, dass die Dayaks ziemlich dicke Nägel damit durchschneiden können, ohne dass die Schneide irgend eine Veränderung erleidet. Den Mandaugurt pflegen die Dayaks mit Eber-, Tiger-, Affen- und Bärenzähnen, mit Hampatongs und mit allerlei sonstigen glückbringenden Amuletten zu behängen. In Bezug auf das Tragen solcher Anhängsel, sowie in Bezug auf Art und Reichthum der Schwertverzierungen unterscheiden sich die einzelnen Dayakstämme wesentlich von einander. So sind die Mandaus der Tundjung-Dayaks ausnahmslos gänzlich unverziert. Manchmal werden die Scheiden mit Haarbüscheln von getödteten Menschen oder Thieren geschmückt. In einem Futteral an der Unterseite der Scheide steckt fast immer ein kleines sogenanntes Arbeitsmesser, welches dazu dient, um das Fleisch von den geschnellten Köpfen zu entfernen, erlegte Thiere abzuhäuten und auszuweiden, Verzierungen in die Mandauscheiden, in Bein- und Bambugeräthe zu schnitzen etc. Die Koppel des Mandaugürtels besteht aus einer Muschelschale, bei den Tring-Dayaks aus einer menschlichen Kniescheibe, manchmal aus der oberen Hälfte des Schnabels vom Nashornvogel u. dgl.

Dass die Dayaks den Mandau zu ihren hervorragendsten Schützen zählen und auf den Besitz einer schönen und gediegenen Waffe stolz sind, wird durch Bock bestätigt,

der seinen Aufenthalt bei den Anwohnern des Bumbunganflusses in folgender Weise
schildert: »Wie ihre civilisirten Mitgeschöpfe des Westens lieben es auch diese Kinder
des Waldes, ihren zeitlichen Wohlstand zur Schau zu stellen, und dies hatte eine allgemeine Vergleichung der verschiedenen Verdienste und Vorzüge ihrer Mandaus zur Folge.
Die Unterhaltung lenkte sich auf Köpfe und Kopfjagden, und man erzählte manche

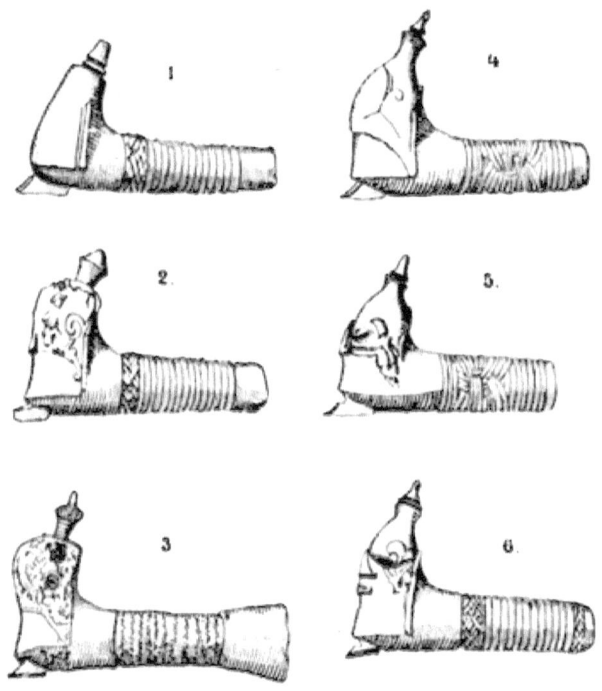

Fig. 86.
Typische Formen von Mandaugriffen.
1. so-op kenhong. 2. so-op kombeh. 3. so-op goanliklik. 4, 5, 6. so-op nyong penuloh.
(Intern. Archiv für Ethnogr. I, p. 24, 25.)
Vergl. Text, Seite 127.

Geschichte von persönlichen Abenteuern und tödtlichen Kämpfen, worin der Erzähler
den Sieg und den Kopf seines Opfers durch die überlegene Stärke, Grösse oder Schärfe
seines Mandau davongetragen hatte. Verschiedene Proben wurden abgelegt, um die
Schärfe dieser oder jener Waffe nachzuweisen; die beliebteste Art, die Schärfe der Klinge
zu zeigen, bestand darin, dass man sich damit die Haare vom Schienbeine schor. Der
Besitz eines schön gearbeiteten und verzierten Mandau gilt als ein Zeichen von Autorität

oder verleiht wenigstens ein höheres Ansehen, und als man mich aufforderte, meine Stimme über den Werth einzelner Waffen abzugeben, benützte ich diese Gelegenheit, den Säbel, den mir der Sultan geschenkt hatte, aufzuweisen. Derselbe machte die Runde, wurde genau und sorgfältig geprüft und der ausgeschnitzte Griff, namentlich aber die eingelegte Arbeit auf der Klinge erweckte allgemeine Bewunderung. Ich hatte die Genugthuung, dass die anderen Waffen bei Seite gelegt wurden — ein stillschweigendes Zugeständniss, dass sie der meinigen an Werth nachstanden.«[1]) Die Waffen, welche die Dayaks ausser den Mandaus führen, kommen in Bezug auf die daran etwa befindlichen Metalltheile vom künstlerischen Gesichtspunkte aus wenig in Betracht.[2]) Wichtiger sind in dieser Beziehung die verschiedenartigen Schmuckgegenstände, wovon einzelne in das Gebiet der Metallotechnik gehören. Auf Tafel 8, Nr. 18 ist der Decor der kreisförmigen oberen Fläche eines Ohrstöpsels »sowung« aus Messing dargestellt; die Verzierung ist einfach und besteht nur in der Vertheilung des Raumes durch concentrische Kreise und in der Anordnung rhythmischer Kreisreihen innerhalb der einzelnen Kreisringbänder. Aehnliche Ohrstöpsel von jedoch zum Theile reicherer Ausführung werden in Indien getragen.[3]) Ausser diesen Ohrstöpseln werden bleierne, mit Messing- oder Kupferscheibchen besetzte Ohrknöpfe, bleierne Ohrgehänge, viele kleine Messingringe »sepending« längs des ganzen Verlaufes des an vielen Stellen durchbohrten äusseren Ohrmuschelrandes und hufeisenförmige Ohrgehänge »longu tinga« zum Ohrschmuck verwendet. An Armen und Knieen liebt man es, Rottangeflechte mit kleinen Messingringen, offene Messingreifen oder auch lange Messingdrahtspiralen, die manchmal vom Knöchel bis zum Knie oder über einen beträchtlichen Theil des Armes reichen, zu befestigen. Aehnlich sind die Bauchgürtel und Bauchringe »tali mulong«, »bad«, welche aus Messingdrahtspiralen, Ketten oder mit Messingringen besetzten Rottanbündern bestehen und den Leib wie ein Panzer oft vom Nabel bis zur Achselhöhle umschliessen. Aber alle diese Gebilde sind von einer Beschaffenheit, welche eher eine Untersuchung vom ethnographischen als eine solche vom ästhetischen Gesichtspunkte zulässt.

[1]) C. Bock, a. a. O., p. 180.
[2]) »The instruments in use (among the Dyaks of Barangan) are the kamping, or large warknife for decapitation, said to possess a temper and edge, superior to any other edge-tool known; the tempuling, or spear, which is similar to a fishing spear; the jabang, or small knife, attached to the sheath of the kamping, which answers the purposes of our pocket-knife; and the parang, a knife larger and heavier than the kamping, being two feet long. This last instrument being the only one employed in their agricultural pursuits. It serves as an ax for clearing off the forests, and is a kind of substitute for our hoe and harrow, inasmuch as it is their sole instrument for digging, planting, weeding etc. So far as we can learn, no other instruments of iron are in use.« Pohlman's tour in Borneo. Chinese repository. Canton 1840, vol. VIII, p. 299.
[3]) Vergleiche damit auch die Ohrpflöcke, Ohrknöpfe, Ohrstöpsel, Ohrröhren und Ohrringe der Männer und Frauen bei den Kumis, Luschais, Maghs, Tschakmas und Tipperahs in Riebeck, Die Hügelstämme von Chittagong.

D) Thonarbeiten.

Bei dem Umstande, als wohl mit Recht ziemlich allgemein angenommen wird, dass die Kunst, aus Thon verschiedenartige Gegenstände für den täglichen Gebrauch zu formen, mit den frühesten Anfängen menschlicher Thätigkeit zusammenfalle,[1]) und bei der relativ hohen Ausbildung, welche einzelne Zweige der decorativen Kunst bei den Dayaks wahrscheinlich schon vor Jahrhunderten erlangt hatten, muss die kümmerliche und unkünstlerische Art der Thonbearbeitung, wie wir sie noch heute auf Borneo antreffen, in hohem Grade befremden. Abgesehen davon, dass der Gebrauch der Töpferscheibe diesem Volke fremd und dass die Anzahl der Gefässarten sehr gering ist, liefern auch die wenigen Topfformen eigenen Fabricates keineswegs den Beweis, dass man bei ihrer Erzeugung mehr beabsichtigte, als was durch das unmittelbare Bedürfniss dictirt war. Der Formenreichthum hält sich innerhalb sehr bescheidener Grenzen fürs Erste wegen des Mangels an Speisegeschirren, da viele Dayaks aus steifen Pflanzenblättern mit der Hand essen oder sich fremdländischer Thonwaaren und geschnitzter Cocosnussschalen zu diesem Zwecke bedienen, und dann auch wegen des Mangels an Vorraths- und Trinkgefässen: »for their water and drinking vessels the Dyaks depend upon the simple provision nature has made in the bamboo; a joint of this useful tree, with an aperture cut near the end, answers every purpose; each family has 15 or 20 of such vessels.«[2])

Die Wiener Sammlung enthält mehrere Kochtöpfe »priok«, wie Dr. Bacz versichert, die einzigen Thongefässe, welche an der Westküste der Insel von dayakischen Frauen verfertigt werden.[3]) Diese rohgeformten Gefässe haben das Aussehen von henkellosen, kugelig aufgetriebenen Hohlräumen mit schwach und unregelmässig herausgebogenem Halsrande; sie können nicht frei aufgestellt werden, da sie fusslos sind, und man pflegt sie daher beim Gebrauche entweder in eigenen Gestellen »sinkan« über dem Feuer aufzuhängen oder in eiserne Dreifüsse einzulassen. Die Art ihrer Herstellung ist überaus einfach. Ein der Grösse des anzufertigenden Topfes entsprechender Thonklumpen wird zunächst mit dem Malu oder Töpferschlägel, dem einzigen Instrumente, welches in die keramische Production der Dayaks Eingang gefunden hat, gründlich durchgearbeitet und auf diese Weise von Steinen und gröberen Pflanzenfasern möglichst gereinigt. Sodann wird aus dem so zubereiteten Material eine Hohlform mit den Händen modellirt und in diesem Hohlraume ein mässig grosser runder Stein gegen die Innenwand des in der Entstehung begriffenen Topfes gepresst, indem zugleich leichte Schläge mit dem Malu von aussen gegen die betreffenden Stellen der Thonwandung geführt werden, wodurch man dieselbe beliebig dünn ausbreiten und ihr die gewünschte

---

[1]) Dr. Otto v. Schorn, Die Kunsterzeugnisse aus Thon und Glas, 1888, p. 1.
[2]) Pohlman's tour in Borneo, Chinese repository. Canton 1840, vol. VIII, p. 209.
[3]) Verhältnissmässig grosse Töpfereien sind in Nagara im Baritogebiete. Aber die dort erzeugten Gefässe zerbrechen trotz des guten dazu verwendeten Rohmaterials sehr leicht, was eine Folge des schlechten Brennens ist.

Form verleihen kann; zum Schlusse wird der Rand mit den Fingern nach aussen umgebogen. Da nun die Töpferschlägel, wie fast alle dayakischen Holzgeräthe, mit Schnitzereien und eingetieften Kerben verziert sind (Tafel 2, Nr. 1), so drücken sich diese Kerbengänge in den verschiedensten Durchquerungen und regellosen Aufeinanderlagerungen, wie sie die durch die Herstellungstechnik erforderten Muluschläge zufällig gerade hervorbrachten, in der weichen Thonwand ab, was vielfach zu der falschen Auffassung Veranlassung gegeben hat, als habe man in diesem sinn- und regellosen Kerbenhöckerlabyrinth eine beabsichtigte Ornamentation zu suchen. Der Töpferschlägel ist um seiner selbst willen verziert, was schon die reich geschnitzten Exemplare dieser Art beweisen, die man an einzelnen Orten gefunden hat. (Vergl. die Abbildungen in Uhle, Wallace etc.) Wollte man aber die Kerben gleichsam als Model benützen, so wüssten die Dayaks gewiss, dass dies nicht durch Schlagen, sondern nur durch sorgfältig in Reihen ausgeführtes Aufpressen und Abdrücken der Prägestanze möglich ist. Der Ursprung dieses eigenthümlichen Töpfereiverfahrens mag vielleicht an irgend einem Punkte des ostindischen Archipels zu suchen sein (Uhle, p. 9), da es ganz in derselben Weise, wie Veth berichtet, auch in Sumatra zur Anwendung gelangt: »De steen wordt van binnen tegen den potwand gedrukt en met de plak wordt tegen den buitenkant geslagen, totdat te pot, die aanhoudend wordt rondgedraaid, den gewilden vorm en dikte heeft gekregen.«[1]) Dieselbe Technik finden wir gleicherweise auf Jobi und Mysore, und auch auf Neu-Guinea werden die Thongefässe mittelst Stein und Töpferschlägel hervorgebracht: »Mitsgaders platte stukken hout van verschillende dikte en grootte om de klei op den ronden steen uit te kloppen. Zij draaijen en kloppen de kleiaarde zoo lang in hunne handen rond, tot te pan of pot den gewenschten vorm heeft.«[2]) Die dayakischen Töpfe, wovon man grössere für Familien und kleinere für den Bedarf einzelner Menschen unterscheidet, zeigen eine braungraue Farbe und einen leichten Anflug von Glasur.

Die kleineren Töpfe gehören zur Ausrüstung jedes Dayak, welcher sich länger als einen Tag von seinem Hause entfernt aufhält; es kann darin nur so viel Reis gekocht werden, als zur Mahlzeit eines einzigen Mannes erforderlich ist. Eine Abbildung von einem der wenigen regelmässigen Ornamente — am Halse eines Kochtopfes befindlich — habe ich in Tafel 8, Nr. 1 beigebracht. Was sonst noch an Schalen, Krügen, Schüsseln, Tiegeln und Vasen bei den Dayaks gefunden wird, ist nicht ihr eigenes Fabricat, sondern — mit oft bedeutenden Kosten — erworben und gesammelt, und es lässt die Kümmerlichkeit der dayakischen Töpfereien um so auffälliger erscheinen, wenn man die Leidenschaft dieses Volkes für gewisse alterthümliche Erzeugnisse der keramischen Production in Erwägung zieht. Da das Kunstgefühl eines Volkes sich nicht nur in dem ausspricht, was es an künstlerischen Werken hervorbringt, sondern auch in dem, was es an artistischen Hervorbringungen anderer Nationen hochschätzt, und da mit Rücksicht auf diese Frage die Consumtion ein mindestens ebenso sicherer Gradmesser ist als die

---

1) Veth, Midden Sumatra, 1882, III, 1, 1, 407.
2) Bijdragen 1862, N. V. V. 148 (Uhle, a. a. O., p. 9).

Production, so dürfte es nicht überflüssig sein, in dieser Abhandlung auch von den einzigen Kunstobjecten, welche die Dayaks zu sammeln pflegen, ausführlicher zu sprechen, umsomehr, als die Provenienz dieser Gegenstände auch den Ursprung eines Theiles der künstlerischen Traditionen Borneos zweifellos in sich schliesst.

Die Verehrung alter Gefässe, welche in ganz Ostasien, zum Theile auch in Indien angetroffen werden kann, und die in China und Japan den Werth seltener keramischer Erzeugnisse bester Qualität so hoch gesteigert hat, dass dieselben im Preise mit Meisterwerken abendländischer Malerei in Parallele gestellt werden können, findet sich auch im ostindischen Archipel, wo man solche Thonwaaren oder deren Reste fast überall in grösserer oder geringerer Menge aufgedeckt hat. Während aber an einzelnen Punkten dieser Inselwelt der Gefässcultus bereits seit längerer Zeit im Erlöschen ist, steht derselbe in Borneo noch heute in üppigster Blüthe. Ja, der Werth und die Bedeutung, welche die Dayaks diesen keramischen Raritäten beimessen, stempeln dieselben sogar zu einer Art Nationalreichthum, indem die Wohlhabenheit der einzelnen Familienhäupter nach der Anzahl, dem Alter und der Kostbarkeit der in ihrem Besitze befindlichen Vasen dieser Art bemessen wird. »The breaking one of them is a family loss of no small importance.« (Marsden, Hist. 293 [3. ed. 1811] nach A. B. Meyer, Alterth., p. 14.) Ueber diese merkwürdigen Gefässe und über deren Vorkommen auf Borneo sowohl, wie auf anderen Inseln des Archipels, auf den Philippinen, auf Formosa, auf den Molukken u. s. w. besteht eine ausgebreitete Literatur. Für Borneo allein hat A. B. Meyer[1]) eine stattliche Liste von Belegstellen älterer und neuerer Autoren zusammengestellt: »Abgesehen von den bei Veth, Borneo I, 171 und II, 262 gegebenen, z. B.: Malayan Miscellanies, 1822, IX. Abh., p. 6, Verh. Bat. Gen., 1826, II, 58; Hardeland, Daj.-deutsches Wörterbuch, 1859, 71; St. John 1862, I, 300; Brooke, Ten years in Sarawak, 1866, I, 83; Kater, Tijdschr. t.-, l.- en v.-k., 1867, XVI, 438; Perelaer, Ethn. Beschr. d. Dajaks, 1870, 112; Journ. Str. Br. As. Soc., July 1878, 125, wo der folgende dayakische Gesang mitgetheilt wird: ,When I have gone to fine people, Never did I return empty handed, Bringing jars with me'; Cat. Ethn. Afd. Mus. Bat. Gen., 1880, p. 111 sub Nr. 70 (s. auch Not. I, 66, 1863), p. 119, sub Nr. 178; Bijdr. t.-, l.- en v.-k., 4. ser. V, 308, 1881; Hatton, New Ceylon, 1882, 100; Globus 1882, vol. XVII, 214 u. A. m.« Eine lehrreiche Abhandlung über diesen Gegenstand hat Grabowsky 1885 in der Zeitschrift für Ethnologie niedergelegt; in demselben Jahre und an derselben Stelle berichtet Schadenberg[2]) über Gräberfunde auf der Insel Samal, wo über (gegenwärtig in der Wiener ethnographischen Sammlung befindliche) Urnen Mittheilung gemacht wird, die den heiligen dayakischen Gefässen vollkommen ähnlich sind; Jagor[3]) spricht ausführlich über den Gefässcultus in Luzon, in

---

[1]) A. B. Meyer, Alterthümer aus dem ostindischen Archipel und angrenzenden Gebieten. Leipzig 1884, p. 13.
[2]) Schadenberg, Die Bewohner von Süd-Mindanao. Zeitschrift für Ethnologie, Bd. XVII, 1885, p. 45.
[3]) F. Jagor, Reisen in den Philippinen. Berlin 1873. p. 134.

Borneo, in Japan, und im Jahre 1888 hat Hirth[1]) über den muthmasslichen Ursprung dieser Thonarbeiten schätzenswerthe Aufschlüsse geliefert. Wenn man die Resultate dieser nach verschiedenen Richtungen hin unternommenen Forschungen zusammenfasst, so gewinnt man ein ziemlich klares Bild über jene räthselhaften, fabelthiergeschmückten Urnen, deren Vorkommen in elenden dayakischen Kampongs so manchen Reisenden früherer Jahrzehnte in das grösste Erstaunen versetzt haben. Die allgemeinen

Fig. 87.
»Hatuän halamaung«.
Djawet vom Kampong Rahong bungai am Oberlaufe des Kapuas, mit zwei dreizehigen Kawoks verziert.
(Zeitschr. f. Ethnol. XVII, Taf. VII, 3.)
Vergl. Text, Seite 134.

Fig. 88.
»Lalang rangkang«.
Djawet von Tumbang hiang, mit vier Kawoks verziert.
(Zeitschr. f. Ethnol. XVII, Taf. VII, 12.)
Vergl. Text, Seite 135.

Namen dieser Gefässe sind »djawet«, »tempayan«, »blanga«, »tadjau« u. A. Unter den Dajaks selbst cursiren über das Herkommen der Djawets verschiedene Sagen. So erzählt man, dass der König von Madjapahit dieselben gemacht habe, und dass dabei Niemand zugegen sein durfte; von dem Augenblicke an, als ihn einmal seine Frau dabei überraschte, habe er sich niemals wieder damit beschäftigt. (Hardeland, Wörterbuch, p. 71.) Schwaner berichtet über einen andern Mythus, wonach Mahatara, der oberste der Götter, aus dem

---

[1]) F. Hirth, Ancient porcelain: A study in Chinese mediæval industry and trade. Journal of the China branch of the Royal Asiatic society, vol. XXII, New series, Nr. 3 and 4. Shanghai, April 1888, p. 176 ff.

Lehm, den er nach der Schöpfung von Sonne, Mond und Erde noch erübrigte, sieben[1]) Berge auf Java aufgethürmt hätte. Aus dem Lehm dieser Berge verfertigte Ratu Tjampu, der von göttlicher Herkunft war, eine grosse Anzahl Djawets, die er in einer Höhle aufbewahrte und sorgfältig bewachte. Da aber eines Tages diese peinliche Ueberwachung eine zufällige Unterbrechung erfuhr, entflohen die Töpfe und verwandelten sich in allerlei Gethier. Wenn ein glücklicher Jäger auf der Jagd ein Wild solcher Abstammung erlegt, so verwandelt es sich wieder in einen Topf, der dann dem von den Göttern begünstigten Schützen als Eigenthum anheimfällt. Nach Perelaer[2]) verlor Radja Pahit, der Sohn und Erbe eines mächtigen javanischen Herrschers, seine ganzen Besitzthümer beim Spiele und floh in die wilden Gegenden des Berges Merbabu. Mahatara bekam Mitleid mit ihm und beauftragte Kadjanka, den Beherrscher des Mondes, ihm zu helfen. Kadjanka hatte, als Mahatara von der bei Erschaffung der Sonne übriggebliebenen Erde den Mond schuf, noch vor dem völligen Erhärten der breiartigen Masse einen Theil derselben heimlich entwendet und lehrte nun den Radja Pahit, daraus Töpfe zu formen, die daher dieser Sage zufolge aus derselben Substanz bestehen wie die Sonne. In sieben Tagen wurden so viele derselben gemacht, dass sie sieben Berge bedeckten; aber bei einem Streite, in welchen die Aufseher, die sie zu bewachen hatten, verfielen, entkamen sämmtliche Töpfe und flüchteten nach Borneo, wo sie sich noch heute befinden. Die an dem Vasenkörper dargestellten Relieffiguren nennen die Eingebornen auf Borneo »kawok«, was soviel bedeutet wie Leguan, eine grosse Eidechsenart; Schwaner spricht von Drachen und Delphinköpfen, Perelaer (p. 116) von Schlangen. Hardeland (p. 71) zählt zwölf Arten von heiligen Töpfen auf; an dieser Stelle kann jedoch auf alle einzelnen Feinheiten und Unterschiede nicht eingegangen werden. Eine im Besitze eines alten Häuptlings in Kwala kapuas befindliche Vase dieser Art, welche 2000 holländische Gulden werth ist, heisst Hatuän blanga habohot und zeichnet sich durch einen am Halse befindlichen, durch schwarze Streifen begrenzten Wulst aus, eine andere aus derselben Gegend, 1800 Gulden im Werth, heisst Hatuän blanga rempah; eine dritte (siehe Figur 87), 1200 Gulden im Werthe, vom Kampong Rahong bungai am Oberlauf des Kapuas,

Fig. 89.
Altchinesische Vase aus der Sammlung des österr. Museums für Kunst und Industrie. Original-Aufnahme. Vergl. Text, Seite 135.

---

[1]) Die Zahl sieben ist bei den Dayaks ausserordentlich beliebt.
[2]) Ethnographische Beschrijving der Dajaks, p. 112—116.

mit zwei dreizehigen, sich ansehenden Kawoks geziert, heisst Hatuän halamaung; eine vierte, Namens Lalang rangkang, aus Tumbang hiang, von sehr zierlicher Form, trägt als Relief vier aufrecht stehende Kawoks (siehe Figur 88) und mehrere Vögel »dahori«; noch andere Namen sind »gusi, siam, bukong«, letzteres eigentlich nur ein gewöhnlicher Wassertopf. Die Halamaungs zeichnen sich, gegen die Blangas gehalten, durch schlankere Formen aus; die meisten derselben sind braun und innen unglasirt. Hardeland (p. 71) gibt als Erkennungsmerkmal eines Halamaung drei nach einer Richtung gekehrte Schlangen oder Drachen an, deren Füsse vier Zehen tragen. Das Kitten zerbrochener Djaweta wird durch eigene Leute besorgt; alte und gekittete Töpfe verlieren nichts an ihrem Werthe; dagegen sind Imitationen, die jeder Dayak sofort als solche erkennt, obschon sie von den Chinesen mit grösster Genauigkeit sammt Sprüngen und Altersflecken angefertigt werden, auf Borneo gänzlich werthlos, da Täuschungsversuche sich bisher als vollständig vergeblich erwiesen haben.[1]) Ich habe in Figur 89 eine altchinesische Seladonvase aus der Sammlung des österreichischen Museums für Kunst und Industrie zum Vergleiche in den Text gesetzt; der Fuss der Vase ist ziegelroth; sie enthält auf der Fläche zwei sich entgegenschauende Drachen, deren Füsse vorne vier, rückwärts drei Krallen aufweisen.

Wenn bei den Dayaks ein heiliger Topf angekauft werden soll, so muss die ganze Familie und Verwandtschaft dabei zugegen sein; ein solcher Ankauf, von dem man annimmt, dass er der Familie Glück bringt, führt oft zu wochenlangen Unterhandlungen, bevor er zum Abschlusse gelangt.[2])

Nach C. Kater ist der Stoff, aus welchem die Tempayans gemacht sind, nicht immer derselbe; »de roesah ziet er, wat klei en verglaassel aangaat, oppervlakkig het beste uit; de kleur van het verglaassel is helder bruinachtig rood; de blanga is uiterlijk minder helder van kleur en heeft veel overeenkomst met de down toeah; deze echter is veel zwaarder en eenigzins naar de blauwe of paarsche kant van kleur«.[3]) Man unterscheidet Blangas männlichen und solche weiblichen Geschlechtes; das Stehen der Drachen gegeneinander, in- oder nacheinander soll für das Geschlecht, für welches auch die Art der Beschuppung nicht ohne Belang ist, vor Allem massgebend sein. Doch gibt es auch ein eigenes Zeichen der Männlichkeit, welches in einer malayischen, diesen Gegenstand behandelnden Handschrift als ein mit der Spitze nach unten gekehrtes, im Innern mit einer kleinen Scheibe bedecktes Fünfeck dargestellt ist. In dieser Handschrift werden Tempayans von 6 bis 8 Oeren mit rother oder gelblicher Glasur »kelakian« genannt und beigefügt, dass männliche Kelakians selten sind. Als Verzierungen werden ausser den Drachen angeführt Spinnradhaspel, Rhombenfiguren (»makanan«, Esswaare), auf-

---

[1]) Eine chinesische Imitation solcher Blangas befindet sich im Museum der Rheinischen Mission zu Barmen. (Museums-Katalog. I., p. 7, Nr. 44.)

[2]) F. S. Grabowsky, Ueber die »djawetas« oder heiligen Töpfe der Oloh Ngadju von Südost-Borneo. Zeitschrift für Ethnologie XVII, 1885, p. 127, und Hardeland, a. a. O., s. v. blanga, p. 71.

[3]) C. Kater, Iets over de bij de Dajaks in de Wester-afdeeling van Borneo zoo gezochte tempajans of tadjau's. Tijdschrift voor Indische taal-, land- en volkenkunde, deel XVI, 1867, p. 430.

gestellte längliche Sechsecke, Arabesken etc. Auf den feineren Blangasorten findet man die Drachen (»nagas«) von innen ausgedrückt. »De kop van den draak heeft wel iets van die gedrochten, die men in Javaansche afbeeldingen of poppen bij het wajang-spel ziet, wat pleit voor de Javaansche afkomst.«¹) Ueber die Provenienz dieser Gefässe gibt Hirth, wie bereits früher erwähnt, belangreiche Aufschlüsse; er stützt sich hiebei auf die Darlegungen eines chinesischen Schriftstellers, Namens Tschao Yu-kua, welcher zur Zeit der Sung-Dynastie in Fukien eine leitende Stellung in Handels- und Schifffahrtsangelegenheiten innehatte, wie von seinem Zeitgenossen Tschen Tschen-sun berichtet wird. Diese Schrift, welche kaum früher als im Jahre 1205 unserer Zeitrechnung verfasst worden sein dürfte, und wovon sich eines der überaus seltenen Exemplare in der Bibliothèque nationale zu Paris befindet, bildet den einzigen uns zugänglichen Nachweis über den chinesischen Handel des dreizehnten Jahrhunderts.

Es scheint, dass zur Zeit unseres Autors Tschüan-tschau-fu der Hauptstapelplatz der Handelsunternehmungen Chinas war. Wenn es nun in einzelnen Fällen immerhin sehr schwierig bleibt, die Herkunft mancher der alten, in den dayakischen Familienschätzen gefundenen Gefässe zu bestimmen, so liefern doch die Angaben Tschao Yu-kua's über den frühen Handel Chinas mit Borneo beachtenswerthe Fingerzeige. Bock glaubt bei den Dayaks Töpfe gesehen zu haben, welche dem alten Lung-tschüan-Seladon ähnlich sehen; »but it appears that pieces of a surface which bears no resemblance to any of the classical Sung and Yüan monochrome vessels (Ting, Ju, Chün, Lung-ch'üan or Ko) are very common; I am inclined to conclude therefrom that they come from factories equally old, but less renowned, such as the place where the Kien-yao of the Sung dynasty was made, the city of Chien-yang in the north of Fukien; this is all the more likely since Chao Ju-kua, in his description of trade with Borneo, specially mentions ‚brocades of Chien-yang' among the articles of import. Zaitun would have been as near a market for the Chien-yang manufactures as it was for those of Lung-ch'üan.«²) Die Beziehungen zwischen China und der Insel Borneo sind sicherlich sehr alten Datums. Die erste Erwähnung Borneos, auf eine Tributmission im Jahre 669 nach Christus bezüglich, ist in einer dunklen und zweifelhaften Stelle im Tang-schu enthalten. Für den Beginn des dreizehnten Jahrhunderts wissen wir aus einer Aufstellung des Tschao Yu-kua, dass ein Schifffahrtsverkehr um diese Zeit zwischen Tschüan-tschau-fu in Fukien und der Nordwestküste von Borneo bestand, und dass in Brunai eine grosse Stadt mit über zehntausend Einwohnern existirte, welche der Sitz eines mächtigen Herrschers war. Tschao Yu-kua beschreibt ausführlich die Sitten und Gewohnheiten, sowie die buddhistischen Religionsgebräuche und Festlichkeiten der damaligen Bewohner Nord-Borneos, welche wir wohl mit Grund als die Vorfahren der heutigen Dayaks betrachten dürfen. Anstatt der Speisegeschirre benützten sie Bambubüchsen und die Blätter der Palmyrapalme (pei-to), was darauf schliessen lässt, dass bei ihnen der Gebrauch der

---

¹) Ibid., p. 43 u. 110.
²) F. Hirth, a. a. O., p. 178, 179.

Thon- oder Porzellangefässe für Haushaltungszwecke noch nicht üblich war. Doch wird unter den Einfuhrartikeln ausdrücklich grünes Porzellan genannt. Von der später unter den Dayaks constatirten Sitte, die Todten in grossen Gefässen beizusetzen, weiss Tschao Yu-kua noch nichts. Was aber auch der Gebrauch der importirten Porzellanwaaren gewesen sein mag, so viel steht fest, dass sie bereits zu jener Zeit mit einer bestimmten Regelmässigkeit und in nicht unbeträchtlicher Menge eingeführt wurden. Es scheint indessen, dass der beständige Contact, in welchen die Eingebornen an Borneos Küsten mit den Händlern von Fukien kamen, zu einer allmäligen Veränderung der Sitten und Gebräuche geführt habe; denn wir lesen im Tung-hsi-yang-kao von 1618 (4. Capitel, p. 18), dass das Volk von Bandjermasin (Wen-tschi-ma-schen) anfänglich Bananenblätter an der Stelle von Schüsseln gebraucht habe, dass jedoch durch den Aufschwung des Handelsverkehrs mit China allmälig Porzellangefässe in Verwendung genommen worden seien, dass unter den aus China importirten Krügen namentlich solche unter den Eingebornen Beifall gefunden hätten, auf deren Oberfläche die Gestalt des Drachen dargestellt gewesen sei, und dass diese Krüge bei der Todtenbestattung anstatt der Särge zur Bergung der Leichname gebraucht worden wären. »The use of porcelain jars in lieu of coffins reminds one of the ‚potted ancestors' so called by way of jest among foreign residents at Amoy and Foochow, and the Fukien province is the only part of China where, as far as my personal experience goes, the custom of this mode of preserving the relics of dead bodies prevails.« (Hirth, p. 183.) Es scheint demnach, dass durch den chinesischen Handel diese Sitte der Leichenbestattung gleichzeitig mit den Mitteln zu deren Ausführung von Fukien nach Borneo gebracht worden sei.[1]) Tschao Yu-kua, dessen Werk mindestens um ein Jahrhundert früher als dasjenige Ibn Batuta's geschrieben worden sein musste, stimmt doch mit dem arabischen Historiographen in allen wesentlichen Punkten vollkommen überein. Ausser nach Borneo ging, wie wir aus diesen Schriftstellern wissen, chinesisches Porzellan um jene Zeit nach Tschan-tscheng (einem Theile Cochinchinas), nach Tschen-la (Kambodscha), nach San-fo-tschi (kantonesisch Samfat-tsai, arabisch Sarbasa, gegenwärtig Palembang in Sumatra), nach Malabar, Ceylon, Sansibar etc.

Die Japanesen haben eine grosse Vorliebe für Gefässe jener frühen Zeit und stehen an Verehrung und Ueberschätzung derselben den Dayaks um nichts nach; nach Kämpfer suchen sie nach denselben im Meere, und Morga berichtet, dass sie den Thee am liebsten in solchen alten Vasen aufbewahren, weil er sich an keinem andern Orte besser conservirt. Diese Krüge zählen daher in ganz Japan zu den grössten Kostbarkeiten des Landes; man bedeckt sie mit Platten feinen, getriebenen Goldes und hüllt sie in kostbare Brocate.

---

[1]) Für Japan wissen wir, dass ausser der weniger beliebten Cremation (Kuwa-sō) vornehmlich das Begräbniss (Dosō) üblich war, und dass dabei nebst dem Sarge (kuwan oder hitsugi) auch kolossale Porzellanvasen zur Verwendung gelangten. »When all preparations are completed, the corpse, washed, and clad in a white shroud, on which the priest has inscribed some sacred characters as a sort of passport to heaven, is placed, in the sitting posture of the country, in a tub-shaped coffin, which is inclosed in an earthenware vessel of corresponding figure; and the funeral procession begins.« Notices of Japan. Chinese repository. Canton 1840, vol. IX, p. 633.

»Als Carletti (Viaggi 2, 11) 1597 von den Philippinen nach Japan kam, wurden auf Befehl des Gouverneurs sämmtliche Personen an Bord sorgfältig untersucht und ward ihnen Todesstrafe angedroht, wenn sie zu verheimlichen suchten »gewisse irdene Gefässe, die von den Philippinen und anderen Inseln jenes Meeres gebracht zu werden pflegen«, da der König sie alle kaufen wollte. . . . »Dergleichen Gefässe gelten 5000, 6000, ja bis 10.000 Scudi das Stück. . . .«[1]) Einmal sollen sogar 130.000 Scudi für ein solches Gefäss bezahlt worden sein. Ganz so wie bei den Dayaks machten im siebzehnten Jahrhundert auch bei den Japanern diese antiken Vasen den hauptsächlichsten Reichthum der Sammler aus und man suchte sich aus Eitelkeit und Ehrgeiz im Besitze dieser kostbaren Raritäten zu überbieten. Der Werth, welchen die Japaner auf diese Gefässe legen, beruht nach einer Angabe des Freiherrn Alexander von Siebold auf ihrer Verwendung bei den geheimnissvollen, moralische und politische Zwecke verfolgenden Theegesellschaften »Tscha-no-yu«, deren Blüthezeit in die Regierungsperiode des Kaisers Taiko-sama (1588) fällt. Bei diesen Versammlungen, welche zu stiller Selbstbetrachtung anregen sollen, hört jeder Rangunterschied der Theilnehmer auf, die heiligen Gefässe werden unter Einhaltung bestimmter, bedeutungsvoller Vorschriften ihrer kostbaren Hüllen entkleidet und unter ehrfurchtsvollem Schweigen wird die Zubereitung des eigenthümlich aufregenden Theegetränkes abgewartet. Erst nach dem Genusse desselben beginnen die philosophischen und staatswissenschaftlichen Gespräche. »Unter den Schätzen des Mikado und des Taikun, auch in einigen Tempeln werden unter den höchsten Kostbarkeiten dergleichen alte Gefässe mit Documenten über ihre Herkunft aufbewahrt.« (Jagor.) Das Vorkommen dieser keramischen Producte im ostindischen Archipel beleuchtet auch eine Stelle von J. H. Lindschotten (1566): »Es haben vor der Zeit diese Insuln alle ingemein gehört under die Kron China, die haben sich aber umb gewisse vrsachen daruon abgesondert. . . .«

Ueber den Ausdruck »Martavanen«, welcher von einigen Autoren gebraucht und auf das auch den Persern und Türken für grünes Seladon geläufige Martabani bezogen wurde, vergl. A. B. Meyer, Alterthümer aus dem ostindischen Archipel, Jacquemart, Histoire de la Céramique, und Karabacek's Abhandlung »Zur muslimischen Keramik«. Nach A. B. Meyer dürfte die Besonderheit, dass die kleinen, aufrechtstehenden, unter dem Halse angebrachten Henkel (Oere) häufig mit einem Singha- oder Råkshasakopfe verziert sind — da an der chinesischen Provenienz doch nicht gezweifelt werden kann — »auf mehr südlich-provinziellen Fabriksort« zurückzuführen sein. Auch Low (Sarawak) geht an den Djawets nicht achtlos vorüber: »Among de Dyaks are found jars held by them in high veneration, the manufacturers of which are forgotten; the smaller ones, among the land and sea Dyaks are common. They are called Nagas, from the Naga, or Dragon, which is rudely traced upon them. They are glazed on the outside, and the current value of them is 40 dollars; but those which are found among the Kyan tribes, and those of South Borneo, and among the Kadyans

---

[1]) F. Jagor, Reisen in den Philippinen. Berlin 1873, p. 145.

and other tribes of the north, are valued so highly as to be altogether beyond the means of ordinary persons, and are the property of the Malayan Rajahs, or of the chiefs of the native tribes. — They have small handles round them, called ears, and figures of dragons are traced upon their surface; their value is about 2000 dollars. In the houses of their owners they are a source of great profit, they are kept with pious care, being covered with beautiful cloths. Water is kept in them, which is sold to the tribe, and valued upon account of the virtues it is supposed to possess, and which it derives from the jar which has contained it.« Ueber die abergläubische Verehrung, welche diesen heiligen Gefässen unter den Dayaks zu Theil wird, und über den heilkräftigen Einfluss, den eine in ihnen aufbewahrte Flüssigkeit auszuüben vermag, vermittelt St. John einige werthvolle Daten. — Nach ihm gibt es unter den See-Dayaks drei besonders geschätzte Djawetarten: Die Gusi, die Naga und die Rusa.[1])

Der alte Häuptling von Tamparuli gab für eine Gusi, welche auf dem Wege mehrfachen Zwischenhandels aus dem Innern der Kapuasländer bis zu ihm gedrungen war, eine Menge Reis, welche der Summe von siebenhundert Pfund Sterling entsprach. Ein zweites heiliges Gefäss seines Besitzthums schätzte er noch weit höher; beide Krüge füllte er stets mit Wasser, fügte Blumen und Pflanzenblätter hinzu und verkaufte dasselbe als Medicin an die Kranken der Umgegend zu so hohen Preisen, dass das Erträgniss in Kurzem den Ankaufspreis der Krüge überstieg. Vielleicht der berühmteste Krug in ganz Borneo ist derjenige, welchen der gegenwärtige Sultan von Brunai besitzt; denn er hat nicht nur alle ausgezeichneten Eigenschaften in besonderem Grade, welche man anderen Djawets zumuthet, sondern vermag ausserdem auch noch zu sprechen. So erzählte der Sultan, dass der Krug in der Nacht vor dem Tode seiner ersten Frau schmerzlich gejammert habe, und dass er vor jedem Unglücksfalle traurige Töne ausstosse. Dieses Phänomen mag vielleicht darin seine Erklärung finden, dass die Luft, über die eigenthümlich geformte Mündung des Gefässes streichend, ähnlich wie an einer Aeolsharfe in tönende Schwingungen versetzt werde. »As a rule, the jar is covered over with gold-embroidered brocade, and seldom exposed, except when about to be consulted. This may account for its only producing sounds at certain times.«[2]) Der Sultan von Brunai, einmal darüber befragt, ob er geneigt sein würde, seinen Zauberkrug um den Preis von zwanzigtausend Gulden zu verkaufen, antwortete, dass keine Summe der Welt ihn dazu veranlassen könnte, sich von diesem unschätzbaren Kleinod zu trennen. Der Glaube, dass Gefässe von einer geheimnissvollen Macht erfüllt sein können, findet sich auch in Indien; bei den Hügelstämmen von Tschittagong werden gegen die Dschinnen Teller als Dämonenbändiger im Krankenzimmer aufgehängt. (Riebeck.) In einer Nummer des Baseler evangelischen Missions-Magazins[3]) ist über die Djawets folgende Stelle enthalten: »Auch unter ihnen (den Dayaks) finden sich Ruinen von Buddhatempeln. Eine Erinnerung

---

[1]) St. John, a. a. O., I, p. 39.
[2]) St. John, a. a. O., I, p. 409.
[3]) Evangelisches Missions-Magazin. XXXIII. Jahrgang. Basel, April 1889, p. 167. 168.

an den alten Glauben haben sie nicht mehr. Unbewusst pflegen sie dieselbe aber in der Hochschätzung antiker Vasen ohne Henkel, mit Abbildungen von Blumen und Drachen, die je nach dem Alter mit 8000—10.000 Mark in Goldstaub bezahlt werden. Sie werden im Gemeindehause aufbewahrt und man führt um ihren Besitz blutige Kriege. Zu manchen derselben werden von überall her Wallfahrten angestellt, da man bei ihnen Hilfe gegen Krankheit und Bezauberung sucht. Da diese Gefässe auch in Java und Sumatra vorkommen, ist nicht zu zweifeln, dass es buddhistische Reliquienkrüge sind, deren Bedeutung längst vergessen ist.« Dagegen ist zu bemerken, dass die Djawets keine henkellosen Vasen sind, dass Abbildungen von Blumen nicht zum wesentlichen Decor derselben gehören, dass die Bezahlung des Ankaufspreises keineswegs in Goldstaub erfolgen muss, dass heilige Krüge nicht nur im »Gemeindehause«, sondern in jeder dayakischen Wohnung verwahrt gefunden werden können, und dass endlich das Vorkommen derselben auf Java und Sumatra — die übrigen Fundorte verschweigt der Verfasser des citirten Artikels — den Schluss in keiner Weise rechtfertigt, diese Gefässe seien aus diesem Grunde als buddhistische Reliquienkrüge zu betrachten, wozu noch beigefügt werden muss, dass in der ganzen über diesen Gegenstand existirenden Literatur niemals von berufener Seite eine ähnliche Aufstellung versucht wurde.

TÄTOWIREN.

TÄTOWIREN.

Die Sitte des Tätowirens ist auf der ganzen Erde verbreitet; da aber der Hautschmuck, wenn durch Kleidung verdeckt, seine Bedeutung verliert, so erklärt es sich, dass die Bewohner heisser Gegenden davon einen umfassenderen Gebrauch machen.[1] »Je weniger sich ein Mensch bekleidet, desto mehr tätowirt er sich, und je mehr er sich bekleidet, desto weniger thut er letzteres.«[2] Wenn auch die Tätowirung vorzugsweise aus Schönheitsrücksichten erfolgt, was schon daraus hervorgeht, dass die Verzierungen, welche der Haut imprägnirt werden, im Wesentlichen mit denjenigen übereinstimmen, die im Decor der Gebrauchsgegenstände der betreffenden Völker auftreten, so ist sie doch auch eine primitive Art der Zeichenschöpfung, und man kann sie als den unbehilflichen Anfang einer Bilderschrift betrachten[3], wie ja alle Schrift schliesslich auf bildliche Darstellung zurückführt. Die Tätowirung ist ein häufig mit abergläubischen, damit verknüpften Vorstellungen einhergehender und in der Regel an ein gewisses Alter oder an eine gewisse Zeit gebundener Brauch, dessen Ausübung nicht selten mit bestimmten, religiösen Ceremonien zusammenhängt.[4] Die mehr oder weniger kunstreiche Ausbildung der Tätowirpaterne ist bei den einzelnen Völkern im folgerichtigen Zusammenhange mit der Geschmacksentwicklung und nach dem jeweiligen Stande der grösseren oder geringeren zeichnerischen Geschicklichkeit ausserordentlich verschieden. Von den malerischen und figurenreichen, in die Haut eingestochenen und farbig imprägnirten Bildern, womit einzelne Classen der Japaner ihren Körper bedecken, und von dem damastartig wirkenden Hautdecor der Bewohner Formosas bis zu den verständig gruppirten Gesichtsvoluten der Neu-Seeländer und dem einfachen Stirnkreuz der Abars in Hinterindien kann man eine reiche Scala vielgestaltiger Abstufungen beobachten. Während auf Java und Sumatra die Cultur der Reiche Madjapahit und Menangkabau die Tätowirkünstler zurückgedrängt hat, so dass nur noch die minder »barbarische« Sitte der Körpermalerei siegreich das Feld behaupten konnte,

---

[1] Lubbock, Die Entstehung der Civilisation, deutsch von Passow. Jena 1875, p. 51.
[2] Wilh. Joest, Tätowiren, Narbenzeichnen und Körperbemalen. Berlin 1887, p. 56.
[3] E. B. Tylor, Einleitung in das Studium der Anthropologie, deutsch von Siebert. Braunschweig 1883, p. 283.
[4] Otto Caspari, Die Urgeschichte der Menschheit. Leipzig 1873, II, p. 238.

tätowiren heute noch in den uns hier interessirenden Gebieten die Bewohner von Seram und Ambon, sowie die Eingebornen des Kei-, Aru- und Tenimber-Archipels. Die eifrigsten Verehrer der Tätowirnadel im ganzen malayischen Inselgebiete sind aber wohl die Autochthonen Borneos. Die Tätowirkunst ist nicht bei allen Dayakstämmen in gleicher Weise beliebt und ausgebildet. Sehr gebräuchlich scheint sie bei den südöstlichen Biadjustämmen zu sein, von welchen C. den Hamer mittheilt, dass fast alle, die er sah, tätowirt gewesen seien. »Het meerendeel der Biadjoe van verschillenden leeftijd, die ik zag, was getatoueerd, schijnbar op uiteenloopende wijze. Ik heb echter bemerkt, dat deze eindelooze verscheidenheid haar oorzaak had in het meer of minder afgewerkt zijn der patronen.«[1]) So hat C. den Hamer Leute angetroffen, die allein die Form »bunter« auf der Wade hatten und die auch keine Absicht verriethen, sich weiter tätowiren zu lassen; wieder andere hatten blos die Form »manok« auf den Armen. In den Küstengegenden, wo immer die Ursprünglichkeit des Volkes am schnellsten schwindet, haben viele diese alte Sitte ihrer Vorfahren ganz aufgegeben; in den Oberlanden besteht sie jedoch ungeschwächt fort. Sobald ein Biadju aus den Kinderjahren tritt und in das Alter gelangt, in welchem die Sitte ihm gebietet, einen »tjawat« um die Lenden zu gürten, ist für ihn auch die Zeit angebrochen, sich der Tortur der Tätowirnadelstiche zu unterziehen. Der »panutang«, das ist der die Operation verrichtende Tätowirkünstler, hat dazu nichts nöthig als ein kleines Stäbchen mit umgebogener, sehr scharfer Spitze und ein Hämmerchen von leichtem Holze. Das kleine Stäbchen heisst »tantu«, in welchem Worte wir mit einem eingeschobenen n die Wurzel »tatu« für »tatuiren«, tätowiren (»tutang«) wiederfinden.[2]) Bei den Olo ngadju heisst der Stift, der zum Tätowiren gebraucht wird, »pantok«. In der altdayakischen Priestersprache (basa sangiang) bedeutet »bapatik« tätowirt. Am Kapuas wird das Tätowirwerkzeug, welches aus einem runden, beiläufig 20 Cm. langen, mit scharfgeschliffenen feinen Eisendrahtspitzen besetzten Stäbchen besteht, »ukir« genannt; statt des Hammers bedient man sich dort eines zweiten, sehr leichten Stäbchens, womit man durch Klopfen das Eindringen der zarten Spitzen in die Haut bewerkstelligen kann, worauf die frischen Wunden mit dem blauen Wurzelfarbstoff »bua tanna« eingerieben werden. (Dr. Bacz.) Der Beginn der Operation besteht darin, dass der »panutang« von der Paterne, welche er darzustellen gedenkt, eine Vorzeichnung mit Damarruss und Goldstaub auf der Haut entwirft. Der zu Tätowirende ist zunächst in knieender Stellung nach vorne gebeugt, da an der Schwellung des Wadenmuskels das erste Muster angebracht wird; doch kann in einer »Sitzung« immer nur ein kleines Stück der Zeichnung ausgeführt werden, da die Bearbeitung des Körpers mit den Nadeln in hohem Grade schmerzhaft ist; das Aushalten dieser Martern, ohne einen Schmerzenslaut hören zu lassen, »is stellig een eer«. Die in eine Mischung von Russ und Wasser getauchte Spitze des »tantu« macht kleine Wunden in das Fleisch, von welchem das hervorquellende Blut weggewischt wird mit »fijn gestampte

---

[1]) C. den Hamer, Iets over het tatoueeren of toetang bij de Biadjoe-stammen in de Z. O. afd. van Borneo. Tijdschrift voor indische taal-, land- en volkenkunde 1885, XXX, p. 452.
[2]) Joest, a. a. O., p. 6.

njamoe vezelen (een boombast waarvan in de bovenlanden baadjes worden gemakt) bij wijze, van borstel of spons saamgebonden«. (C. den Hamer, p. 453.) Nach der Operation sind die verwundeten Theile geschwollen und entzündet; sie werden mit Salz eingerieben und erhalten dann eine weisslich-graue Farbe, wie sie die Haut von solchen aufweist, welche an der Schuppenkrankheit (Ichthyosis, Kurab) leiden; später verändert sich die Farbe allmälig und wird zum Schlusse ein unauslöschliches tiefes Blau, welches die Biadjus babilen, das ist schwarz nennen. (Vergl. die Anmerkung auf Seite 92.) Umschläge von erwärmten Pisangblättern wirken schmerzstillend und unterdrücken das Anschwellen. Die erste Form, welche in keiner Verbindung mit den übrigen Figuren steht und, wie bereits erwähnt, auf dem dicken Theile der Wade angebracht wird, heisst »bunter«; sie besteht aus einem Kreise mit einem Radius von beiläufig 5 Cm., der durch gleichweit von einander abstehende, auf einander normal errichtete Sehnensysteme schachbrettartig gemustert wird; dieses Schachbrettmuster ist jedoch nur in sehr sorgfältig ausgeführten Tätowirungen deutlich zu erkennen; bei solchen, wo die Striche zusammenfliessen, gleicht das ganze Gebilde einem dunklen Flecke oder Pilaster. Nach den Waden kommen die Arme an die Reihe. Auf jedem Arme sind fünf »manok«; zwei auf der Innen- und drei auf der Aussenseite. Die Form »manok« besteht aus einer Spirale mit mehreren gleichweit von einander abstehenden Windungen, wovon nach allen Seiten in gleichen Entfernungen Strahlen ausgehen. »Waar de stralen (rioeng) de eerste lijnen (pating) snijden, worden krulletjes aangebracht in den vorm van de bovenste helft van een vraagteeken. De krulletjes vormen ook weer lijnen, die ± 2 m. M. breed zijn met eenigzins onbepaalde grenzen. De „rioeng" worden na de „pating" getrokken.« (C. den Hamer, p. 454.) Jede »manok«-Form wird auf dieselbe Weise dargestellt und hat beiläufig die Gestalt eines Flügels; die in der Gegend des Handgelenkes ist die kleinste; die zweite läuft fast bis an den Ellenbogen, und die dritte erreicht eine Ausdehnung von 14 Cm. Die erste und zweite werden zur selben Zeit angebracht; die dritte erst später, da die Operation zu viel Schmerz verursacht. Vom Handgelenke bis zur Hälfte des Oberarmes werden zwei parallele gerade Linien gezogen, die circa 2 Cm. von einander entfernt sind. Der Raum zwischen diesen Geraden wird mit einer aus etwa zwanzig Elementen bestehenden, rhythmischen Reihe der Form »matan punai«, welche ein mit einem kräftig markirten Mittelpunkte versehenes Rhombus darstellt und wahrscheinlich Knöpfe einer Jackennaht bedeuten soll, ausgefüllt. »Tusschen de 5 „manoek" is een aanvulsel, dat „saran pimping" genoemd wordt en beteekent „tusschen de randen". Ik heb ook gehoord „sala pimping". (In het Bandjareesch is sala, tusschen.)« (C. den Hamer, p. 454.) Um das Handgelenk ist ein Band aus Reihungen der Rhombenform »matan punai« gelegt, dessen Rand durch eine Bordüre der Form »duhin bambang« (Taf. 1, Nr. 9), welche auch am Halse vorkommt, eingefasst wird. Sobald die Tätowirmuster am Arme beendet sind, welche die Haut fast vollständig überziehen, folgt die »turus usok«. (turus = Stiel, Stock; usok = Brust.) Diese Form besteht aus drei parallelen Linien, die am Nabel beginnen und sich der Richtung des Rectus abdominis entlang über den Bauch und über das Brustbein bis zur Halsgrube ziehen; sie werden beiderseitig flankirt von zwei Geraden, welche am Nabel 4 Cm. und in der Höhe der

Brustwarzen, wo sie in der Form »manok usok« enden, 7 Cm. Abstand von der »turus usok« aufweisen; sie heissen »turus takolok naga« (takolok = Kopf). Eine nun folgende Figur ist die »naga«, welche zwei einander mit geöffnetem Rachen gegenübergestellte, in der Höhe der Herzgrube angebrachte Drachenköpfe mit langen, spitzen Zähnen und hervorgestreckter Zunge vorstellt, welche an der Stirne (analog dem chinesischen Drachen) ein Horn tragen. Der freibleibende Raum zwischen den Drachenköpfen und der Form »manok usok« in der Höhe der Brustwarzen wird mit »pating« und »riung« ausgefüllt und erhält den Namen »dawen biru«, das ist Blatt eines »biru«-Strauches. »Op de borstspier is dus de „manoek oesoek'. Deze „manoek' wordt evenals op den arm met „pating' en „rioeng' gevuld. De vorm gelijkt op een ‚samban', een bekend borstsieraad, door de inlandsche jeugd aan een koord om den hals gedragen.«

C. den Hamer sah viele Biadjus, bei denen diese Form noch nicht angebracht war, und vermuthet, dass die Darstellung dieser Paterne wahrscheinlich zu viel Schmerz verursache. Die »manok usok« wird durch die »turus usok« in zwei gleiche Hälften getheilt. Die Form »tambuleng tuso« (tuso = Brustwarze) ist ein Kreis, welcher mit einem Radius von 3 Cm. um die Brustwarze herumgelegt wird. Am vorderen Theile des Rumpfes kommt noch die Form »batang rawing« vor, die aus einer Linie besteht, welche oberhalb des Tjawat beginnt, parallel mit dem »turus takolok naga« bis zur Höhe des Schultergelenkes nach oben läuft, um daselbst in der Form »dawen baha« (baha = Schulter) zu endigen. Die Form »dawen baha« füllt den Rest des Oberarmes bis zum dritten »manok« aus. Der Halsrand wird durch die Figur »bowok sapui« geschmückt, welche an der Halsgrube beginnt, fast parallel mit der ersten Hälfte des Schlüsselbeins verläuft und sich dann wie ein Kragen um den Nacken legt; die obere Begrenzung wird durch Reihen von »matan punai« und »duhin bambang« gebildet, deren Darstellung auf den Halsmuskeln wohl einer Folter gleich zu achten ist. Ausserdem stehen im Nacken noch zwei bis zu den Haaren aufstrebende Linien »rampai baha«, welche bei einigen Bergstämmen des Innern noch weiter verlängert, die Ohrmuschel umranden und über die Schläfen gegen die Wangen ziehen, wo sie die Höhe des Jochbeins durch eine schöne Spirale markiren.

Auch der Rücken wird tätowirt. Längs der Wirbelsäule ziehen vor der Halspaterne bis zum Tjawat fünf parallele Gerade, ähnlich der »turus usok« am Vordertheil des Rumpfes; diese Form heisst »batang garing«; die ganze durch den Kapuzenmuskel bedeckte Fläche des Rückens wird durch auseinanderlaufende, spiralenbesetzte Strahlenbüschel gemustert, welche vom Halsrande gleich einem Fransenmantel herniederhängen. Sechs in der bereits angegebenen Weise ausgeführte »manok«-Formen, mit »saran pimping« gefüllt, decoriren den übrigen Theil des Rückens bis an den Tjawat.

In den Oberlanden am Manuhingflusse im Kahayangebiete wird auch eine Form »penyang«, aus zwei parallellaufenden Zickzacklinien gebildet, als Paterne angewendet; »penyang« ist der Name der aus Zähnen, Wurzelstücken, Zaubersteinen und sonstigen Amuletten bestehenden Mandaubehänge. Am Handrücken kommen verschiedene Formen vor: Streifen, Dreiecke, C- und S-förmig gekrümmte Spiralen; doch gibt es unter den Biadjus auch solche, welche kein einziges Zeichen an den Händen tragen. Die Frauen der

Ot danum lassen sich das Bein in der Gegend des Schienbeins vom Knie bis zur Fusswurzel durch zwei parallele mittelst Querstreifen verbundene Linien verzieren, und auch von der Form »bunter« am Wadenfleische läuft eine Linie mit Querhaken bis zur Ferse, welche »ikoh bayan« genannt wird; die auf dem rechten Bein heisst überdies »bararek«, die auf dem linken Bein »dandu tjatjah«. Tapfere Streiter tragen eine solche Verzierung als Distinctionszeichen am Ellenbogengelenke. Die Biadjus sagen, die Tätowirmuster dienen als Ersatz für die Kleidung und verwandeln sich im Jenseits in Gold.[1] »Het laat zich begrijpen, dat bij verschillende stammen niet dezelfde prijzen betaald worden aan den ‚panoetang'. De volgende opgave geeft eenig denkbeeld van die prijzen. De ‚boenter' kost 25 cts; de ‚toekang langit' op de hand 10 cts; de ‚toeroes oesoek' f 1; de beide draken f 2; de manoek oesoek f 2; de dawen baha, zoo ook de linker- en rechterarm, f 4, de hals f 1. Van de overige vormen is mij de prijs niet bekend.« (C. den Hamer, p. 457.)

Das British Museum zu London besitzt die Abbildung einer Priesterin des Stammes der Tring-Dayaks, deren Körper mit einer Tätowirpaterne bedeckt ist, welche das Aussehen fiederblätteriger Zweige aufweist; »in fact tattooing breeches upon the body. In spite of a thousand years at least, perhaps much more, of Indian religion and influence, every male Burman is thus adorned. In Borneo among certain tribes the women have precisely the same decoration.«[2]

Fig. 90.
Paterne der Dayak-Tätowirung.
Vgl. Text, S. 147.

Eine Vergleichung der wenigen zuverlässigen Abbildungen dayakischer Tätowirpaternen mit dem Decor der bei diesem Volke in Verwendung stehenden Gebrauchsgegenstände zeigt, dass die Verzierungstypen da wie dort identisch sind, oder dass doch dasselbe Decorationsprincip in beiden Richtungen zur Geltung gelangt. Wir finden auch in der Tätowirung der Dayaks dieselben einfachen geometrischen Reihenschemata, welche die Verzierungsweise ihrer Textilproducte kennzeichnen, und wir sehen diese meist geradlinigen Elementarformen in Verbindung gesetzt mit freicurvigen Bildungen, mit C- und S-förmig gekrümmten Spiralen, wie solche an den Schnitzereien und Bambusritzungen auftreten. Namentlich tritt hier die bereits früher besprochene eingehängte Spirale in vielfacher Anwendung auf. (Vergl. Fig. 90.) Der bei den meisten Dayakstämmen verbreiteten Sitte des Tätowirens wird von fast allen Schriftstellern, welchen wir Nachrichten über dieses Volk verdanken, Erwähnung gethan. So berichtet Dr. Leyden,[3] »the Dayak wear no cloths but a small wrapper round the loins, and many of them tattoo a variety of figures

---

[1] »Viele (Dayaks am Katingan) sind derartig tätowirt, dass man meinen sollte, sie hätten eine bläuliche Jacke mit Spitzenkragen an; es herrscht nämlich der Wahn, dass die Tätowirten im Jenseits einen goldenen Anzug erhalten.« Hendrich's Bootreisen auf dem Katingan in Süd-Borneo. Mitth. d. geogr. Gesellsch. zu Jena, VI. Bd., 1888, p. 102.

[2] Yule in A. W. Buckland, On tatooing. Journal of the Anthropol. Institute of Great Britain and Ireland, vol. XVII, Nr 4, May 1888, p. 322.

[3] Dr. Leyden, Sketch of Borneo. Transactions of the Batavian society of arts and sciences, vol. VII, 1814, XI, p. 56.

on their bodies«; in Radermacher¹) lesen wir, »de mannen beschilderen zich met allerhande figuuren, by de heidensche natien van dien oord, en om den Oost van Indië, gebruikelyk;« in der Zeitschrift für Niederländisch-Indien²) heisst es: »de mannen zijn van den hals tot aan de enkels getatoueerd, zoo dat men, hen ziende, zoude zeggen, dat zij een tijnen dolman en hongaarsche rijbroek aan hebben«, und von den Dayaks von Bandjermasin wird erzählt,³) »tatooing is very general amongst them (the Dyaks in the North West of Borneo do not tattoo, although the Kayans do) and the flowers, circles, and other dark figures which they paint with great care, give a good effect to their slender and mostly muscular persons, which are wholly divested of all clothing.« Den Bewohnern des Kapuas wird nachgerühmt, dass ihre Tätowirungen »wundervoll schöne Arabesken« zeigen; die Dayakstämme im Barito-Gebiete tätowiren Füsse, Hände, Schenkel, Hals und Nacken, doch variiren die Muster unter den verschiedenen Stämmen in jeder Hinsicht stark; »im Dusson Ulu thun es die Frauen gar nicht; an der Quelle der Teweh wird der ganze Oberschenkel oder der Fussrücken und im Kapuas der halbe Nacken und die Brust tätowirt«;⁴) St. John theilt mit, dass die Kayanfrauen ausnahmslos diesen Hautschmuck tragen, »when bathing, their tatooing makes them appear as if they were all wearing black breeches«.⁵) Auch bei den Dayaks von Kutai ist die Sitte des Tätowirens allgemein herrschend, mit Ausnahme jener von Longbleh, und die daselbst verwendete Paterne zeugt von Geschmack und Kunstverständniss.⁶) Die Zeichen, welche, wenn sie schwieriger sind, von Sachverständigen ausgeführt werden und die auf den Körpern der Frauen in der Regel kunstreicher ausgestaltet sind als auf jenen der Männer, bedecken Hände und Füsse, Arme und Schenkel, Brüste und Schläfen. Die Tätowirkünstler schneiden die Paterne, welche sie auf der Haut anzubringen beabsichtigen, vorerst in Holz aus und übertragen sie sodann langsam und sorgfältig — oft erst in einer langen Reihe von Sitzungen — vermittelst eines zugespitzten und in ein präparirtes Pflanzenpigment getauchten Bambustäbchens. Knaben werden mit dem Eintritte der Pubertät tätowirt; bei den Mädchen geschieht dies, sobald sie heiraten wollen.

Bei den Tundjung-Dayaks findet man viele, die nicht tätowirt sind; manche tragen nur ein eingezeichnetes Kreuz auf dem Arme; auch die Männer der Trings haben meist nur ein kleines Zeichen an den Armen oder an der Wade; die Frauen jedoch, welche, wie überall in der Welt, so auch hier dasjenige, was sie für eine Zierde ihres Körpers halten, selbst unter Erduldung von Schmerzen und Entbehrungen zu erlangen trachten, sind an Schenkeln, Händen und Füssen reichlich mit blauen Mustern bedeckt. Am Lawaflusse fand Bock

---

1) J. C. M. Radermacher, Beschrijving van het eiland Borneo. Verhandelingen van het Bataviaasch genootschap der kunsten en wetenschappen, II, 1780, p. 111.
2) M. S. Iets over de Dajakkers. Tijdschrift voor Neêrland's Indië, I. Jaargang, 1838, deel I, p. 40.
3) Some remarks on the Dyaks of Banjarmassing. Journal of the Indian Archipelago and Eastern Asia, vol. I, p. 30.
4) Dr. H Breitenstein, Aus Borneo. Mittheilungen der k. k. geographischen Gesellschaft in Wien 1885, XXVIII, p. 252.
5) St. John, a. a. O., I, p. 112.
6) Vergleiche hiezu Tafel 11 und 20 in Bock, Unter den Cannibalen auf Borneo. Jena 1882.

Dayakfamilien, bei Jenen die Männer durch ein kleines Stigma an der Stirne ausgezeichnet waren. Im Allgemeinen kann man annehmen, dass die Tätowirpaterne bei den Dayakfrauen reicher und zierlicher ist als bei den Männern. Am meisten ausgebildet ist dieser Brauch vielleicht bei den Frauen der Longwai- und der Tringstämme, »welche die Moden fast aller übrigen Stämme an sich vereinigen«.[1]) Namentlich ist daselbst der Handrücken mit einem durchaus edel componirten, symmetrischen, kunstreich ausgeführten Decor geschmückt. Wenn erst einmal in Gestalt zahlreicher, gewissenhafter und allgemein zugänglicher Aufnahmen der verschiedenen Paternen durch kunstverständige Reisende ein vollständigeres Materiale für die Bearbeitung dieses wichtigen Themas geschaffen sein wird, dann wird auch die Behandlung dieser Frage in einer weniger skizzenhaften und compilatorischen Weise ermöglicht sein, als ich sie in diesem kurzen Abriss zu geben vermochte.

1) C. Bock, a. a. O., p. 216.

SCHLUSSWORT.

SCHLUSSWORT.

In den vorhergehenden Abschnitten habe ich versucht, die einzelnen Zweige der dayakischen Kunst, soweit sie aus den mir zugänglichen Arbeiten dieses Volkes beurtheilt werden können, nach ihren Besonderheiten zu analysiren und den ästhetischen Werth der denselben eigenthümlichen Bildungen hervorzuheben. Es hat sich gezeigt, dass die Aboriginer Borneos der Ausübung jeglicher Art von bildender Kunst mit Liebe, Ausdauer und Geschicklichkeit ergeben, und dass selbst ihre primitivsten Schöpfungen selten einer veredelnden Formgebung oder einer schmückenden Zuthat gänzlich bar sind. In Bezug auf ihre Bauthätigkeit folgen sie den Principien des Pfahlbausystems und sind hierin vollständig den Traditionen getreu, welche Ostasiens gesammte Architektur seit den ältesten Zeiten geleitet haben, wovon Spuren selbst im Hausbau der civilisirten Japaner heute noch zu erkennen sind. Ihre Bildschnitzereien und sonstigen plastischen Arbeiten sind zahlreich, durchaus religiösen Ursprungs und fast immer in der abergläubischen Absicht verfertigt, aus irgend einer erhofften geheimnissvollen und zauberkräftigen Wirksamkeit derselben Vortheil zu ziehen; dem ästhetischen Werthe und der formalen Durchbildung nach stehen sie auf jener Stufe primitiver Darstellung, welche für die plastischen Götzengestalten der meisten Völker eines ähnlichen Civilisationsgrades allgemeine Geltung besitzt. Die Hervorbringungen der Malerei tragen ein mehr eigenartiges Gepräge und ist ein denselben anhaftender Zug nach phantastischer Grösse und abenteuerlicher Ungewöhnlichkeit unverkennbar; die Objecte derselben, obschon in der Ausführung originell und charakteristisch, weisen in Bezug auf Gegenständlichkeit und Art der Conception auf Analogien oder sinnverwandte Bildungen hin, die uns auf dem asiatischen Festlande begegnen. Ein hervorstechender Verwandtschaftszug, welchen die Dayaks mit den übrigen Völkerstämmen Ostasiens gemein haben und der mit einer gewissen Einschränkung eine Besonderheit des ganzen Orients kennzeichnet, liegt in dem Dominiren der Kleinkünste, welche hier an Bedeutung die Gesammtheit aller übrigen künstlerischen Hervorbringungen weit hinter sich lassen. Diese decorativen Schöpfungen, welche alle Gebrauchsgegenstände mit zierlichem Ornamentgeflecht und vielgestaltigem Arabeskengerank überspinnen, legen Zeugniss ab für den unbezähmbaren Kunsttrieb und die unermüdliche Schaffensfreude ihrer Verfertiger; die dabei verwendeten Formen sind theilweise voll ursprünglicher Eigenartigkeit, theilweise zeigen sie Umbildungen überkommener Motive oder eine mehr oder weniger weitgehende Aehnlichkeit mit der Compositionsweise stammverwandter Völker. Diese Uebereinstimmungen erklären sich aus der annähernden Gleichartigkeit der Lebensbedingungen und Lebensbedürfnisse, aus der beiläufigen Ebenbürtigkeit der Civilisationsgrade, aus der Aehnlichkeit des zur Herstellung der Gebrauchsgegenstände verwendeten Materials, aus der Verwandtheit der technologischen Processe wegen der geringen Anzahl und primitiven Beschaffenheit der üblichen Werkzeuge, endlich aus der Einwirkung ausserhalb dieses Kreises stehender Culturvölker, deren überlegene Leistungen, zur Bewunderung und Nachahmung reizend, sich vorbildliche Geltung und durch fortgesetzte Uebertragung Eingang bis in die entlegensten Gebirgsthäler und bis in die dichtesten Urwaldwildnisse verschafft haben. Diese fördernden, veredelnden und künstlerisch befruchtenden Einflüsse gliedern sich, soweit man sie aus den Objecten und deren decorativem Charakter herauslesen und soweit man sie geschichtlich zurückverfolgen kann, nach drei Richtungen: sie weisen auf die Araber, auf die Hindus und auf die Chinesen hin. Ich habe schon in den einzelnen Abschnitten bei Besprechung der bezüglichen Formen gegebenenfalls Decorverwandtschaften bestimmter Art hervorgehoben und besonders charakteristische Aehnlichkeiten in manchen Fällen auch durch überzeugende Illustrationen belegt. Selbstverständlich war ich dabei genöthigt, mich, um den Umfang dieser Abhandlung nicht übermässig zu erweitern, nur auf verhältnissmässig wenige Beispiele zu beschränken, und es wird jedem Kundigen klar sein, dass sich die Anzahl der ornamentalen Parallelen sehr bedeutend vermehren liesse; es musste mir aber an dieser Stelle mehr um den allgemeinen Hinweis als um erschöpfende Detailnachweisungen zu thun sein. Die Geschichte Borneos, obwohl, namentlich was die älteren Perioden derselben betrifft, dunkel und nur in beiläufigen Umrissen festgestellt, lässt doch die tiefgreifenden Einflüsse erkennen, welche von Arabern, Hindus und Chinesen zu verschiedenen Zeiten auf die eingeborne Bevölkerung dieser Insel ausgeübt wurden.

Was zunächst die Araber betrifft, so wissen wir, dass dieselben bereits im neunten Jahrhundert unserer Zeitrechnung Indien und China besuchten und ihre Züge auch bis auf die Inseln des malayischen Archipels ausdehnten, von deren blühendem Reichthume sie verlockende Schilderungen entwarfen. (Reinaud, Géographie d'Aboulféda, Introduction p. LIII.) Gewinnsucht, Unternehmungsgeist und religiöser Fanatismus führten schon zu jener Zeit zahlreiche Araber in diese abgelegenen Gegenden; Sumatra, Java und Borneo wurden von den Aposteln des Islâm überschwemmt, welche sowohl durch die Macht der Ueberredung als auch durch die Schärfe des Schwertes ihrem Glaubenssatze: »Es gibt keinen Gott ausser Allâh und Muhammed ist sein Prophet« Eingang zu verschaffen suchten. Wenn auch die Geschichte der Verbreitung des Muhammedanismus auf den Inseln des Archipels wenig sichere Anhaltspunkte bietet, so steht doch so viel fest, dass die Araber daselbst in jenen Tagen eine bedeutende Macht gewannen, welche sie bis in die Gegenwart behaupten[1]); denn noch heute wohnen allenthalben Araber, welche sich dort

---

[1]) Vgl. hierüber C. Snouck Hurgronje, Mekka, Haag, 1889, II, 387, und Hendrich in den Mitth. der geogr. Gesellsch. zu Jena, VI. Bd., 1888, p. 94, 97, 101, 103.

seshaft gemacht haben, und denen als den gründlichsten Kennern des Korân und als den geistesstarken Anhängern des Propheten nur mit tiefster Ehrerbietung begegnet wird. Die meisten inländischen Schiffe sind Eigenthum der Araber und haben arabische Lootsen. Gegenwärtig ist das Ansehen der Araber wahrscheinlich nirgends grösser als auf Borneos Westküste, wo in Pontianak ein arabisches Geschlecht den Thron innehat. Der niederländische Handel hat den Einfluss dieses Volkes etwas erschüttert, aber es gab Zeiten, in welchen die arabischen Glücksucher in den malayischen Staaten die höchsten Stellen bekleideten, Heiraten mit Töchtern aus regierenden Familien schlossen, Fürsten von den Thronen stürzten und sich zu Gründern neuer Dynastien aufschwangen. Die vornehmsten Fürsten von Palembang, Atjeh und Tjeribon, waren auf ihre arabische Abkunft stolz. Besonders charakteristisch für das Ansehen und die Geltung, welche arabisches Blut auf Borneo genoss, ist die Geschichte der Stiftung des Reiches Pontianak durch Scherif Husain ibn Ahmed el Kadri im Jahre 1735.[1]) »The Islams, or Malayans, who now possess the sea-coasts of Borneo (as well as the sea-coasts of all the eastern islands), are said to be colonies from Malacca, Johore etc. planted in the fourteenth century; at this period, according to Mr. Poivre, Malacca was a country well peopled, and was consequently well cultivated.«[2]) Wie gewaltig der Zug der Araber nach dem Osten gewesen sein muss, geht aus einer Stelle in Le Bon's schönem Werke[3]) hervor, wo indirecte Beziehungen zu China in vormuhammedanischer Zeit besprochen und einzelne historische Daten über die Benützung verschiedener Verkehrswege nach Ostasien mitgetheilt werden und wo es unter Anderem heisst: »Alors même, du reste, que nous ne possèderions aucun récit des relations des musulmans avec les Chinois, et que nous ignorerions les rapports des Khalifes avec les empereurs de Chine nous aurions une preuve évidente de l'étendue des relations des musulmans avec les Chinois par ce fait frappant qu'il existe aujourd'hui dans le céleste empire vingt millions de musulmans disséminés dans diverses provinces. La ville de Pékin compte à elle seule 100.000 musulmans et onze mosquées.« In den Memoiren von Tobias aus dem Jahre 1825 wird die Anzahl der Araber und der muhammedanischen Malayen auf der Westküste mit 134.946 Seelen und die der Araber von Pontianak allein auf 319 Seelen angegeben.[4])

Auf den Einfluss der Hindus deuten in Borneo verschiedene Erscheinungen hin, z. B. die Enthaltung von dem Genusse bestimmter thierischer Nahrung, verschiedene Götternamen, die Verehrung einzelner Vogelarten, die noch hie und da bestehende Gewohnheit der Leichenverbrennung und die an manchen Orten vorkommenden Ueberbleibsel hinduischer Götzenbilder. Reste dieser Art befanden sich noch vor wenigen Jahren in der

---

[1]) Vergleiche hierüber Veth's ausführliche Mittheilungen in seinem grossen Werke über Borneo I, p. 240 ff.

[2]) Keppel, a. a. O., I, p. 186.

[3]) Dr. Gustave Le Bon, La civilisation des Arabes, Paris 1884, p. 603, 604.

[4]) »The Arabians began at a very early period to trade to the Archipelago; but these settlers are more considerable for their influence than for their numbers. In 1296, when Marco Polo visited Sumatra, he found many of the inhabitants of the coast converted to Mohammedanism.« Chinese repository, Canton 1844, vol. II, p. 517.

Nähe der Hauptfactorei von Sanggau auf einem Hügel an dem rechten Ufer des Sekayam. Sie bestanden aus einem rohen Ganesa, einem Nandi und einem Linga und wurden 1823 von G. Müller abgezeichnet. Jetzt zeigt die Höhe, worauf sie standen, nur noch Spuren einer Sandsteinmauer. Etwas höher an demselben Ufer findet man einen beschriebenen Stein, Batu sampai, wovon zwei im Wesentlichen von einander wenig verschiedene Zeichnungen von Müller und Henrici existiren, während auf dem jenseitigen Ufer, auf dem sogenannten Monggo batu, noch vor wenigen Jahren ein Haufen rother Backsteine gefunden wurde. Derartige Erscheinungen sind indess auf Borneo keineswegs selten. Dalton sah im Innern von Kutai ähnliche Ueberbleibsel hinduischer Tempel und Pagoden, sowie steinerne und metallene Götzenbilder, die zweifellos hinduischen Ursprung verriethen; von den Eingebornen werden dieselben allerdings consequent als von chinesischen Colonisten herrührend angegeben. Bei der Unsicherheit unserer Kenntnisse über diese Alterthümer und über viele Geschehnisse auf Borneo müsste es vermessen erscheinen, mit einer bestimmten Behauptung über deren Ursprung hervorzutreten; doch erscheint es am natürlichsten, sie mit den Ueberlieferungen aus der Zeit der Colonisation Borneos durch die Hindu-Javanen[1] aus dem Reiche Madjapahit in Verbindung zu bringen.[2] Aehnliche Ueberreste im Passumah-Land auf Sumatra beschreibt Forbes und behauptet, dass die jetzt in jener Gegend wohnende Rasse zu den menschliche Gestalten versinnlichenden Steinbildern unmöglich Modell gestanden haben könne; wer aber diese früheren Bewohner von Passumah waren, oder woher die fremden Künstler kamen, und wozu diese Sculpturen dienten, darüber wagt dieser Schriftsteller keine Entscheidung zu fällen, doch findet er es »ganz gewiss, dass die jetzigen Einwohner solche Kunstwerke nicht verstehen, viel weniger zu Stande bringen können. — Alles, was man aus ihnen schliessen kann, ist dies: dass eine höher stehende Rasse, im Besitze von bedeutenden Kenntnissen und feinem Geschmack, sowie technischer Geschicklichkeit, wie sie die heutigen Bewohner in keinem Theile der Insel besitzen, dieses Land bewohnt hat; aber wer sie waren und wann sie hier wohnten, darüber gibt es keine Ueberlieferungen«.[3] Der indische Einfluss im Archipel ist sehr alten Datums. Als — wahrscheinlich im fünften Jahrhunderte n. Chr. — der Buddhismus nach Java kam, bestanden bereits ausgebreitete Brahmanencolonien, und Borobudur dürfte schon im achten oder neunten Jahrhunderte

---

[1] Wir besitzen unter den Erzeugnissen der malayischen Schrift eine merkwürdige Liste (diese Liste ist abgedruckt in Dulaurier's Collection des principales chroniques Malayes, am Schlusse der Chronik von Pasai, p. 107—109) der zahlreichen Länder und Staaten des indischen Archipels, welche als Lehenspflichtige des Reiches von Madjapahit betrachtet wurden. Insonderheit scheint auch Borneo von den Hindu-Javanen von Madjapahit colonisirt worden zu sein. Wollen wir der Liste voll vertrauen, dann müssen nicht blos Bandjermasin mit Kota waringin auf der Süd- und Sukadana auf der Südwestküste (von welchen Staaten dies allgemein bekannt und durch viele Beweise erhärtet ist), sondern auch Pasir und Kutai auf der Ostküste, Sambas und Mampawa, sowie die Karimata-Inseln auf der Westküste als Colonien und Lehenspflichtige von Madjapahit angesehen werden. Ueber diese tributären Bezirke waren sieben javanische Aufseher oder Patihs gesetzt, die ihre Wohnsitze in Angra, Mampawa, Sambas, Sanggau, Sintang und Mangkabo aufgeschlagen hatten. Die Ueberlieferungen von Sambas lehren deutlich, dass dieser District in früheren Zeiten an Djohore tributpflichtig war.

[2] Veth, a. a. O., I, p. 45.

[3] Forbes, a. a. O., p. 214, 216.

erbaut worden sein. Was den Hinduismus auf Borneo anbelangt, so findet sich für den District Wahu eine überraschende Notiz in Moor, Not. Ind. Arch., 1837, nach welcher »vierhundert Meilen landeinwärts hunderte von Stein- und Bronzedenkmälern liegen, Reste von Tempeln und Pagoden mit hinduischen Inschriften innen und aussen. Ausserdem führt A. B. Meyer eine lange Reihe hinduischer Alterthümer auf, welche in Borneo gefunden wurden, wovon ich nur einige heraushebe: in Kota bangon und Nagara je ein Bronze-Buddha, am Kehamflusse eine Steinfigur, in Sangkulirang drei Sürge mit Inschriften, in Tjandi bei Amuntai Baureste, in Sapauk ein Linga mit Fuss, in Martapura zwei hölzerne Drachenköpfe im Wayangstil, bei Samarahan Stier und Yoni,[1]) in Sarawak hinduische Zieraten von Gold, in Skadau angebliche Reste von Hindutempeln u. s. w.[2]) Ueber die Landdayaks heisst es bei St. John (I., p. 186): »In their refusal to touch the flesh of cows and bulls they add another illustration of the theory that their religion is indirectly derived from the Hindu, or if not actually derived, greatly influenced by their intercourse with its disciples.« Diese Hinweisungen auf die zweifellos feststehende Thatsache, dass ein Hindueinfluss von heute nicht mehr genau zu begrenzendem Umfange[3]) auf Borneo stattgefunden hat, finden ihre Ergänzung in der manchmal bis zu völliger Gleichartigkeit gesteigerten Uebereinstimmung des dayakischen Decors mit dem indischen, wofür insbesondere, wie bereits in dem betreffenden Abschnitte dieser Abhandlung erwähnt wurde, gewisse Textilproducte überzeugende Beispiele liefern.

Von allen fremden Nationen scheinen die Chinesen in frühester Zeit und vor allen Uebrigen Borneo gekannt und besucht zu haben; ihre Beziehungen zu dieser Insel sind wahrscheinlich ebenso alt als die mit dem ostindischen Archipel im Allgemeinen, und diese letzteren weisen, wenn nicht weiter, mindestens bis auf die Zeit der chinesischen Pilgermissionen, das ist bis in das vierte oder sechste Jahrhundert zurück. Die chinesischen Pilgrime gelangten nach den Inseln des Archipels in ihrem Bestreben, die Buddhalehre gründlich zu studiren, und Bücher oder Handschriften, in welchen die Grundzüge dieser Religion in ihrer ursprünglichen Reinheit und Unverfälschtheit enthalten waren, in ihr Vaterland hinüberzubringen. Wir wissen, dass ein chinesischer Reisender, Namens Fa hian, welcher 399 China verliess und dreissig indische Staaten besuchte, die er in seinen Denkschriften beschreibt, im Jahre 414 auf seiner Rückkehr — von einem Sturme verschlagen — in Java anlegte und dort fünf Monate verblieb. (Siehe sein Werk Foë kue ki, wovon 1836 unter dem Titel »Relation des royaumes Bouddhiques« eine Erzählung von Abel Rémusat in Paris herausgegeben wurde.[4]) Man hat vielleicht Grund, Fa hian's

---

[1]) »There is but one more known material remnant of Hindu worship in these countries: it is a stone bull — an exact facsimile of those found in India. It is cut from a species of stone said not to be found in Sarawak: the legs and a part of the head have been knocked off.« St. John, a. a. O., I., p. 238.

[2]) A. B. Meyer, Alterthümer aus dem ostindischen Archipel und angrenzenden Gebieten. Leipzig 1884, p. 22.

[3]) »The natives of Hindostan are found chiefly in the western portion of the archipelago. A large portion of them return to India, but a considerable one also colonizes and intermarries with the natives.« Chinese repository, Canton 1834, vol. II, p. 396.

[4]) Se Fa hian war fünfzehn Jahre von China abwesend; er brauchte sechs Jahre, um nach Indien zu gelangen, sechs Jahre blieb er daselbst und drei Jahre nahm die Rückreise in Anspruch; auf seiner

Besuch als den ersten Anstoss zum frühesten Handelsverkehr zwischen China und Java anzusehen, welcher nach chinesischen Berichten zur Zeit des Kaisers Wen-ti aus der Sung-Dynastie, also zwischen 424 und 453 stattgefunden hatte, später jedoch wieder abgebrochen wurde.

Die frühesten Beziehungen der Chinesen zu Borneo erstreckten sich ebenso wie die der Europäer zuerst auf die Nordküste. Nach den Berichten von Klaproth aus den Annalen der Ming-Dynastie wurde bereits zur Zeit der ersten Tang-Dynastie unter der Regierung Kao-tsung's, also in der Mitte des siebenten Jahrhunderts, ein Staat von Borneos nordöstlichem Theile, Pha-la genannt, von China zur Erstattung regelmässigen Tributs verpflichtet. Marco Polo gibt (1291) eine genaue Beschreibung der chinesischen Dschunken, in welchen die chinesischen Kaufleute nach Indien und nach dem Archipel fuhren; es mag sein, dass damals Borneo als eine javanische Colonie von den Seeleuten als Java selbst bezeichnet wurde, da man von der grossen Ausdehnung und von der reichen Goldproduction spricht, was auf Borneo schliessen lässt. Kurz nach der Reise von Marco Polo (1293) sandte der regierende Kaiser von China, Hu-pi-lai (Kublai-khan), eine Expedition nach dem indischen Archipel und nach Borneo. Unter der Ming-Dynastie, die nach der Vertreibung der Mongolen 1368 den Thron bestieg und denselben bis 1644 innehatte, finden wir einen lebhaften Verkehr mit Pha-la bei chinesischen Schriftstellern besprochen. Es wird da erzählt, dass die Einwohner dieses Reiches die Vorschriften von Sakya strenge befolgen,[1]) dass der König des Landes einen prächtigen Hofstaat halte und ein kostbares goldenes Siegel mit altchinesischen Charakteren führe, welches zufolge der darauf angebrachten Inschrift durch Kaiser Yung-lo (1403—1424) der Dynastie dieses von China abhängigen Inselreiches geschenkt worden war. Man unterschied zwei Theile von Pha-la, nämlich Wen-lai (Brunai) und Ki-li-wen (Kina balo). In einem geographischen Werke der Chinesen heisst es, dass Borneo mit dem Reiche der Mitte im Alterthum noch keinen Verkehr hatte; erst seit der Sung-Dynastie in den Jahren 976 bis 983 brachten Abgesandte von der Insel Tribut nach China, und unter der Ming-Dynastie kamen Eingeborne Borneos an den Kaiserhof, um Geschenke ihres Landes anzubieten. Im vierten Jahre von Yung-lo's Regierung (1406) wurde der Beherrscher des Inselreiches kraft eines Befehles des Kaisers als Vasall Chinas anerkannt und ihm ein kaiserliches Siegel zugestellt. Seit dieser Zeit wurde ohne Unterbrechung an China Tribut gezahlt. Diese chinesischen Berichte finden eine Bestätigung in den inländischen Ueberlieferungen; so erachten sich die Bewohner von Brunai als Abkömmlinge

---

Tour besuchte er auch Sinhalaya, Sinhala oder Ceylon. «Sinhala was formerly, it is said, tenanted by demons and evil genii, alluding evidently to the Hindu legend, of its being the residence of Ravana and the Rakshasas, in which character it appears in the Ramayana. When Foe visited the island he left the impression of his feet, one of the north of the capital, and the other on the top of a mountain. — According to the Cingalese, an impression of the foot of Gautama is visible on the summit of Adam's Peak. In the time of Fa Hian, the supposed site of the other foot-mark was covered by a stately temple, forty chang high, or one hundred and twenty metres.» Wilson, Account of the Foe kue ki, or travels of Fa Hian in India, translated from the Chinese by Rémusat. Chinese repository, Canton 1840, vol. IX, p. 331.

[1]) Sakya Sinha war der Erste, welcher die Vorschriften und Dogmen der buddhistischen Lehre in einer Schrift niederlegte. Veth, a. a. O., I, p. 28 b.

von Chinesen, Malayen und Arabern, und die Annalen von Sulu sprechen von einem chinesischen Heerführer, Songtiping geheissen, welcher 1375 eine bedeutende chinesische Volksmenge nach Borneo führte, sich an den Häfen der Nordküste niederliess und seine Tochter an einen Araber, Scherif Ali, verheiratete. Die Söhne aus dieser Ehe, seine Nachfolger, waren grosse Eroberer und unterwarfen die Philippinen und Sulu-Inseln der Herrschaft von Brunai. Chinesische Berichte erzählen auch von einem auf Pha-lu regierenden Fürstenhause, das aus Fukien stammte. Auch die Chinesen der Westküste behaupten, dass die Dayaks von ihren eigenen Landsleuten, welche durch einen Zufall auf der Insel zurückgeblieben wären, herzuleiten seien. Diese Behauptung scheint auf folgender Legende zu beruhen: Vor vielen Jahrhunderten lebte im Innern Borneos eine Schlange, welche einen Talisman von unschätzbarem Werthe bewachte; der Beherrscher des Himmlischen Reiches, begierig nach dem Besitze dieses grossen Schatzes, schickte eine stark bemannte Flotte aus, um das Kleinod zu gewinnen. Man fand die Schlange schlafend und stellte die Mannschaft in einer bis an die Küste reichenden Kette in einer dichtgeschlossenen Reihe auf, so dass es möglich gewesen wäre, den Talisman von Hand zu Hand bis an den Bord der Dschunke zu bringen. Indessen erwachte trotz aller Vorsichtsmassregeln die Schlange gerade im entscheidenden Augenblicke und blies aus ihrem Rachen so heftig gewaltige Luftströme hervor, dass ein Sturm entstand, welcher die Dschunken von der Küste ins offene Meer hinaustrieb, wodurch die Söhne des Himmlischen Reiches gezwungen wurden, auf dem Eiland zurückzubleiben und unfreiwillig die Gründer eines neuen Geschlechtes zu werden. Nach einer andern Version (Dalrymple, Orient. Repertory, vol. I, p. 559) wird diese Legende auf die Maans des Nordens bezogen, welche ihre Abstammung gleichfalls auf die Chinesen zurückleiten. »The Emperor of China sent a great fleet for the stone of a snake, which hat its residence at Keeney Ballon, the number of people landed was so great as to form a continued chain from the sea, and when the snakes stone was stolen, it was handed from one to another till it reached the Boat which immediately put off from the shore....«[1]) Als die Portugiesen zum ersten Male (1520) auf Borneo landeten, fanden sie die Insel in einem blühenden Zustande. Die Zahl der Chinesen, welche sich daselbst angesiedelt hatten, war eine ungeheure, und die Producte ihrer Industrie, sowie der ausgedehnte Handel, welchen die chinesischen Dschunken vermittelten, gaben jenem Lande ein von dem heutigen Zustande der Verwilderung sehr verschiedenes Aussehen. Pigafetta erzählt, dass die Stadt Brunai allein nicht weniger als 25.000 Häuser zählte, und dass die Einwohnerschaft reich und glücklich war. »Much later accounts describe the numbers of Chinese and Japanese junks frequenting her ports as great; but in 1809 there were not three thousand houses in the whole city, nor six thousand Chinese throughout that kingdom, and not a junk that had visited it for years. But the ports of Borneo have not dwindled away more than Acheen, Johore, Malacca, Bantam, Ternate etc. All these places likewise cut a

---

[1]) Dr. Leyden, Sketch of Borneo. Transactions of the Batavian society of arts and sciences, vol. VII, 1814, XI, p. 58.

splendid figure in the eyes of our first navigators, and have since equally shared a proportionate obscurity. Where the causes required which have eclipsed the prosperity of Borneo and the other great emporiums of eastern trade that once existed, it might be readily answered — a decay of commerce. They have suffered the same vicissitudes as Tyre, Sidon, or Alexandria; and like Carthage — for ages the emporium of the wealth and commerce of the world, which now exhibits on its site a piratical race of descendants in the modern Tunisians and their neighbours the Algerines — the commercial ports of Borneo have become a nest of banditti, and the original inhabitants of both, from similar causes —, the decay of commerce —, have degenerated to the modern pirates of the present day."[1]

Die europäischen Seefahrer des sechzehnten Jahrhunderts haben in den Häfen Borneos, vor Allem in jenen der Nordküste, die deutlichsten Spuren chinesischer Niederlassungen und chinesischer Industrie wahrgenommen. Der blühende Zustand, in welchem die Spanier bei ihrem Besuche Borneo angetroffen, dürfte grossentheils die Folge des Handels mit China gewesen sein. Van Noort meldet (1600) die Anwesenheit von vielen chinesischen Händlern in Brunai, und Bloemaert findet 1609 die Anknüpfung von Beziehungen zu Bandjermasin aussichtslos für die Compagnie, weil der Handel vollständig in den Händen der Chinesen wäre. Valentijn gibt an, dass die Chinesen vor allen anderen Nationen in Bandjermasin den Handel beherrschen, und dass ein ansehnlicher Theil der Bevölkerung aus Chinesen bestehe. Ueber die Chinesen von Brunai gibt Forster 1775 belangreiche Berichte. Er erzählt, dass zur Zeit seines Besuches sieben chinesische Dschunken im Hafen lagen, und dass die Chinesen grosse Massen von Ebenholz, Damarharz, Rottan und Kampher von da ausführten; zahlreiche Colonien von Chinesen beschäftigten sich daselbst mit der Pfeffercultur und fast die ganze Industrie war in ihren Händen. »When the English were at Banjermassing in 1702, four junks arrived during the monsoun with cargoes of porcelain ware, China silk, tea pots, umbrellas etc. which were brought by the Javanese merchants and by the Chinese from Samarang. These junks took return cargoes of pepper. Roggewein in 1721 mentions the large fleets of China junks, laden with the commodities of that empire, which annually arrive in Borneo. (Notices of the Chinese intercourse with Borneo proper, by J. R. Logan, p. 613.) Mr. Crawfurd (Singapore Chronicle, Dec. 1824) says, that when the trade was in activity 2 junks came yearly from Shanghai, 2 from Limpo, 2 from Amoy, 1 from Canton and 2 Portuguese ships from Macao."

Nach der Entdeckung der Goldlager riefen die malayischen Fürsten Chinesen in das Innere, um ihnen die Bearbeitung der Minen zu übertragen. Man behauptet, dass die Panembahans von Mampawa, die wahrscheinlich von der Geschicktheit der Chinesen zur Minenarbeit gehört hatten, die ersten waren, welche eine Anzahl chinesischer Glücksucher aus Brunai kommen liessen, um Gold am Sungai Duri zu sammeln. Dieser Versuch blieb nicht vereinzelt, und es entstanden bald im Innern der Insel zahlreiche Genossenschaften chinesischer Minenarbeiter. Drei Jahre nach dem Entstehen der Colonie in Sambas zählte man bereits zwölf Genossenschaften in Larah und vierundzwanzig in Montrado, dem Haupt-

---

[1] Keppel, a. a. O., I, p. 387.

orte der Goldsuche, wo sich allein 50.000 Chinesen befanden. (St. John II, 343.) Aus diesen Verbänden sind im Laufe der Zeit nach dem Vorbilde der geheimen Gesellschaften in China die grösseren Vereine oder Eidgenossenschaften von Lan-fong, Tai-kong und Sinta-kiu auf Borneo entstanden. Die Aufnahme in diese Eidgenossenschaften erfolgte genau in derselben Weise wie der Eintritt von Neophyten in den »Himmel-Erde-Verband« in China. Die Anzahl von chinesischen Auswanderern, welche jährlich durch die Dschunken nach Borneos Westküste gebracht wurden, wird mit 1500—2000 beziffert, und obschon diese Zahl seit Jahren in beständiger Abnahme begriffen ist, schätzte man doch noch um die Mitte dieses Jahrhunderts die Zahl der Chinesen in den Minendistricten zwischen vierzig- und sechzigtausend. Die statistischen Daten — namentlich die aus früherer Zeit — können nur einen Anspruch auf beiläufige Geltung erheben; dies gilt insbesonders für die Chinesen, deren Aus- und Einwanderung fortwährenden Fluctuationen unterworfen ist; aber doch wird eine Lectüre solcher Tabellen sofort den bedeutenden Percentsatz erkennen lassen, welcher den Chinesen am Bevölkerungsantheile zufällt. Borneos Gesammteinwohnerzahl schätzt man auf drei bis dreieinhalb Millionen. Für die Westküste stellte Tobias im November 1825 folgende Zahlen auf:

Malayen und Araber	134.946 Seelen
Bugis	11.360
Unterworfene Dayaks	237.720
Chinesen	36.074
Freie Dayaks	80.000

Im Jahre 1836 enthielt der District von Pontianak:

Europäer	22 Seelen
Araber	319 »
Malayen	3.001 »
Bugis	2.211 »
Dayaks	13.391 »
Chinesen	17.693 »

Der Zuzug der Chinesen war in manchen Districten ein so enormer und die dadurch hervorgerufene Bewegung eine so turbulente, dass die malayischen Fürsten sich des Anpralls in vielen Fällen kaum zu erwehren vermochten und bedeutende Einbussen an Macht und Ansehen erlitten. Die Emigration der Chinesen recrutirte sich um die Mitte unseres Jahrhunderts vornehmlich aus den südlichen Provinzen dieses Riesenreiches. Sie erreichte jährlich die Durchschnittsziffer von acht- bis neuntausend Köpfen, wovon zweitausend auf Java abfielen, der Rest vertheilte sich auf Borneo, Sumatra, Rhio und Bangka. »If the Chinese laws were not severely opposed to the emigration of females, Malasia would very soon become a second Chinese empire.«[1])

---

[1] Temminck, The geographical group of Borneo. Journal of the Indian Archipelago and Eastern Asia Singapore 1848, vol. II, p. 444.

Im Jahre 1856 erreichte die Zahl der Chinesen in den Westdistricten 130.000 (nach Earl 150.000) Köpfe. Zu Pontianak und Sambas standen dieselben unter dem unmittelbaren Einflusse des Gouvernements; im Innern waren sie jedoch unabhängiger und schlossen demokratische Vereinigungen, Kongsis, welche nach ihren eigenen Gesetzen und Gewohnheiten durch selbstgewählte Oberhäupter regiert wurden. »Of all foreigners, the Chinese are the most numerous in the archipelago. — Their superior intelligence and activity have placed in their hands the management of the public revenue, in almost every country of the archipelago, whether ruled by natives or European.«[1]) Die Gesammtzahl der Chinesen auf der ganzen Insel wurde im Jahre 1856 auf 500.000 geschätzt. (Chin. repos. IV, p. 310.) Ihre Hauptorte befanden sich im Innern des Landes; aber auch die ganze Küste war mit ihren Niederlassungen besäet. St. John sagt: »There is but one people who can develop the islands of the Eastern Archipelago, and they are the Chinese.«[2]) Im Norden weist eine bedeutende Zahl von Namen auf die Chinesen hin, so Kina benua — das chinesische Land — in Labuan; Kina balo — die chinesische Witwe —, der Name des grossen Berges im Brunaigebiet; Kina batangan — der chinesische Fluss — an der Nordostküste; Kina taki, der Name eines Stromes am Fusse des Kina balo; Kina bangun, ein kleiner Fluss der Nordostküste etc.

Da die Chinesen ohne Frauen auswanderten, so gingen sie häufige Verbindungen mit Mädchen aus dayakischen und malayischen Familien ein, »en het volgend geslacht is reeds geheel tot hunne zeden en gebruiken gevormd«.[3]) Diese Mischlinge bilden eine geschäftige und intelligente Rasse, welche in Bezug auf Erziehung, Religion und Lebensweise immer deutlich die Spuren der Einwirkung des väterlichen Blutes aufweist. »The race are worthy of attention, as the future possessors of Borneo.«[4])

Die Pfefferpflanzungen der Chinesen erstreckten sich oft weit bis in das Innere der Insel und waren häufig sehr ausgedehnt; am Limbang befanden sie sich 80 englische Meilen und am Madihit 150 englische Meilen von der Mündung des Flusses. Die Eingebornen von Tawaran und Tampasuk betreiben den Reisbau ganz nach chinesischer Methode, und es ist zweifellos, dass sie das bessere Verfahren dem Vorbilde und der Instruction von chinesischen Emigranten zu verdanken haben. Der Pangeran tumanggong besitzt eine Genealogie der Beherrscher von Borneo, aus welcher hervorgeht, dass ehemals im Norden der Insel ein grosses chinesisches Königreich bestand.[5]) Zur Zeit von Sir James Brooke gelangten viele Chinesen nach Sarawak; im Jahre 1848 lebten über 600 dort, hauptsächlich mit Goldsuchen und mit der Gewinnung von Antimon beschäftigt; 1856 war ihre Zahl bereits auf 4500 angewachsen, die sich auf Siniawan, Sungai tungah, Kuching etc. vertheilten. Doch ist, wie schon früher erwähnt wurde, in den letzten Jahrzehnten eine beständige Abnahme der chinesischen Einwanderung zu verzeichnen. Die chinesischen Handelsbeziehungen zu Borneo haben sich in demselben Masse vermindert, als der Handel

---

[1]) Chinese repository, Canton 1834, vol II, p. 397.
[2]) St. John, a. a. O., vol. II, p. 313.
[3]) Veth, a a O., I, p. 312.
[4]) Keppel, a. a. O., I, p. 66.
[5]) St. John, a. a O., vol. II, p. 312.

mit den Europäern sich zu entwickeln begann. Der Verlust des commerciellen Verkehrs mit China erschütterte die Wohlfahrt der Insel und das Gedeihen der Einwohnerschaft auf mannigfaltige Weise, und es ist mehr als fraglich, ob die Segnungen der europäischen Civilisation jemals diesen Ausfall vollständig wettzumachen im Stande sein werden. »First, by the circuitous direction of their trade, the gruff goods, as rattans, sago, cassia, pepper, ebony, wax etc. became to expensive to fetch the value of this double carriage and the attendant charges, and in course of time were neglected; the loss of these extensive branches of industry must have thrown numbers out of employment. But the loss of the direct intercourse with China had more fatal effects; it prevented large bodies of annual emigrants from China settling upon her shores; it deprived them of an opportunity of visiting the Borneon ports, and exercising their mechanical arts and productive industry; and of thus keeping up the prosperity of the country in the tillage of the ground, as well as in the commerce of her ports.«[1]) Die chinesischen Colonisten, welche sich in besseren Zeiten und unter günstigeren Verhältnissen auf der Insel angesiedelt hatten, fielen der immer mehr zunehmenden Unsicherheit zum Opfer, starben aus oder verliessen enttäuscht die unwirthlich gewordenen Gegenden. Durch die auf solche Weise entstehende Verarmung und Verödung ihrer Districte wurden die ihrer Einkünfte beraubten Radjas veranlasst, ihre Unterthanen der wenig einträglichen Beschäftigung des friedlichen Ackerbaues zu entfremden, um sich mit ihnen und unter ihrer Anführung einer freibeuterischen Lebensweise hinzugeben, wodurch naturnothwendig die Versumpfung des Landes stetig um sich greifen musste. Es ist einleuchtend, dass die viele Jahrhunderte andauernde, bis in das Herz Borneos eindringende und sehr ausgedehnte Colonisation chinesischer Emigranten, welche sich so intensiv gestaltete, dass diese Insel zu Zeiten fast als eine Provinz Chinas gelten konnte, auf die künstlerische Entwicklung der eingeborenen Bevölkerung unmöglich ohne Einfluss bleiben konnte. Thatsächlich treten uns auch in den decorativen Schöpfungen der Dayaks Formen, welche an chinesische Vorbilder gemahnen, bei bis zur Congruenz gesteigerter Aehnlichkeit so häufig entgegen, dass diese Erscheinung bei einem so einfachen Naturvolke in hohem Grade befremden müsste, würde sie nicht durch den historischen Nachweis der innigen Beziehungen Chinas zu Borneo erläutert. Wie in manchem Betracht, so waren die Chinesen, namentlich im Hinblicke auf die Kunst, die Griechen Ostasiens, und die chinesische Cultur erlangte für die Länder jenes Himmelsstriches ungefähr eine ebenso hohe Bedeutung, wie sie die griechisch-römische Kunst- und Weltanschauung für Europa besitzt. Wenn man nun kurz die Resultirende aus den im Einzelnen durchgeführten Nachweisungen zusammenfasst, so ergibt sich, dass die Hervorbringungen der Dayaks auf dem Gebiete der schönen Künste einerseits eine mehr oder weniger weitgehende Verwandtschaft mit den Leistungen der unter ähnlichen Bedingungen lebenden und auf ähnlicher Stufe der Culturentwicklung stehenden umwohnenden Nachbarvölker, worunter die Battas auf Sumatra zunächst zu stehen scheinen, aufweisen — malayischer Kunststil — und dass ausserdem arabische, indische, vor

---

[1]) Hunt's Sketch of Borneo or Pulo Kalamantan in Keppel, Expedition to Borneo, I, p. 188.

Allem aber chinesische Einflüsse in den künstlerischen Arbeiten dieses Volkes sich unverkennbar und nachweisbar geltend gemacht haben. Trotzdem wäre es gänzlich verfehlt, die dayakische Kunstproduction auf einen simplen Eklekticismus zurückführen zu wollen. In allen Schöpfungen dieses specifisch veranlagten Volkes, selbst in denjenigen, welche bestimmte, fremdländische Vorbilder deutlich erkennen lassen, spricht sich ein eigenartiger Geist aus, der innerhalb der Homogenität der malayischen Kunsterscheinungen seine gesonderte Geltung behauptet. Die Berechtigung, von einem dayakischen Kunststil zu sprechen, ergibt sich schon daraus, dass die Möglichkeit unbestreitbar besteht, Objecte, welche dem Schaffensdrange dieses Volkes ihre Entstehung verdanken, ganz abgesehen von der Form derselben, lediglich nach dem charakteristischen Eindrucke des Decors für Borneo zu localisiren. Ich hoffe mit diesem Satze keine Behauptung aufgestellt zu haben, welcher nicht jeder erfahrene Ethnograph auf Grund eigener Wahrnehmungen beipflichten könnte.

Ich habe bereits in einem andern Abschnitte dieser Abhandlung erwähnt, dass die Dayaks eine leidenschaftliche Vorliebe für Musik an den Tag legen, und dass primitive musikalische Veranstaltungen verschiedener Art bei ihren Festen niemals fehlen; ihre Freude an der Ausübung bildender Kunst steht nach dem bisher Gesagten ausser Frage; aber sie lieben und pflegen ausserdem auch die Poesie, worüber Tromp in einem seiner Aufsätze bezüglich der Maanyans am Barito schätzenswerthe Mittheilungen macht.[1]) Diese Stämme erlustigen sich nicht nur gerne an selbsterfundenen Märchen und Schnurren, sie dichten auch Reiselieder, »enra«, welche von den Männern auf der Wanderschaft gesungen werden, »djondjowai«, Lieder der Frauen, Trauergesänge, »teläi«, Lieder der Priester und Priesterinnen u. s. w. Tromp erzählt, dass die Dayaks ihre von Bildern einer glühenden Phantasie erfüllten Gesänge nur auf einsamen Wegen und bei einsamen Bootfahrten erschallen lassen, »dass es sich aber um Poesie im vollsten Sinne des Wortes handelt, wird Niemand bestreiten«. Zur Veranschaulichung diene ein Beispiel:

»O Tag so traurig, von dunklem Rauch umhüllt!
O Mond, so düster wie verlöschend Feuer!
Traurig liegt der Kahn an der Brücke,
Stille liegt das Schiff am Lande!«...

Oder ein anderes:

»Ach, meine Mutter hat mich gepflanzt an verkehrtem Orte,
Sie hat mich gepflanzet hin in die glühende Sonne;
Ach, da ist kein kühlender Schatten!«

Ein schwermüthiger Hauch, ein leise ausklingender Ton der Klage durchzieht diese melancholischen Lieder, und die naiven Kinder der Wildniss werden unserem Empfinden näher gerückt, wenn wir erkennen, dass ihnen inmitten einer üppigen, grossartigen, verschwenderisch gewährenden Vegetation und unter dem lachenden Himmel der Tropen

---

[1] H. Tromp, Dajaken-Gedichte. Globus, Bd. LIII, Nr. 14, 1888, p. 218.

der Menschheit allgemeines Leid nicht verborgen bleibt; freilich wird uns dadurch das Verständniss der Gegensätze, welche sich in diesen Naturen vereinen, nicht erleichtert. »It really appears that the Dyak character is made up of extremes. As we see them at their homes, they are mild, gentle, and given to hospitality; but when they exchange their domestic habits for those of the warrior, the greatest delight seems to be, to revel in human blood and their greatest honor to ornament their dwellings with human heads ....« [1]) Wohl werden diese grausamen Sitten zum Theile aus religiösen Antrieben, zum Theile aus dem gänzlichen Mangel an geregelter staatlicher Organisation und zum nicht geringen Theile aus dem demoralisirenden Einflusse der malayischen Tyrannen, welche das Volk der Eingebornen seit den frühesten Zeiten herabwürdigten und ausbeuteten, erklärt werden können; aber doch muss zugestanden werden, dass sich auf Borneo in räthselhafter Weise grausamste Barbarei mit einem verhältnissmässig hoch ausgebildeten Sinne für Wahrhaftigkeit, Güte und Schönheit zusammenfinden. Ein Beispiel für die frevelhafte Ausnützung der Dayaks durch die malayischen Radjas gibt eine Mittheilung von James Brooke,[2]) aus welcher hervorgeht, dass die Eingebornen für das Pochen von Antimonerz und für das oft mühsame und beschwerliche Suchen essbarer Vogelnester trotz des hohen Preises, um welchen diese Artikel im Handel weiter begeben werden können, von ihren Aussaugern lächerlich geringe Entlohnungen in Gestalt kleiner Reisquantitäten erhalten, so dass sich für die Letzteren, gering gerechnet, ein Profit von zweitausend Percent ergibt. Aehnlich verhält es sich beim Umtausche von Salz gegen Reis. »One gantang of salt for three or four gantangs of rice, the value of the two articles being fourteen Dollars for a royan of salt, and fifty for a royan of rice! When the chief has reduced the tribe to starvation, he returns the same rice and demands ten peculs of antimony ore for one ruppee's worth of paddy or rice in the husk.« Dass lange andauernde, unwürdige Bedrückung und Erniedrigung den Charakter jedes Volkes mit der Zeit ungünstig beeinflussen und die unter das Joch Gebeugten vor Allem lügenhaft und heuchlerisch machen, ist bekannt; es darf daher Wunder nehmen, dass trotzdem die meisten Reisenden die Offenheit, Rechtlichkeit und unerschütterliche Wahrheitsliebe der Dayaks rühmlich hervorheben, was für die ursprünglich gewiss gute Veranlagung der letzteren Zeugniss gibt. Auch in diesem Betracht besteht zwischen den »wilden Battas« und den Dayaks ein verwandtschaftlicher Zug: »It is undeniable that the Battas as a people have a greater prevalence of social virtues than most European nations. Truth, honesty, hospitality, benevolence, chastity, absence of private crimes, co-exist with cannibalism.« [3]) In der Ausübung der decorativen Künste theilen sich bei den Dayaks die Frauen mit den Männern in der Arbeit, und die Herstellung der textilen Producte liegt vollkommen in den Händen des weiblichen Geschlechtes. Dass an diesen Arbeiten die Ornamentation durch Schönheit, Stoffangemessenheit, Farbenharmonie und weise Vertheilung einen durchaus gewinnenden und anziehenden Eindruck

---

[1]) Chinese repository, Canton 1840, vol. VIII, p. 288.
[2]) Chinese repository, vol. XII, J. Brooke's Notices of Borneo and its inhabitants, p. 172.
[3]) Journal of the Indian Archipelago and Eastern Asia, vol. I, p. 293. (J. R. Logan, The Orang Binua of Johore.)

macht, spricht sehr zu Gunsten der Dayakinnen, welche in diesem Punkte vollkommen selbstständig und nur auf eigenes Können und Verständniss angewiesen sind. Wenn man diese Erscheinungen der Thatsache gegenüberstellt, dass fast alle europäischen Damen sich in Mussestunden mit sogenannten weiblichen Handarbeiten, also auch mit der Verfertigung oder Ausschmückung von Textilproducten beschäftigen, und wenn man erwägt, dass hierzulande kaum die Auserlesensten ihres Geschlechtes im Stande wären, ohne Vorlage, ohne Stickmuster, ohne Vordruck oder Vorzeichnung eine auch nur einigermassen erträgliche Ornamentation zusammenzustellen, ja dass sogar mit Hinzuziehung eines — bis auf die Abzählung der zur Darstellung nöthigen Kreuzstichmenge — sclavisch zu copirenden Originales bei zufälliger oder eigensinnig gewollter Aenderung der Farbenzusammenstellung himmelschreiende, augenbeleidigende Monstrositäten an der Tagesordnung sind, und wenn man weiss, wie urtheilslos diese Arbeiten gemacht werden, so dass heute als hässlich gilt, was man vor einem Jahre mit Eifer und Begeisterung mühsam hervorgebracht und als etwas überaus Reizendes angestaunt hatte, dann muss man zugeben, dass die Ruhe und Abgewogenheit, die edle Einfachheit und harmonische Anordnung der von Dayakfrauen selbstständig geschaffenen Textilornamentik unsere volle, rückhaltlose Bewunderung verdient. Der Umstand, dass in Borneo eine alte Kunsttradition existirt, dass sich gewisse Elementarformen häufig wiederholen, dass einzelne Textilmotive auf Indien zurückweisen, und dass also in den uns vorliegenden Arbeiten dieser Art der Decor nicht immer eine neue und in allen Theilen ursprüngliche Composition ist, ändert nichts an dem Anspruche auf Werthschätzung, welchen die Dayakfrauen für die Arbeiten ihrer Hand erheben dürfen. Denn die freie Disposition über einen durch gründliches Erlernen in gesicherten Eigenbesitz gebrachten Formenschatz und der vernünftige, zweckentsprechende Gebrauch des so erworbenen Könnens geben allein schon künstlerische Qualitäten, über welche auch die Durchschnittsmenge unserer Kunstproducenten nicht hinausreicht, und die bei uns dem weiblichen Geschlechte in der Regel vollständig fehlen. Den Dayakfrauen wird von den Reisenden auch sonst viel Rühmliches nachgesagt, wobei manches für die Kunstentwicklung eines Volkes nicht ganz belanglose Moment gestreift wird.

Vor Allem sind die Dayakfrauen von echter Weiblichkeit in dem Punkte, dass es ausser ihren Männern, ihren Kindern und ihren häuslichen Arbeiten nichts auf der Welt gibt, das für sie von Belang sein könnte. Sie sind keusch ohne alle Prüderie, arbeitsam und sanften Charakters. Ueber die Schönheit der Dayakinnen sind mir verschiedene wohlmeinende Urtheile bekannt; am günstigsten äussert sich darüber Earl (citirt in Veth II, 224): »The countenances of the Dyak women, if not exactly beautiful, are generally extremely interesting, which is, perhaps, in a great measure owing to the soft expression given by their long eye-lashes and by their habit of keeping the eyes half-closed. In form they are unexceptionable, and the Dyak wife of a Chinese, whom I met with at Sinkawan, was, in point of personal attractions, superior to any eastern beauty who has yet come under my observation, with the single exceptions of one of the same race, from the north-west-coast of Celebes.« — Leider ist die Fruchtbarkeit der Dayakfrauen gering, und die Majorität derselben hat nicht mehr als zwei, drei oder vier Kinder; dieser Umstand im Vereine mit den unausgesetzten Befehdungen der Stämme untereinander, mit den grausamen Kopfjagden und den Morden, welche die Verpflichtungen der Blutrache nach sich ziehen, hat ein beständiges Herabsteigen der Bevölkerungsziffer zur Folge. Thatsächlich überwiegt die Zahl der Todesfälle bei Weitem die der Geburten. In einem Briefe vom Karangan im Gebiete von Landak[1]) heisst es hierüber: »For instance, in a population which numbered, two years ago, one hundred and sixty, fourteen have died and scarcely an infant is to be seen.«

Wohl haben die holländischen Beamten das Möglichste gethan, um die »assantogten« zu unterdrücken und die Kopfräuberei auszurotten; ob aber diese gewiss humanitären Bestrebungen hinreichen werden, um ein im Rückgange befindliches und im Aussterben begriffenes Volk zu retten und zu erhalten, darüber kann jetzt noch keine bestimmte Behauptung aufgestellt werden. Und ob wir mit Wallace (Malay. Arch. I, 130) hoffen dürfen, »dass Erziehung und das Beispiel der höher organisirten Europäer viel von dem Uebel, das oft in analogen Fällen entsteht, beseitigt und dass wir schliesslich im Stande sein werden, auf ein Beispiel wenigstens hinweisen zu können, wo ein uncivilisirtes Volk nicht demoralisirt wurde und ausstarb durch die Berührung mit der europäischen Civilisation«, wer vermöchte diese Frage heute schon zu beantworten. Fast scheint es wahrscheinlicher, dass, »die Feuersbrunst, welche verheerend dahinrast durch alle Continente« (Bastian), an den Gestaden dieser Insel nicht vorüberziehen werde, und dass wir in den uns vorliegenden Arbeiten, welche auf eine lange Kunstübung und auf eine bedeutendere und wohl auch glücklichere Vergangenheit zurückweisen, die letzten, halbverwilderten Reste von dem einst vielversprechenden Können eines im Todeskampfe erstarrenden Volkes staunend betrachten.

---

[1]) Letter from the interior of Borneo (West Coast), No II. Karangan, January 14th 1847. (Journal of the Indian Archipelago and Eastern Asia, Vol. II, 1848. Miscellaneous notices &c., p. XX.)

NACHTRAG.

Hein. Die bildenden Künste bei den Dayaks.

NACHTRAG.

Zu Seite 35. In den »Notulen van de algemeene en bestuurs vergaderingen van het Bataviaasch genootschap van Kunsten en Wetenschapen«, deel XXVI, 1888 sind zwei Knjalans abgebildet, welche den von Dr. Bacz gesammelten ganz ähnlich sind. Dieselben stammen von den Batang lupar-Dayaks am Oberlaufe des Kapuas und werden, wie J. J. K. Enthoven (a. a. O., p. 121) schreibt, nach glücklich erfolgten Kopfjagden auf das Haus des Kopfjägers gesetzt. Auf einem dieser beiden von Enthoven »hampatung« genannten Schnitzwerke befindet sich auf dem Rücken des Nashornvogels ausser der Menschen- und Bärengestalt noch ein reptilienartiges Thier dargestellt, welches an dem Flügel des Vogels hinaufläuft. Die Bedeutung dieses Schnitzwerkes soll folgende sein: »Snel als het hert, hoog in den boomen als de aap, diep in het water als de otter, en verre als de neushoornvogel zullen de kwade geesten vlieden«, wonach die menschliche Gestalt als Affe, die Bärenfigur jedoch als flinker Hirsch gedacht ist.

Zu Seite 42. Unter den Flechtarbeiten finden sich auch solche, bei denen die Ornamentation auf ursprünglich einfärbigem Geflecht durch nachträgliche Bemalung erfolgt ist. Ein Beispiel dafür bietet die auf Tafel 9, Nr. 5 dargestellte Mütze die aus gespaltenem Bambu gefertigt ist; der Decor, mit Drachenblut auf dem naturfärbigen Grunde gemalt, erinnert eher an chinesische Verzierungstypen als an den dayakischen Kunststil.

Zu Seite 75. Der Schild Fig. 27 ist ebenso wie Fig. 29, 31 und Tafel 10, Nr. 10 mit Haaren besetzt, woraus man den Schluss ziehen könnte, dass alle Schilde, bei welchen die Dämonengestalt die Beine über die Arme gelegt hat, auf der Vorderseite mit Haaren besetzt seien (und auf der Rückseite die beiden nebeneinanderstehenden Gestalten zeigen); allein ein ebensolcher, ausserordentlich fein gearbeiteter Schild im Museum zu Bremen, der überdies als Specialität an den Wurzeln eingeschnittene Hauer aufweist, ist ohne jeglichen Haarbehang; die Rückseite zeigt auf der linken Hälfte die eine der typischen Gestalten mit dem Torengeflechte, während die rechte Hälfte ähnlich wie Fig. 34 verziert ist; die Provenienz ist unbekannt.

Zu Seite 78. Dem Schilde Fig. 43 verwandt ist der Schild Nr. 1221 des Museums der indischen Schule zu Delft (»talawang« aus der Residenz Zuider- en Ooster-afdeeling van Borneo; Geschenk von J. J. Meinsma. Vergl. den Catalogus van de ethnologische verzameling, Delft 1888, p. 38, Nr. 456). Nur fehlen bei ihm die über Kreuz gestellten Hörner, und die Hauer sind nach einwärts gebogen.

Zu Seite 80. Der Schild Fig. 51 wurde nach Grabowsky's freundlicher Mittheilung in Kwala Kapuas im Stamme der Olo ngadju erworben. Ihm vollkommen verwandt ist der zweite Dayakschild im Museum zu Bremen, der ebenfalls verkehrt zu einander gestellte Gesichtshälften, den hauerbesetzten Mund in einer einzigen Geraden und ausser den grossen bis in die Mitte der Augen reichenden Hauern noch zwei kleine Nebenhauer aufweist. Ausserdem ist er mit dem Schilde Fig. 43 insoferne zu vergleichen, als die zwei über Kreuz gestellten Hörner über jedem Auge auch bei ihm vorkommen. Die Provenienz des Schildes ist unbekannt.

Zu Seite 83, Anm. 2. Das Zeichen mit den vier Armen kommt auch dreimal auf einem eine menschliche Figur darstellenden Schilde aus Südost-Borneo in der Sammlung des Herrn W. G. A. O. Christan in Haarlem vor, nur dass die Arme nicht gekrümmt sind. Es scheint demnach für derartige Schilde typisch zu sein.

Zu Seite 85. Grabowsky schrieb mir über die muthmassliche Bedeutung der Dämonenfigur auf den dayakischen Schilden: »Analog anderen Arbeiten dayakischer Kunst würde ich mir die Figur des Schildes eventuell als die Fratze des Sapundu, des Wächters der Seelenstadt, erklären können, der in der Regel mit langen Schlagzähnen dargestellt wird ... Sapundu wird aber als so hässlich gedacht, dass sein blosser Anblick genügt, um Feinde von der Seelenstadt abzuschrecken. Möglich ist es nun schon, dass sich aus einer solchen Sapundu-Fratze die vorliegende schematische Figur herausgebildet hat.«

Zu Seite 97. Die auf Tafel 1, Nr. 17 und Taf. 2, Nr. 13 vorgeführte Quadratfüllung entspricht dem vierten Muster auf der im Museum für Völkerkunde in Berlin befindlichen Matte (vergl. Original-Mittheilungen aus der Ethnologischen Abtheilung der königlichen Museen zu Berlin, 1885, p. 74, Nr. 97). Dr. Grünwedel hatte die Güte, mir eine Copie dieser Mustermatte zu senden, aus der ich entnehme, dass dieses Muster den Namen »darä sampan« (nach Grabowsky) führt; es scheint jedoch eine Verwechslung mit dem fünften Muster dieser Matte vorzuliegen, da dieses mehr der Bezeichnung »darä sampan« (Kahngeflecht) entspricht, während der Name »tampong sangalang« mehr auf das vierte Muster zu passen scheint. »Tampong« bezeichnet »das Zusammengebundensein«; »sangalang« ist der Name einer kastanienähnlichen Frucht von einer Nephelium-Art, welche die Malayen »rambutan« nennen. Das vorliegende Ornament würde demnach als ein Bündel von solchen Früchten aufzufassen sein.

Zu Seite 100. Die auf Tafel 3, Nr. 1—4 dargestellten Ornamente nennen die Dayaks nach Grabowsky's Mustermatte: »handipä«, mit welchem Ausdrucke sie alle Arten von Schlangen bezeichnen.

Zu Seite 106. Aus einer Photographie, welche ich der Freundlichkeit des Herrn C. W. Lüders verdanke, ersehe ich, dass das Museum für Völkerkunde in Hamburg zwei Dayak-Hüte »tanggoi darä« (von Grabowsky gesammelt; vergl. Original-Mittheilungen, p. 75, Nr. 114 und 118) besitzt, die im Mittelfelde einen quadratischen Decor, ähnlich den von Fig. 67, aufweisen, welcher vieraxig symmetrisch ist, und wo daher ebensowohl die Diagonalen als auch die Mittellinien des Quadrates als Symmetralen angenommen werden können.

ERKLÄRUNG DER TAFELN.

Tafel 1.

1. Ornament von einer Jacke aus grauen Bast- oder Hanfstricken, mit schwarzer Farbe gemalt, Inventar Nr. 5322. (Heuglin.)
2. Ornament von einer Sirihtasche aus Rottan, gelb und schwarz, Nr. 26292. (Dr. Bacz.) (Auch auf einer kleinen Matte Nr. 25961 und auf einer Reisschwinge Nr. 25981.)
3. Ornament von einer Jacke aus graubraunem Hanfgeflecht, Nr. 5322. (Heuglin.)
4. Ornament von einem Körbchen aus Rottan, braun und schwarz, Nr. 26267. (Dr. Bacz.)
5. Ornament von einem Messer »lunga parang«, Nr. 26122. (Dr. Bacz.)
6. Ornament von einem Messer, Nr. 26122. (Dr. Bacz.)
7. Ornament von einer Flöte »suling«, Nr. 26249. (Dr. Bacz.)
8. Ornament von einer Flöte, Nr. 26248. (Dr. Bacz.)
9. Ornament von einem Feuerzeug, Nr. 26079. (Auch Nr. 24747.) (Dr. Bacz.)
10. Ornament von einem Korbe aus gespaltenem Bambu »bakul«, Nr. 24747. (L. v. Ende.)
11. Ornament von einem flachen Korbe aus Rottanstreifen, roth, gelb und schwarz; dient zur Aufbewahrung der abgehauenen Köpfe, Nr. 3712. (Novara-Expedition.)
12. Ornament auf einem Gürtel »sirat« oder »tjawat«, grobes ungefärbtes Gewebe mit Bordüren, blau und roth, Nr. 26013. (Dr. Bacz.)
13. Ornament auf einem Gürtel, Nr. 26012. (Dr. Bacz.)
14. Ornament auf einem Bamburohre, eingebrannt, Nr. 3714. (Novara-Expedition.)
15. Ornament von einem Gürtel, Nr. 26014. (Dr. Bacz.)
16. Ornament von einem Gürtel, Nr. 26014. (Dr. Bacz.)
17. Ornament von einem Gürtel, Nr. 26012. (Dr. Bacz.)

Tafel 2.

1. Ornament von einem Töpferwerkzeug »malu«, Nr. 25968. (Dr. Bacz.)
2. Ornament von einer rothen Jacke, aus aufgenähten Schnecken gebildet, Nr. 5358. (Heuglin.)
3. Ornament von einer Wurflanze »sanko«, geschnitzt, Nr. 26218. (Dr. Bacz.)
4. Ornament von einem Ruder aus Eisenholz, geschnitzt, Nr. 26292. (Dr. Bacz.)
5. Ornament von einem Körbchen »raga menarem«, aus Rottan geflochten, Nr. 26262. (Dr. Bacz.)
6. Ornament von einem gestickten Oberkleide »badju« für die vermögenden Classen, Nr. 10312. (Dr. Moskovics.)

7. Ornament von einer Eisenholzform zum Giessen der Bleiköpfe, geschnitzt, Nr. 26111. (Dr. Bacz.)
8. Ornament von einer geschnitzten Lanze, Nr. 26218. (Dr. Bacz.)
9. Ornament von einer geschnitzten Trommel »ntawan« oder »gandang«, weiss auf Roth, Nr. 26244. (Dr. Bacz.)
10. Ornament von einer Matte, Nr. 25960. (Dr. Bacz.)
11. Ornament von einer Jacke »badju« oder »klambi«, Bordüre in Blau, Roth und Gelb, Nr. 26009. (Dr. Bacz.)
12. Ornament von einem Jackenstoffe, gelb, roth, blau und schwarz, Nr. 26011. (Dr. Bacz.)
13. Ornament von einem Rottan, roth, gelb und schwarz, Nr. 26270. (Dr. Bacz.)
14. Ornament von einer Jackenbordüre, Nr. 26007. (Dr. Bacz.)
15. Ornament von einem Schnitzmesser »lunga«, gravirt, Nr. 26125. (Dr. Bacz.)
16. Ornament von einem Korbe aus gespaltenem Bambu, Nr. 24747. (L. v. Ende.)
17. Ornament von einem Gürtel, Bordürenmuster, blau und roth, Nr. 26014. (Dr. Bacz.)
18. Ornament von einem Gürtel, blau und roth, Nr. 26012. (Dr. Bacz.)

Tafel 3.

1. Ornament von einer Matte der Orang kantu am Kapuas, Nr. 25961. (Dr. Bacz.)
2. Ornament von einer Matte, Nr. 25961. (Dr. Bacz.)
3. Ornament von einem Gürtel, Roth und Blau auf gelblichem Gewebe, Nr. 26012. (Dr. Bacz.)
4. Ornament von einem Gürtel, Nr. 26012. (Dr. Bacz.)
5. Ornament von einem Körbchen, Höhe 21 Cm., Durchmesser 14 Cm., Rottangeflecht, Nr. 26263. (Dr. Bacz.)
6. Ornament von einem Reiskorb, schwarz und gelb, aus Palmblättern geflochten; unvollendetes Flechtmodell, Nr. 26271. (Dr. Bacz.)
7. Ornament von einem Körbchen aus Rottan, schwarz und braun, Nr. 26267. (Auch auf Nr. 26269.) (Dr. Bacz.)
8. Ornament von einem Reiskorbe aus Rottan, roth, gelb und schwarz gemustert »tankin bangin«, Nr. 26269. (Dr. Bacz.)

Tafel 4.

1. Ornament von einem Körbchen aus Rottan, gelb auf schwarzen und rothen Diagonalstreifen, Nr. 26267. (Dr. Bacz.)
2. Ornament von einem Körbchen aus Rottan, Nr. 26267. (Dr. Bacz.)
3. Ornament von einem Reiskorbe aus Rottan, gelb auf schwarzen und rothen Diagonalstreifen, Nr. 26269. (Dr. Bacz.)
4. Ornament von einem Rottankörbchen mit vier angeflochtenen Füssen, Nr. 26264. (Auch auf Nr. 25959. Matte »tikar«.) (Dr. Bacz.)
5. Ornament von einer Matte »tikar«, »bidai«, »kalassa«, aus den Fasern einer Wasserpalmenart geflochten, einfärbig. 204 : 90 Cm., Nr. 25958. (Dr. Bacz.)
6. Ornament von einem Körbchen mit vier angeflochtenen Füssen, Rottan, braun auf roth-schwarzen Diagonalstreifen, Nr. 26264. (Dr. Bacz.)
7. Ornament von einem Körbchen »raga menarem« aus Rottan mit Basttragband und vier angeflochtenen Füssen. Höhe 22 Cm., Durchmesser 11 Cm. Braun auf abwechselnd roth und schwarz geschrägtem Untergrunde, Nr. 26265. (Dr. Bacz.)

Tafel 5.

1. Ornament von einem Frauenhut »srau«, sehr flach, schüsselförmig, aus dünnen Rottanfasern verfertigt, 60 Cm. Durchmesser, grün, roth und braun, Nr. 26018. (Dr. Bacz.)
2. Ornament von einer Kopfbedeckung, gross, flach kegelförmiges Geflecht, mit kleinen Nassa-Schnecken besetzt, Nr. 10129. (Aus dem Nachlasse des Zuckerfabrikanten Richter.)

Tafel 6

1. Ornament von einer Bambubüchse »kumop«, Durchmesser 4·8 Cm., Länge 28·4 Cm., eingeritzt, Deckel aus Eisenholz, geschnitzt, Nr. 26068. (Dr. Bacz.)
2. Ornament von einem Feuerzeug aus geritztem Bambu, mit Drachenblut gemalt, Nr. 26079. (Dr. Bacz.)
3. Ornament von einem Bambubüchschen, geritzt, Nr. 26071. (Dr. Bacz.)
4. Ornament von einem Koppensneller »mandau«, Schnitzerei an der Scheide, dunkelbraun, Nr. 3529. (Sammlung Freiherr v. Jacquin.)
5. Ornament von einem geschnitzten Holzsarge »sunkop«, cylindrisch, 73 : 45 Cm. halbe natürliche Grösse, Modell, Nr. 26308. (Dr. Bacz.)
6. Ornament von einer Matte, einfärbig »tikar«, »bidai«, »kalassa«, aus Palmenfasern, Nr. 25958. (Dr. Bacz.)
7. Ornament von einer Bambubüchse »kumop« zur Aufbewahrung des Seifensurrogates, Nr. 26069. (Dr. Bacz.)
8. Ornament von einer Bambubüchse, Nr. 26069. (Dr. Bacz.)
9. Ornament von einem Schnitzmesser, gravirt, Nr. 26131. (Dr. Bacz.)
10. Ornament von einem Schnitzmesser, gravirt, Nr. 26128. (Dr. Bacz.)
11. Ornament von einem Schnitzmesser, gravirt, Nr. 26129. (Dr. Bacz.)
12. Ornament von einem Armringe »gelang kayu« aus dickem Rottan, 1·5 Cm. breit, 7·5 Cm. Durchmesser, mit eingegrabenen Verzierungen; — von Männern am Oberarm getragen, Nr. 26100. (Dr. Bacz.)
13. Ornament von einem Ruderbootmodell »balla«, Nr. 26286. (Dr. Bacz.)
14. Ornament von einem Ruderbootmodell, Nr. 26286. (Dr. Bacz.)
15. Ornament von einem Spinnrade »gassian«, geschnitzt, Nr. 26028. (Dr. Bacz.)
16. Ornament von einem Spinnrade, Nr. 26029. (Dr. Bacz.)
17. Ornament von einer Bambubüchse »kumop«, »tampad sabun«, 46·5 Cm. lang, überaus reich verziert, Nr. 26067. (Dr. Bacz.)
18. Ornament von einem Sarge »sunkop«, Nr. 26308. (Dr. Bacz.)

Tafel 7.

1. Ornament von einem Spinnrad, Nr. 26028. (Dr. Bacz.)
2. Ornament von einer Bambubüchse, Nr. 26067. (Dr. Bacz.)
3. Ornament von einem Feuerzeug, Nr. 26079. (Dr. Bacz.)
4. Ornament von einem Feuerzeug, Nr. 26079. (Dr. Bacz.)
5. Ornament von einer Bambubüchse, Nr. 26067. (Dr. Bacz.)
6. Ornament von einer Bambubüchse, Nr. 26067. (Dr. Bacz.)
7. Ornament von einem Schilde »trabai«, Nr. 26243. (Dr. Bacz.)
8. Ornament von einem Schnitzmesser, Nr. 26131. (Dr. Bacz.)
9. Ornament von einem Feuerzeug, Nr. 26083. (Dr. Bacz.)

10. Ornament von einer Lanze, Nr. 26218. (Dr. Bacz.)
11. Ornament von einem Spinnrade, Nr. 26028. (Dr. Bacz.)
12. Ornament von einem Spinnrade, Nr. 26028. (Dr. Bacz.)
13. Ornament von einem Bambubüchschen, Nr. 26074. (Dr. Bacz.)
14. Ornament von einem Feuerzeug, Nr. 26078. (Dr. Bacz.)
15. Ornament von einem Bambubüchschen, Nr. 26074. (Dr. Bacz.)
16. Ornament von einem Messer »parang djimpul«, Nr. 26205. (Dr. Bacz.)
17. Ornament von einem Schnitzmesser, Nr. 26131. (Dr. Bacz.)
18. Ornament von einer Bambubüchse, Nr. 26067. (Dr. Bacz.)

Tafel 8.

1. Ornament von einem Kochtopf »priok«, Nr. 25963. (Dr. Bacz.)
2. Ornament von einer Flöte »suling«, Nr. 26248. (Dr. Bacz.)
3. Ornament von einem Koppensneller, Nr. 3529. (Collection Jacquin?)
4. Ornament von einer Jacke, schwarz bemalt, Nr. 5322. (Heuglin.)
5. Ornament von einer Trommel, Nr. 26245. (Dr. Bacz.)
6. Ornament von einer Jacke, Nr. 5322. (Heuglin.)
7. Ornament von einem Feuerzeug, Nr. 26080. (Dr. Bacz.)
8. Ornament von einem Feuerzeug, Nr. 26080. (Dr. Bacz.)
9. Ornament von einer Bastjacke, Nr. 5323. (Heuglin.)
10. Ornament von einem Körbchen, schwarz und braun, Nr. 26266. (Dr. Bacz.)
11. Ornament von einem Ruder aus Eisenholz, Nr. 26288. (Dr. Bacz.)
12. Ornament von einer schwarzbemalten Jacke, Nr. 5322. (Heuglin.)
13. Ornament von einer Korbschüssel »bakul«, roth und schwarz gefärbt, Nr. 24748. (L. v. Ende.)
14. Ornament von einem Kreisel »gassian«, 18 Cm., Nr. 25998. (Dr. Bacz.)
15. Ornament von einem Sitzmättchen »tapih« aus zweifärbigem Rottan, Nr. 26248. (Dr. Bacz.)
16. Ornament von einem Speisedeckel aus verschiedenfarbigen Nipablättern, Nr. 10321. (Dr. L. Moskovics.)
17. Ornament von einem Bambubüchschen, Nr. 26067. (Dr. Bacz.)
18. Ornament von einem Ohrstöpsel aus Messing »suwang parampuan«, Nr. 22422. (L. v. Ende.)
19. Reiskorb »tankin bangin«, Nr. 26269. (Dr. Bacz.)
20. Körbchen aus Rottan, Nr. 26264. (Dr. Bacz.)
21. Kurzer Mandau sammt Arbeitsmesser, Griff aus weissem Bein geschnitzt, Nr. 5351. (Heuglin.)
22. Körbchen, schwarz und braun, mit viereckigem Boden, Nr. 26266. (Dr. Bacz.)
23. Körbchen, Nr. 26267. (Dr. Bacz.)
24. Kopfbedeckung, flach kegelförmig, Nr. 10129. (Collection Richter.)
25. Frauenhut »srau« aus Rottan, Nr. 26018. (Dr. Bacz.)

Tafel 9.

1. Schild »trabai«, Nr. 26240. (Dr. Bacz.)
2. Sarg »sunkop«, Nr. 26307. (Dr. Bacz.)
3. Schild, Nr. 26259. (Dr. Bacz.)
4. Ornament von einem Schädel, Nr. 26310. (Dr. Bacz.)
5. Mütze aus feingespaltenem Bambu mit aufgemaltem Ornament, roth auf Gelb, Nr. 22405. (L. v. Ende.)
6. Ornament von einem Ruder aus Eisenholz, Nr. 26288. (Dr. Bacz.)

7. Ornament von der Scheide eines »parang« aus lichtem Holze, Nr. 26207. (Dr. Bacz.)
8. Ornament von der Klinge eines Schwertes »parang djimpul«, Nr. 26204. (Dr. Bacz.)
9. Ornament von dem Griffe einer Wirknadel »sulat«, Nr. 26041. (Dr. Bacz.)
10. Ornament von einem Bambubüchschen, mit Drachenblut gemalt, Nr. 26074. (Dr. Bacz.)
11. Ornament von der Scheide eines Koppenschnellers, Nr. 5349. (Heuglin.)
12. Ornament von der Scheide eines Koppenschnellers, Nr. 17354. (Dr. Czurda.)
13. Ornament von der Scheide eines Koppenschnellers, Nr. 17353. (Dr. Czurda.)

Tafel 10.

1. Ornament von einem Kamme »sisir«, 22·3 Cm. lang, aus rothgefärbtem Bambu, Nr. 26062. (Dr. Bacz.)
2. Ornament von einem Rohrstück, 48 Cm. lang, Nr. 10120. (Collection Richter.)
3. Ornamente von einer Bambubüchse, 28·4 Cm. lang, Nr. 26068. (Dr. Bacz.)
4. Ornament von einem Sarge, Nr. 26308. (Dr. Bacz.)
5. Ornament von einem Spinnrade »gassian«, Nr. 26028. (Dr. Bacz.)
6. Schild aus Holz »kaliyawo malampe«, $1^{1}/_{2}$ Meter lang, $^{1}/_{2}$ Meter breit, roth und schwarz bemalt, Nr. 17408. (Dr. Czurda.)
7. Ornament von einem Schilde, phantastischer Kopf, Nr. 20017. (L. Moskovicz.)
8. Schild aus Holz, Innenseite, roth und schwarz bemalt, Nr. 15283. (L. Schiffmann aus der Sammlung Schilling.)
9. Ornament von einem Schilde aus Holz, 107 Cm. lang, 30 Cm. breit, Nr. 20017. (L. Moskovicz.)
10. Schild aus Holz, Aussenseite, roth und schwarz, Nr. 15283. (Coll. Schilling.)
11. Ornament von einem Spinnrade, Nr. 26028. (Dr. Bacz.)
12. Ornament von einem Dolchmesser »kris« mit Hirschhorngriff, Nr. 26211. (Dr. Bacz.)
13. Ornament von einer Hausapotheke »supon«, Nr. 25984. (Dr. Bacz.)
14. Ornament von einer Bambubüchse, Nr. 26067. (Dr. Bacz.)

TABELLARISCHE
ÜBERSICHT DES INHALTES DER TAFELN

mit Bezug auf die verschiedenen Zweige der Kunsttechnik.

I. Textilarbeiten.

a) Gewebe.

Tafel 1: Fig. 1, 3, 12, 13, 15, 16, 17.
» 2: Fig. 2, 6, 11, 12, 14, 17, 18.
» 3: Fig. 3, 4.
» 8: Fig. 4, 6, 9, 12.

b) Geflechte.

Tafel 1: Fig. 2, 4, 10, 11.
» 2: Fig. 5, 10, 13, 16.
» 3: Fig. 1, 2, 5, 6, 7, 8.
» 4: Fig. 1, 2, 3, 4, 5, 6, 7.
» 5: Fig. 1, 2.
» 6: Fig. 6.
» 8: Fig. 10, 13, 15, 16, 19, 20, 22, 23, 24, 25.
» 9: Fig. 5.

II. Schnitzereien und Ritzungen.

a) Schnitzereien und Ritzungen in Holz und Bambu, eingebrannte Ornamente.

Tafel 1: Fig. 7, 8, 9, 14.
» 2: Fig. 1, 3, 4, 7, 8, 9.
» 6: Fig. 1, 2, 3, 4, 5, 7, 8, 12, 13, 14, 15, 16, 17, 18.

Tafel 7: Fig. 1, 2, 3, 4, 5, 6, 9, 10, 11, 12, 13, 14, 15, 16, 18.
» 8: Fig. 2, 3, 5, 7, 8, 11, 14, 17.
» 9: Fig. 2, 4, 6, 7, 10, 11, 12, 13.
» 10: Fig. 1, 2, 3, 4, 5, 11, 14.

b) Arbeiten in Horn und Bein.

Tafel 1: Fig. 5, 6.
» 2: Fig. 15.
» 6: Fig. 9, 10, 11.
» 7: Fig. 8, 17.
» 8: Fig. 21.
» 9: Fig. 9.
» 10: Fig. 12.

III. Metallarbeiten.

Tafel 8: Fig. 18.
» 9: Fig. 8.

IV. Thonarbeiten.

Tafel 8: Fig. 1.

V. Malereien.

Tafel 7: Fig. 7.
» 9: Fig. 1, 3, 5.
» 10: Fig. 6, 7, 8, 9, 10, 13.

ZUSAMMENSTELLUNG DER ORNAMENTE,

welche auf Objecten vereinigt vorkommen.

Jacke, Inv.-Nr. 5322: Taf. 1, Nr. 1 u. 3; Taf. 8, Nr. 4, 6 u. 12.
Gürtel, Inv.-Nr. 26012: Taf. 1, Nr. 13 u. 17; Taf. 2, Nr. 18; Taf. 3, Nr. 3 u. 4.
Gürtel, Inv.-Nr. 26014: Taf. 1, Nr. 15 u. 16; Taf. 2, Nr. 17.
Spinnrad, Inv.-Nr. 26028: Taf. 6, Nr. 15; Taf. 7, Nr. 1, 11 u. 12; Taf. 10, Nr. 5 u. 11.
Bambubüchse, Inv.-Nr. 26067: Taf. 6, Nr. 17; Taf. 7, Nr. 2, 5, 6 u. 18; Taf. 8, Nr. 17; Taf 10, Nr. 14.
Bambubüchse, Inv.-Nr. 26068: Taf. 6, Nr. 1; Taf. 10, Nr. 3.
Bambubüchse, Inv.-Nr. 26069; Taf. 6, Nr. 7 u. 8.
Bambubüchse, Inv.-Nr. 26074; Taf. 7, Nr. 13 u. 15; Taf. 9, Nr. 10.
Feuerzeug, Inv.-Nr. 26079: Taf. 1, Nr. 9; Taf. 6, Nr. 2; Taf. 7, Nr. 3 u. 4.
Feuerzeug, Inv.-Nr. 26080: Taf. 8, Nr. 7 u. 8.
Messer, Inv.-Nr. 26122: Taf. 1, Nr. 5 u. 6.
Messer, Inv.-Nr. 26131: Taf. 6, Nr. 9; Taf. 7, Nr. 8 u. 17.
Mandau, Inv.-Nr. 3529: Taf. 6, Nr. 4; Taf. 8, Nr. 3.
Lanze, Inv.-Nr. 26218: Taf. 2, Nr. 3 u. 8; Taf. 7, Nr. 10.
Schild, Inv.-Nr. 15283: Taf. 10, Nr. 8 u. 10.
Schild, Inv.-Nr. 20017: Taf. 10, Nr. 7 u. 9.
Flöte, Inv.-Nr. 26248: Taf. 1, Nr. 8; Taf. 8, Nr. 2.
Korb, Inv.-Nr. 24747: Taf. 1, Nr. 9 u. 10; Taf. 2, Nr. 16.
Körbchen, Inv.-Nr. 26264: Taf. 4, Nr. 4 u. 6.
Korb, Inv.-Nr. 26266: Taf. 8, Nr. 10 u. 22.
Körbchen, Inv.-Nr. 26267: Taf. 1, Nr. 4; Taf. 3, Nr. 7; Taf. 4, Nr. 1 u. 2.
Körbchen: Inv.-Nr. 26269: Taf. 3, Nr. 7 u. 8; Taf. 4, Nr. 3.
Matte, Inv.-Nr. 25958: Taf. 4, Nr. 5; Taf. 6, Nr. 6.
Matte, Inv.-Nr. 25961: Taf. 1, Nr. 2; Taf. 3, Nr. 1 u. 2.
Boot, Inv.-Nr. 26286: Taf. 6, Nr. 13 u. 14.
Ruder, Inv.-Nr. 26288: Taf. 8, Nr. 11; Taf. 9, Nr. 6.
Sarg, Inv.-Nr. 26308: Taf. 6, Nr. 5 u. 18; Taf. 10, Nr. 4.

TABELLARISCHE ÜBERSICHT
DER AUF DIE TAFELN BEZÜGLICHEN TEXTSTELLEN.

Tafel 1.

- Fig. 1: 90.
- » 2: 99.
- » 3: 90.
- » 4: 99.
- » 5: 112, 115.
- » 6: 112, 115.
- » 7: 112.
- » 8: 112.
- » 9: 112, 115.
- » 10: 99.
- » 11: 99, 109.
- » 12: 90, 95.
- » 13: 90, 95.
- » 14: 112, 115.
- » 15: 90, 95, 97.
- » 16: 90, 95.
- » 17: 90, 95, 97, 172.

Tafel 2.

- Fig. 1: 112, 121, 131.
- » 2: 90, 98.
- » 3: 112, 115, 117.
- » 4: 112, 119.
- » 5: 99.
- » 6: 90.
- » 7: 112, 121.
- » 8: 108, 109, 112, 115, 117.
- » 9: 112.
- » 10: 99.
- » 11: 90, 98.
- » 12: 90, 97, 98.
- » 13: 97, 99, 172.

Tafel 1. (Fortsetzung)

- Fig. 14: 90, 98.
- » 15: 112, 115.
- » 16: 99.
- » 17: 90, 95, 97.
- » 18: 90, 95, 97.

Tafel 3.

- Fig. 1: 99, 100, 107, 115, 172.
- » 2: 99, 100, 117, 172.
- » 3: 90, 95, 100, 107, 172.
- » 4: 90, 95, 100, 107, 172.
- » 5: 99, 100, 102, 107.
- » 6: 99, 100, 102, 107.
- » 7: 99, 100, 102, 107.
- » 8: 99, 100, 102, 107.

Tafel 4.

- Fig. 1: 99, 102, 107.
- » 2: 99, 101, 102, 107.
- » 3: 99, 102, 107.
- » 4: 99, 102, 107.
- » 5: 99, 102, 104, 107.
- » 6: 99, 102, 107.
- » 7: 99, 102, 107.

Tafel 5.

- Fig. 1: 99, 102, 105, 107.
- » 2: 99, 102, 105, 107.

Tafel 6.

- Fig. 1: 107, 108, 117, 123.
- » 2: 107, 108, 115, 117, 123, 126.
- » 3: 107, 108, 117, 123.

Fig. 4: 107, 108, 115, 117, 123.
» 5: 107, 108, 117, 119, 123.
» 6: 108.
» 7: 107, 108, 110, 117, 123.
» 8: 107, 108, 110, 117, 123.
» 9: 107, 108, 110, 115, 117, 123.
» 10: 107, 108, 110, 115, 117, 123.
» 11: 107, 108, 115, 117, 123.
» 12: 107, 108, 110, 117, 121.
» 13: 107, 108, 117, 121, 123.
» 14: 107, 108, 117, 121, 123.
» 15: 107, 108, 117, 119, 123.
» 16: 107, 108, 117, 119, 123.
» 17: 107, 108, 110, 112, 117, 123.
» 18: 107, 108, 117, 119, 121, 123.

Tafel 7.

Fig. 1: 107, 108, 117, 119, 123.
» 2: 107, 108, 110, 112, 117, 123.
» 3: 107, 110, 115, 117, 123.
» 4: 107, 115, 117, 123.
» 5: 107, 108, 109, 112, 117, 123.
» 6: 107, 108, 109, 112, 117, 123.
» 7: 42.
» 8: 107, 115, 117, 123.
» 9: 107, 115, 117, 123.
» 10: 107, 108, 109, 115, 117, 123.
» 11: 107, 117, 119, 123.
» 12: 107, 117, 119, 123.
» 13: 107, 117, 123.
» 14: 107, 110, 115, 117, 123.
» 15: 107, 117, 123.
» 16: 107, 115, 117, 123.
» 17: 107, 109, 110, 115, 123.
» 18: 107, 110, 112, 117, 123.

Tafel 8.

Fig. 1: 131.
» 2: 112.
» 3: 112, 115, 117.
» 4: 42.
» 5: 112.
» 6: 42.
» 7: 112, 115.
» 8: 112, 115.
» 9: 42.

Fig. 10: 99.
» 11: 112, 119.
» 12: 42.
» 13: 99.
» 14: 112.
» 15: 99, 104.
» 16: 99.
» 17: 112.
» 18: 129.
» 19: 99, 103.
» 20: 99, 103.
» 21: 117, 127.
» 22: 99, 103.
» 23: 99, 103.
» 24: 99.
» 25: 99.

Tafel 9.

Fig. 1: 42, 81, 84, 119.
» 2: 117, 119.
» 3: 42, 81, 83, 84, 110.
» 4: 117, 121.
» 5: 171.
» 6: 117, 119.
» 7: 110, 115, 117.
» 8: 127.
» 9: 109, 110, 117.
» 10: 110, 115, 117.
» 11: 115, 117.
» 12: 115, 117.
» 13: 115, 117.

Tafel 10.

Fig. 1: 110, 119.
» 2: 110.
» 3: 110.
» 4: 119.
» 5: 119, 123.
» 6: 42, 81, 84.
» 7: 42, 82.
» 8: 42, 82, 84.
» 9: 42, 82.
» 10: 42, 82, 84, 171.
» 11: 119, 123.
» 12: 115, 117.
» 13: 41.
» 14: 112.

VERZEICHNISS DER MUSEEN.

Amsterdam, Ethnographisches Museum: 77, 82, 83.
Barmen, Museum der Rheinischen Mission: 37, 135.
Berlin, Museum für Völkerkunde: 57, 66, 70, 75, 78, 113, 121, 172.
Bremen, Naturwissenschaftliche Sammlungen: 171, 172.
Brüssel, Ethnographisches Museum: 64.
Budapest: Nationalmuseum: 72.
Christiania, Ethnographisches Museum: 64.
Delft, Museum der indischen Schule: 171.
Dresden, Anthropologisch-ethnographisches Museum: 70, 71.
Hamburg, Museum für Völkerkunde: 71, 77, 80, 172.
Jena, Ethnographisches Museum: 74, 80.
Kopenhagen, Ethnographisches Museum: 64, 74, 121.
Leiden, Ethnographisches Reichsmuseum: 39, 61, 63, 67, 68, 69, 71, 72, 75, 76, 77, 78, 79, 80, 83.
München, Glyptothek: 43.
Rotterdam, Ethnographisches Museum: 72, 79.
Wien, k. k. Handelsmuseum: 51, 52, 55, 65, 118.
Wien, k. k. naturhistorisches Hofmuseum: 14, 31, 34, 35, 43, 44, 45, 46, 47, 49, 50, 55, 56, 68, 71, 80, 81, 82, 83, 94, 96, 97, 101, 102, 103, 104, 105, 106, 108, 110, 111, 112, 113, 114, 115, 116, 118, 119, 120, 122.
Wien, Oesterreichisches Museum für Kunst und Industrie: 55, 118.

QUELLEN-INDEX.

Adams, F. O., 120.
Aeschylus, 43.
Allgemeiner Führer durch das k. k. naturhistorische Hofmuseum, 72.
Andree, R., 4, 12, 27.
Annalen von Sulu, 159.
Baez, F. J., 14, 31, 34, 35, 81, 93, 94, 97, 106, 108, 110, 112, 113, 115, 116, 127, 130, 144, 171, 173, 174, 175, 176, 177.
Bälz, 118.
Bastian, 3, 6, 167.
Beaumont, 118.
Becker, T. F., 23.
Benfey, Th., 75.
Bieber, 66, 78.
Bloemaert, 160.
Blume, 32, 123.
Bock, C., 13, 15, 16, 33, 36, 99, 113, 115, 119, 127, 129, 136, 148, 149.
Bourgoin, 102.
Bowes, J., 118.
Breitenstein, H., 13, 17, 32, 123, 148.
Brooke, J., 71, 132, 162, 165.
Brough Smyth, R., 4.
Buch der fünf Elemente, 58.
Bucher, B., 43.
Buckland, A. W., 147.
Buffon, 7.
Carletti, 138.
Carriere, M., 6.
Caspari, O., 92, 143.
Catalogus van de ethnol. verzameling te Delft, 171.
Cerutti, 82, 83.

Chinese repository, 117, 137, 157, 162, 165.
Christan, W. G. A. O., 172.
Collinot, 118.
Crawfurd, J., 7, 8, 27, 160.
Crevaux, J., 4.
Czurda, F. A. J., 81, 101, 104, 177.
Dalrymple, J., 159.
Dalton, 26, 156.
Dennys, 54.
Dewall, 18.
Dieduksman, J. A., 47.
Dolmetsch, 118.
Doolittle, 62.
Driessen, F., 91.
Düben, 4.
Dulaurier, 156.
Dunn, E., 25, 26.
Earl, 162, 166.
Eckardt, L., 41.
Eitel, E. J., 70.
Ende, L. v., 173, 174, 176.
Enthoven, J. J. K., 171.
Evangelisches Missions-Magazin, 139.
Fa hian (Schi fa hian), 157, 158.
Falke, J. v., 42.
Finsch, O., 35, 55, 82.
Foë (Fa hian), 158.
Forbes, H. O., 16, 156.
Forster, 7, 160.
Fritsch, 4.
Fu-hi, 55.
Geiger, 92.
Gerland, G., 68.
Germann, 48.

Gomez, L. de, 8.
Grabowsky, F., 18, 23, 29, 37, 77, 80, 132, 135, 171, 172.
Groneman, 55.
Groot, J. J. M. de, 52, 53, 54, 55, 58, 62, 63.
Grünwedel, A., 172.
Guimet, E., 74.
Haas, J. v., 46, 118.
Hagen, B., 50, 97, 108, 111, 112, 113, 114, 118.
Hamer, C. den, 92, 95, 144, 145, 146, 147.
Hamy, E., 4.
Hardeland, A., 7, 8, 23, 24, 28, 29, 30, 33, 37, 75, 120, 132, 133, 134, 135.
Harmsen, 80, 81, 94, 103, 106, 118.
Hasselt, v., 102, 105.
Hatton, 132.
Hein, A. R., 95.
Hendrich, 17, 33, 75, 147, 154.
Henrici, 156.
Herdtle, 45, 121.
Herodot, 122.
Hesiod, 43.
Heuglin, 175, 176, 177.
Hirth, F., 64, 70, 133, 136, 137.
Homer, 43, 92.
Hübner, 4.
Hügel, v., 104, 114, 116.
Humboldt, A. v., 54.
Hunnius, K., 74, 80.
Hunt, J., 8, 123, 163.
Hupe, 31.
Ibn Batûta, 137.
I-tschuen, 53.
Jacquemart, 138.
Jacquin, v., 175, 176.
Jagor, F., 132, 138.
Jakinf, 68.
Joest, W., 60, 143, 144.
Kämpfer, 137.
Karabacek, J., 138.
Kater, C., 95, 132, 135.
Keppel 8, 15, 27, 92, 123, 124, 155, 160, 162, 163.
Kern, 70.
Kessel, v., 8, 26, 34, 70, 71, 78.
Khanghi, 53.
Klaproth, 69, 158.
Koeppen, 55.

Kohler, J., 119.
Kreitner, 106.
Kuang-ya, 55.
Lansberge, v., 71, 78.
Lay, 115.
Le Bon, G., 155.
Letter from Karangan, 167.
Leyden, 8, 25, 147, 159.
Lijnden, v., 6, 15, 17, 34.
Lindschotten, J. H., 138.
Li-schun-fung, 53.
Li-yuen, 53.
Logan, J. R., 6, 160, 165.
Low, 27, 122, 138.
Lubbock, 143.
Lübke, 12, 118.
Lüders, C. W., 52, 71, 172.
Manu, 48.
Marsden, W., 13, 132.
Martens, 35.
Matthes, B. F., 61, 63, 75, 77, 80.
Mayers, 69.
Meinsma, J. J., 171.
Melville de Carnbée, 8.
Mémoires des Choses magiques, 53.
Meyer, A. B., 7, 70, 85, 123, 132, 138, 157.
Meyer, F. S., 43, 44, 83.
Meyn, W. A., 57, 66, 70.
Missionaires de Pé-kin, 64, 65, 67, 68.
Moor, E., 49, 50, 157.
Morga, 137.
Moskovicz, L., 82, 175, 176, 177.
Müller, G., 26, 156.
Müller, S., 23, 27, 30, 33, 84.
Museum der Rheinischen Mission zu Barmen, 37, 135.
Nachforscher der Sitten und Gewohnheiten, 63.
Noort, v., 160.
Owen Jones, 98.
Partz, A., 77.
Passow, 143.
Pen-rhsao (Materia medica), 52, 53.
Perelaer, M. T. H., 7, 132, 134.
Perham, J., 30.
Pers, 7.
Pigafetta, 159.
Pleyte Wzn., C. M., 83, 84.

Pohlman, 104, 122, 129, 130.
Poivre, 155.
Polo, M., 155, 158.
Radermacher, J. C. M., 7, 148.
Raffles, T. S., 26, 71, 85.
Ramayana, 50, 158.
Ratzel, F., 8, 18, 99.
Regel, F., 74, 80.
Rein, J. J., 60, 91, 120.
Reinaud, 154.
Reiss, 5.
Rémusat, A., 157.
Renesse, v., 105.
Richter, 175, 176, 177.
Richthofen, F. v., 45.
Riebeck, E., 49, 97, 114, 116, 129, 139.
Rijkevorsel, E. v., 73, 79.
Rivett-Carnac, J. H., 78, 117.
Roggewein, 160.
San-kwoh-tschi, 56, 68, 69.
Sartel, O. du, 60, 117, 118, 121, 127.
Schadenberg, A., 132.
Scherzer, K. v., 45, 56, 68, 118.
Schierbrand, 71.
Schi fa hian (Fa hian), 157.
Schiffmann, L., 177.
Schilling, 82, 177.
Schlegel, G., 51, 52, 53, 54, 55, 56, 58, 61, 64, 69.
Schmeltz, J. D. E., 72.
Schmidt, M. J. E., 68.
Schnaase, 11.
Schorn, O. v., 131.
Schuo-wen, 55.
Schuo-yuen, 52.
Schwaner, C. A. L. M., 6, 93, 133, 134.
Siebert, 143.
Siebold, A. v., 118, 138.
Sieger, R., 106, 121.
Snouck Hurgronje, C., 154.
Spenser St. John, A., 12, 13, 15, 18, 26, 28, 99, 123, 124, 125, 132, 139, 148, 157, 161, 162.
Springer, A., 11.

Steinen, K. v. d., 4, 96.
Steinhauer, C. L., 74.
Stoliczka, 120.
Stübel, A., 5, 95.
Svoboda, 49.
Széchényi, 106.
Tang-schu, 136.
Tannahassi, 118.
Temminck, 8, 51, 71, 161.
Timkowski, G., 68.
Tobias, 155, 161.
Tomassen, W., 59, 61, 63, 67, 68, 69, 71, 72, 75, 76, 79.
Troll, J., 96.
Tromp, S. W., 15, 16, 18, 59, 67, 72, 77, 78, 122, 124, 125, 127, 164.
Tschoo Yu-kua, 136, 137.
Tschen Tschen-sun, 136.
Tung-hsi-yang-kao, 137.
Tylor, E. B., 143.
Tyszka, v., 57, 75.
Uhle, M., 17, 106, 119, 120, 131.
Urh Ya, 115.
Valentijn, 7, 160.
Veth, 6, 7, 15, 17, 26, 28, 31, 33, 114, 115, 120, 122, 131, 132, 155, 156, 158, 162, 166.
Vitruvius, 107.
Waitz, 8.
Wall, v. de, 83.
Wallace, 4, 106, 111, 131, 167.
Weddik, 120.
Wells Williams, 51.
Weynschenk, 47.
Wylie, A., 69.
Williams, 4, 49.
Wilken, G. A., 28.
Wilson, H., 27, 158.
Wischnupurāna, 48.
Wurm, P., 48.
Xántus, J. v., 73.
Xenophanes von Kolophon, 44.
Yule, 147.
Ziegenbalg, B., 48.
Zöller, 4.

INDEX.

Vorbemerkung: Alle malayisch-dayakischen Wörter sind auf der vorletzten Silbe betont, z. B.: *hantüen, manyamäi, sangiang, tabalien* u. s. w. — Ferner muss bemerkt werden, dass bei den einzelnen Excursen durchaus nicht das ganze vorhandene Material gegeben wurde; die Verwertung desselben ist einer späteren Arbeit vorbehalten. Die dayakischen Benennungen sind grösstentheils dem fast unerschöpflichen und heute noch massgebenden Wörterbuche Hardeland's entnommen; Grabowsky ist nach dem Verzeichnisse seiner Sammlung in den Original-Mittheilungen aus der ethnologischen Abtheilung der königlichen Museen zu Berlin citirt. Einen hervorragenden Antheil an der vorliegenden Zusammenstellung nahm meine Frau, die mich in jeder Hinsicht unterstützte.

Im Februar 1890.   Dr. Wilhelm Hein.

Abar, 143.
   Name eines Volkes in Assam und bezeichnet »Unabhängige«.
Achilleus, 41.
Adamspik, 158.
   Berg auf Ceylon.
Adler, heraldischer, 83.
   verglichen mit Vogeldarstellungen auf einem Dayakschilde.
Adoption in Japan, 119.
Aegypter, 52.
Agni, 48.
   der indische Götterbote.
Ahnencultus, 119.
Ahrimân, 52.
   das böse Princip in der Religion Zoroasters.
Alexandria in Aegypten, 161.
Alfuren, 119.
   Volk auf Halmahéra.
Algier, 162.
Alhatalla, 23.
   vergl. Hatalla.
Allâh ta'âlâ, 23.
   arabische Wurzelform von Hatalla.
Alligator, 52. 53. 54.
Alligatormasken, 31. 36.
Ambon, 144.
   Insel mit gleichnamiger Stadt, zu den Molukken gehörig.
Amoy, 55. 137. 160.
   Hafen in der chinesischen Provinz Fu-kian.
Amuntai, 157.
   Ort auf Borneo, am Oberlaufe des Nagaraflusses.

Ananas, 18.
   Frucht, aus Holz geschnitzt.
Andin, 21.
   dayakischer Name eines Wassergeistes.
Angra, 150.
Annam, 6. 148.
Ansus, 106.
   Ort auf Neu-Guinea.
Antang, 24. 27.
   Schicksalsvogel der Dayaks, zum Falkengeschlechte gehörig.
Antasan, 21.
   nach Hardeland »hantasan« (von »hantas«, der kürzeste Weg), Bezeichnung für Canäle auf Borneo.
Apar, 102.
   Name einer Essmatte in den Lampong'schen Districten auf Sumatra. Zollinger (Tijdschr. v. N.-I. 1847, I, p. 300) gibt als den für Schlafmatten gebräuchlichen Lampong'schen Namen »apaij« an. Das malayische Wort für Matte lautet »tikar«, wofür Dr. Bacz als dayakische Aussprache »tikai« angibt. Der Wechsel zwischen ar und ai dürfte aber nur auf undeutlicher Aussprache des ar beruhen.
Ara, 25.
   ein Geist in Vogelgestalt, der nach der Dayakischen Kosmogonie die Welt erschuf.
Araber, 27. 151. 155. 159. 161.
Arecanuss, 71.
   auch *Pinangnuss* genannt, dient als Koumittel.
Armbänder der Papuas, 91.

Armschmuck der Dayaks, 121. 129. 175.

Die Dayaks unterscheiden Armringe für Männer »*kuntoh*« oder »*guntoh*« (Basa sangiang), höchstens 15 in einer Reihe, und solche für Frauen »*lasong*« oder »*luyang*« (Basa sangiang), aus Messing oder Gold, 30—40 in einer Reihe; dicht über der Hand, unter den Lasongs, wird der »*baluoh*«, ein Ring aus geschliffener Schneckenschale, getragen. Im Küstenbereiche wird vorzüglich das glänzend weisse Haus einer grossen Seeschnecke »*gonggom*« zu Ringen verarbeitet. Die Lasongs heissen in der Basa Kahayan »*palayu*« oder »*playu*«. Armringe für Frauen aus geflochtenem Messingdraht heissen »*lasung lawai*« (Garnringe); »*lasong kakisan*« sind Armringe, welche aus einem Gemenge von Messing und Gold bestehen; 20—30 übereinander auf einem Arme getragene Lasongs werden »*katarikan*« genannt. Blos die untersten und obersten Ringe der Lasongs sind verziert, und die auf ihnen eingravirten Figuren heissen »*pantok*«. Nichtzusammengeschweisste, sondern nur rund zusammengebogene Ringe nennt man »*hasapan*« oder »*basapan*«. »*Kalambulong*« oder »*kambulong*« sind kleine kupferne Ketten, die man als Armschmuck trägt; längliche, dünne Glasperlen zum selben Zwecke heissen »*sambelom*«; »*manja sambelom*« sind längliche Perlen, welche von Männern um das Handgelenk getragen werden. »*Gialang liang*« sind Armbänder, wie sie von Priesterinnen, namentlich in Siong und Patai, beim Tanze verwendet werden; das Rasseln derselben soll die hilfreichen Geister herbeirufen. »*Lilis*« heisst Alles, was man unmittelbar über der Hand am Arme trägt; vornehmlich werden Amulette und Zaubermittel als Lilis getragen. Dr. Bacz gibt für Armringe aus Eisenholz, welche Männer am Oberarme tragen, den Namen »*gelan kayu*« an. Diese Bezeichnung ist malayisch und bedeutet Holzring: »*gelang*« Ring, »*kayu*« Holz. Nach Hardeland heissen kupferne Beinringe, welche am Kahayan und am Katingan getragen werden, ebenfalls »*gelang*«. Zum Schlusse wäre noch zu bemerken, dass die zu Ringen bestimmten Metallstäbchen auf einem runden Eisen »*bangkangan*« krumm gehämmert werden.

Aru-Inseln, 120. 144.

zu den Banda-Inseln gehörig, nahe an Neu-Guinea.

Asoka, 74.

indischer König.

Asura, 47. 48.

indisches Riesengeschlecht.

Atap, 13.

malayisch = Dach.

Athene, 43.

Atjeh, 155. 159.

Stadt und Reich im Norden Sumatras.

Australien, 4.

Awatâra, 26. 27.

skr. = Fleischwerdung eines Gottes; angebliche Wurzelform für Batara.

Ayau, 122.

dayakisches Wort für Kopfschnellen.

Babilen, 92. 145.

Bezeichnung der Biadjus für schwarz und blau. Hardeland hat dafür das Wort »*babilem*«.

Bad, 129.

Nach Dr. Bacz der dayakische Name für Bauchgürtel und Bauchringe, welche aus Messingdrahtspiralen, Ketten oder mit Messingringen besetzten Rottanbändern bestehen. Eine andere Bezeichnung ist »*tali mulong*«.

Badjai, 120.

dayakisches Wort für Krokodil.

Badju, 90. 93. 94. 98. 145. 173. 174.

dayakisches Wort für Frauen-Jacke.

Bären, 33. 34. 35. 171.

in Holz geschnitzte Figuren.

Baha, 146.

dayakisches Wort für Schulter.

Bahau, 123.

Nebenfluss des Barito, auch Nagaranfluss genannt, auch Name eines Ortes am Oberlaufe des Barito.

Bahau, 125.

Zufluss des Mahakam.

Bahutei, 25.

böser Geist der Dayaks.

Bakul, 173. 176.

malayische Bezeichnung für Korb.

Balei pali, 18.

verbotene Hütten der Dayaks.

Balei pauti, 18.

Opferhäuschen der schwangeren Frauen bei den Dayaks.

Bali, 49. 50. 51. 74.

eine Sunda-Insel, auch Klein-Java genannt.

Balian, 28.

oder »*blian*«, dayakische Bezeichnung für Zauberweiber.

Balla, 175.

Nach Dr. Bacz dayakische Bezeichnung für Ruderboote.

Bambu, 110. 111. 130.

»*humbang*« ist der dayakische Collectivname dafür; Hardeland nennt acht Arten.

Bambusritzungen, 107. 110. 112. 123. 147.

Banasura, 46.

n. pr. eines Râkshasa.

Banama, 24.

dayakische Collectivbezeichnung für Schiffe. Das Schiff, welches die Seelen der Verstor-

24*

benen in das Jenseits bringt, heisst »banama samaman«, das eiserne Schiff.

Bandasee, 119.
das zwischen den Bandainseln liegende Meer.

Bandjermasin, 8. 19. 37. 70. 80. 81. 101. 104. 137. 148. 156. 160.
Stadt an der Mündung des Barito. — Bandjermasin ist ein javanisches Wort und bedeutet »Salzgarten«.

Bangka, 120. 161.
eine Insel, östlich von Sumatra.

Bantam, 159.
Provinz im Westen der Insel Java.

Bantang, 73.
ein Thier, mit dessen Haut die Schilde am Oberlaufe des Redjang überkleidet werden; vermuthlich ist es mit dem bei Hardeland genannten »banting«, eine Art Rind, identisch. Der Hirsch, an den man auch denken könnte, heisst »badjang«.

Bapapalu, 24.
ein zu den Sangiangs gehöriger Gott, identisch mit dem bei Hardeland genannten Papaloi.

Bapatik, 144.
ein blos in der Basa sangiang vorkommendes dayakisches Wort in der Bedeutung von »halulang«, tätowirt sein.

Baram, 124.
Fluss auf Nord-Borneo an der Grenze von Sarawak und Brunai.

Barangan, 129.
Ort in Britisch-Borneo.

Bararek, 147.
dayakisches Tätowirmuster auf dem rechten Bein.

Bari, 26.
ein Djewata, der dayakische Gott der Heilkunde.

Barito, 13. 33. 71. 73. 130. 148. 164.
Fluss in Süd-Borneo; auch Duson genannt.

Basa sangiang, 29. 144.
die heilige Sprache der Dayaks; »basa« ist ein malayisch-dayakisches Wort und stammt vom sanskritischen »bháschá«, Sprache, Rede.

Basep, 16.
Name eines Dayakstammes in Kutai.

Basir, 28.
Bezeichnung für Männer und Frauen, welche Zauberei betreiben. In Pulopetak nennt man nur die Männer »basir«, während die Weiber »balian« heissen.

Baststreifen, 97. 98.
als Lendengürtel verwendet; der Bast wird von dem Nyamo-Baume gewonnen und der daraus bereitete Lendengürtel »awah nyamo« genannt.

Batangdanum katambuagan nyaho, 24.
»der Strom jenseits des Donners« im Jenseits, zu dem die Seelen der Verstorbenen im eisernen Schiffe geleitet werden. »Batangdanum«, Strom (»batang« Stamm, »danum« Wasser, also wörtlich: Stamm des Wassers), »nyaho«, Donner.

Batang garing, 146.
ein dayakisches Tätowirmuster auf dem Rücken. »Garing« ist ein Baum im Sangianglande, dessen Blätter feines Zeug, dessen Blüthen Gold, dessen Früchte Achatsteine sind; die Spitzen der Zweige bilden Lanzen.

Batang lupar, 8. 171.
Fluss in der Landschaft Sarawak auf Borneo.

Batang rawing, 146.
ein dayakisches Tätowirmuster auf der Brust »Rawing« ist in der Basa sangiang der Name des Krokodiles, sonst »badjai« genannt.

Batara, 24. 27.
der höchste Gott der nördlichen Dayakstämme, nach Crawfurd aus dem Sanskritworte »awatára« abgeleitet. Dr. M. Haberlandt machte mich aufmerksam, dass Chr. Lassen, Indische Alterthumskunde II, 1030, die Ableitung aus skr. »bhattára« (verehrungswürdig) vertritt; auch mir scheint sie die richtige.

Batiken, 91.
das in Java gebräuchliche Färben der Stoffe, wobei die nicht zu färbenden Stellen mit Wachs überzogen werden.

Batta, 19. 50. 80. 97. 108. 109. 110. 111. 112. 113. 114. 119. 120. 161. 165.
Name eines Volkes auf Sumatra, der richtig »battak« geschrieben wird; doch fällt k am Ende malayischer Wörter in der Aussprache oft ab, so wie man bisweilen statt »dayak« auch »daya« spricht und schreibt.

Battok, 32.
dayakischer Name für eine Art von Holzpfählen, die in rohe menschliche Gestalten ausgeschnitzt sind.

Batu sampai, 156.
Name eines mit hinduischen Schriftzeichen versehenen Felsens auf dem rechten Ufer des Sekayamflusses, oberhalb von Sanggau.

Baumcultus, 32.

Baumwolle, 90.
die feine Sorte, welche zum Spinnen verwendet wird, heisst »kapas«, die gröbere »kapuk«. Auch von dem Bumbonbaume wird eine Art sehr dauerhafter Baumwolle gewonnen. Rohe Baumwolle heisst nach Dr. Bacs »taya«.

Baumwollreiniger, 90.
Dr. Bacs gibt für dieses Instrument den Namen »pemigi« an; vielleicht lässt sich dieses Wort auf die dayakische Wurzel »ikis«, welche »geschabt sein« bedeutet, zurückführen und

sonach mit »*ramikis*« (= der gerne Alles schabt) identificiren.

Bayaderen, 28.
vom portugiesischen »*bailadeira*« abgeleitet; Name der in Ostindien umherziehenden Tänzerinnen und Sängerinnen.

Beinschnitzereien, 89. 93. 107. 110. 112. 115.

Bekompayer, 13. 123.
die Bewohner des Districtes *Bekompay* am Barito.

Belik, 17.
dayakische Bezeichnung für Sarg.

Bengalen, 26.

Bentian, 125.
Name eines Dayakstammes.

Benuwa, 125.
Name eines Dayakstammes.

Berau, 125.
Name des nördlich an Kutai angrenzenden Gebietes.

Beyajos, 7.
alter Name für Dayaks, aus *Biadju* entstanden.

Biadju, 8. 30. 84. 93. 144. 145. 146. 147.
Name für die Bewohner Süd-Borneos; zu den *Biadjus* gehören die *Olo pulopetak*, die *Olo kahayan* u. a. m.

Bidai, 104. 174. 175.
am Kapuas übliche Bezeichnung für Matte.

Biru, 146.
ein Strauch, auch »*biro*« genannt, aus dessen Blättern man Matten flicht.

Bizen Hitasuke, 118.
Name von japanischen Porzellangefässen, *Bizen* (z = scharfes s) ist eine Provinz in Alt-Japan.

Blaku ontong, 18.
dayakisch; das Erbitten von Glück, »*blaku*«, »*balaku*« bitten, »*ontong*« Glück.

Blaku tahaseng, 18.
dayakisch; das Erbitten von langem Leben; »*tahaseng*« Athem.

Blanga, 24. 133. 135.
die kostbarste Sorte der *Djawets*, der heiligen Töpfe der Dayaks.

Blasebalg, 124.
Dr. Bock gibt für Blasebalg den Namen »*rapun*« an; nach Hardeland und Perelaer heisst er »*baputan*«.

Blattformmuster, 110. 121.

Blaufärben der Stoffe, 92.

Blian, 28.
vergl. *Balian*.

Blitang, 8.
Ort am Kapuas, zwischen Sepauk und Sintang.

Boa constrictor, 114.
Die Dayaks nennen die Riesenschlange »*panganen*« und verwenden deren Haut als Trommelfell.

Bögen, gestelzte, 100.
dayakisches Ornament; vergl. Tafel 3. Nr. 2.

Bombak, 15.
Ort auf Borneo.

Borneers, 7.
alte Bezeichnung der Dayaks.

Borneo, Erklärung des Namens, 8.

Borobudur, 156.
Ruinen aus der Hinduzeit im Inneren Javas.

Bowok sapui, 146.
dayakisches Tätowirmuster am Halsrande C den Hamer nennt es »*buwuk sapui*«. »*Bowok*« bezeichnet ein Loch, »*sapo*«, auf welches »*sapui*« zurückgehen dürfte, bedeutet: gefärbt sein.

Brahma, 47. 48.
(spr. Bramha); der Name des höchsten Wesens in der indischen Religion.

Brahmaismus, 74.
(spr. Bramhaismus).

Brahmanen, 48. 55. 156.
(spr. Bramhanen); Name der vornehmsten Kaste in Indien.

Brasilien, 4.

Braunai, 8.
alter Name für Borneo.

Brauni, 8.
alter Name für Borneo.

Brunai, 15. 122. 136. 139. 158. 159. 160. 162.
Staat und Stadt auf Nord-Borneo.

Bruni, 8.
soviel als *Brunai*.

Bua tanna, 144.
Nach Dr. Bock der Name einer Wurzel, welche den blauen Farbstoff zum Tätowiren liefert. Nach Hardeland bedeutet »*bua*«: Frucht.

Bucerus rhinoceros, 84.
eine vornehmlich auf Borneo lebende Art des Nashornvogels.

Bucerus ruficollis, 35.
eine besonders auf Neu-Irland lebende Art des Nashornvogels.

Buddha, 55. 70. 74. 119. 157.
(skr. = der Weise), Stifter des Buddhismus.

Buddhatempel auf Borneo, 139.

Buddhismus, 74. 156.

Bugi, 93. 161.
Name eines malayischen Volkes auf Selebes, das sich selbst »*to wugi*«: die Menschen von Wugi, nennt.

Buginesen, 81. 120.
soviel wie *Bugi*.

Bukit ngantong-gandang, 23.
der Berg, auf dem nach Becker Hatalla, der oberste Gott der Dayaks, seinen Wohnsitz hat. »*Bukit*« bedeutet: Berg.

Bukong, 135.
dayakische Bezeichnung für einen grossen gelben Topf, dessen Rand stark umgebogen ist.

Bulau, 74.
dayakische Bezeichnung für Gold; ein anderes, aber weniger gebräuchliches Wort dafür ist »amas«; in der Basa sangiang heisst es »rabia« oder »rawia«.

Bimbungan, 128.
ein Zufluss des Barito.

Bunter, 144. 145. 147.
ein dayakisches Tätowirmuster auf der Wade; »bunter« bedeutet: kreisrund.

Bunut, 8. 17.
ein Nebenfluss des Kapuas und ein Ort am letzteren zwischen Djongkong und Malo.

Burma, 147.
gewöhnlich *Birma* genannt.

Burni, 7.
alte Bezeichnung für Borneo, aus Bruni, Brunni entstanden.

Buru, 120.
eine Molukken-Insel, westlich von Ambun.

Buschmänner, 1.

Butah, 104.
Dayakische Bezeichnung für einen aus Rottan geflochtenen Rückenkorb. Dr. Bock nennt ihn: »butri«.

Buwa-so, 137.
Leichenverbrennung in Japan.

Caeruleus, 92.
lateinische Bezeichnung für blau und schwarz.

Calamus, 102.
eine Palmenart, von den Malayen »rottan« genannt.

Calamus draco, 91.
eine Rottan-Art, welche das Drachenblut liefert.

Calcutta, 111.

Ceylon, 42. 49. 70. 71. 137. 158.
von den Eingebornen »singhala« genannt.

China, 9. 45. 46. 51. 52. 54. 58. 60. 61. 62. 63. 69. 70. 71. 74. 85. 112. 113. 114. 116. 119. 131. 136. 137. 138. 154. 155. 157. 158. 159. 160. 161. 163.
von den Eingebornen »tsina« genannt.

Chinesen, 2. 37. 45. 51. 52. 53. 54. 55. 58. 60. 62. 64. 68. 70. 85. 111. 113. 130. 135. 154. 155. 157. 158. 159. 160. 161. 162. 163. 164.

Chinesische Händler bei den Dayaks, 98.

Chinesisches Ornament, 98.

Cochinchina, 137.
(spr. Koschinchina); von den Eingebornen »Daug trong«, d. i. Innenland genannt.

Confucius, 58. 114.
chinesischer Philosoph, † 479 v. Chr., Kungfu-tse genannt.

Couvade, 28.
das Männerwochenbett.

Dadayak, 7.
ein dayakisches Wort, welches »wackelnd gehen« bedeutet und die Wurzel des Namens Dayak sein soll.

Dämonenbeschwörung bei den Dayaks, 29.

Dâghestân-Teppich, 42.
Dâghestân, wörtlich: Gebirgsland, ist ein zu Russland gehöriges Gebiet am Ostabhange des Kaukasus.

Dahori, 135.
dayakische Bezeichnung für die Vogeldarstellungen auf den Djawets (Grabowsky).

Daitya, 73.
Gattungsname aller bösen Dämonen in der indischen Mythologie.

Dajakker, 7.
soviel wie *Dayak*.

Daksha, 17.
Name des Königs der vierzehn Welten in der indischen Mythologie.

Dâna, 27.
skr.: Geschenk, das Grundwort im Namen Sukadana.

Danau, 24.
dayakische Bezeichnung für Seen und Teiche.

Dandu tjatjah, 147.
nach C. den Hamer ein dayakisches Tätowirmuster auf dem linken Beine; vermuthlich ist »tjatjah« identisch mit »tjatjak«, was Stempel, Siegel bedeutet; über den Abfall des k am Schlusse malayischer Wörter vergl. Batta.

Dari sampon, 172.
Rahmgeflecht, ein dayakisches Flechtmuster.

Datus, 30.
battakische Bezeichnung für Medicinmänner.

Daughi, 82.
Name von Schilden auf Nias.

Dawen baha, 146. 147.
Jayakisches Tätowirmuster am Schultergelenke; »dawen« Blatt, »baha« Schulter.

Dawen biru, 146.
dayakisches Tätowirmuster auf der Brust und bedeutet: Blatt eines Birostrauches.

Daya, 16.
Name eines Dayakstammes im Gebiete von Kutai und Sangkulirang; vergl. Dayak.

Dayak, 7.
nach Crawfurd Name eines Volksstammes in Nordwest-Borneo; vergl. Daya

Dayak, versuchte Erklärungen des Namens, 7.

Delhi, 96.
   Provinz und Stadt im britischen Indien; wird im Hindustâni دهلى ‹dehlî› geschrieben; vergl. *Brahma*, in welchem Worte das *h* ebenfalls in der Aussprache nachgesetzt wird.
Deltoid, 95, 102, 105, 106.
Deltoidfullung, 94.
Dewa, 25.
   indische Bezeichnung für Gott; auch die Dayaks gebrauchen diesen Namen für eine Art von Geistern, die sich besonders in Krankheiten hilfreich erweisen, wenn man ihnen Opfer verspricht; hält man aber das Versprechen nicht, so verursachen sie allerlei Uebel.
Dewata, 25.
   soll identisch sein mit Mahatara; vergl. jedoch *Djewata*.
Dewatâ, 26, 27.
   skr.: Gottheit, Wurzel für das dayakische ‹djewata›.
Dewendra, 47.
   indischer Götterkönig (= *dewa indra*).
Diagonalsymmetrie bei dayakischen Ornamenten, 102.
Diagramme, die acht — der Chinesen, 55, 116.
Diruh, 26.
   Djewata des Berges Pamangkat.
Djabang, 139.
   mit diesem Namen bezeichnen die Dayaks von Barangan kleine Messer, welche beiläufig unseren Federmessern entsprechen.
Djarang bawan, 24.
   nach Becker der dayakische Hercules, Hardeland kennt einen Sangiang, Luftgeist, der den Namen ‹darong bawan› führt. In den Notulen, XXVI, 1888, p. 190, nennt Herr W. Aernout den dayakischen Hercules ‹bungei›. Nach Perelaer (p. 10) war ‹bungai› ein Sangiang, der Stammvater der *Olo bungai*, d. h. Menschen, so muthig wie der Nashornvogel; ‹bungai› heisst in der Basa sangiang der Nashornvogel, der sonst ‹tingang› genannt wird.
Djata, 18, 23, 24, 37.
   Name der dayakischen Wassergeister.
Djawet, 133, 134, 135, 138, 139, 140.
   Collectivname für die heiligen Töpfe der Dayaks.
Djebata, 26.
   soviel wie *Djewata*.
Djewata, 29, 37.
   mit diesem Namen bezeichnen die Dayaks der Westküste jede Gottheit.
Djimpai, 115.
   nach Bock ein geigenartiges zweisaitiges Musikinstrument der Dayaks.

Djirap, 17.
   dayakische Bezeichnung für Sarg.
Djohor, 155, 156, 159.
   Name einer Stadt auf der Halbinsel Malakka; nach Hardeland soll die dayakische Bezeichnung ‹djnhor› für Seeräuber damit zusammenhängen.
Djokdjakarta, 47.
   Stadt und Residentschaft auf Java.
Djondjowai, 164.
   dayakische Frauenlieder und Trauergesänge.
Djongkong, 8.
   Ort am Kapuas zwischen Piassa und Bunut.
Donner, 55.
   eines der acht chinesischen Diagramme, welches auch den Drachen bezeichnet.
Dorch, 4.
   Ort auf Holländisch-Neu-Guinea.
Dōsō, 157.
   japanische Bezeichnung für Begräbniss.
Down tuah, 135.
   nach Kater eine Art heiliger Topf bei den Dayaks.
Drache, 25, 28, 51, 52, 53, 54, 55, 56, 57, 58, 59, 60, 64, 65, 66, 67, 68, 69, 70, 73, 78, 81, 134, 135, 137, 138, 140, 146, 147.
Drachenblut, 74, 91, 115, 117, 121, 171, 175, 177.
   ein rothes Pulver, welches durch Zerstossen des Harzes von *Calamus draco* gewonnen wird und zum Färben dient.
Drachendarstellungen, 54, 64, 69, 71.
Drachenfeste in China und Japan, 58.
Drachenfossilien, 52, 53.
Drachenkönig der Seen, 55.
   vergl. *Hai lung wang*.
Drachenköpfe im Wayangstil, 137.
   wurden auf Borneo bei Martapura gefunden.
Drachenschilde der Chinesen, 69, 70, 85.
Dreieck, 95.
Dschinnen, 139.
   Dämonen, welche besonders in der muhammedanischen Welt eine grosse Rolle spielen; der Araber kennt gute und böse Dschinnen.
Dschunken, 158, 159, 160, 161.
   chinesische Zweimaster.
Duhin bambang, 145, 146.
   dayakisches Tätowirmuster am Handgelenk und am Halse.
Dukon, 28, 31.
   nach Hardeland ein bandjaresisches Wort; malayisch heisst es ‹dukun› und entspricht dem dayakischen Ausdrucke ‹tabib›, worunter man einen Zauberdoctor versteht, der sich bei seinen Beschwörungen nicht der Basa sangiang, sondern der malayischen und arabischen Sprache bedient.

Duson, 7. 8.
   Strom in Süd-Borneo, den die Dayaks »*baritu*« (Barito) nennen.
Duson Ulu, 123. 148.
   ein Landstrich auf Borneo, nordöstlich von Pulopetak.

Eidechse, 31.
   aus Holz geschnitzt.
Eierstab, Ornament, 42. 77. 82.
Einhorn, 60.
   ein japanisches Fabelthier, »*ki-rin*« genannt.
Eisen, 123.
   die dayakische Bezeichnung ist »*sanaman*«, die bandjaresische »*wasi*«, dem malayischen »*besi*« entsprechend, die longwaische »*melet*« und die der Kayans von Redjang »*titi*«.
Eisenholz, 12. 13.
   dayakisch: »*tabalian*«.
Enra, 164.
   Name der dayakischen Wanderlieder.
Eule, 27.
   der Verkünder bösen Schicksals bei den Chinesen.

Falco pondicerianus, 27.
   ein Falke, welcher in Indien als Vogel von glücklicher Vorbedeutung betrachtet wird.
Färben der dayakischen Gewebe, 92. 93.
Farben bei den Dayaks, 74. 85. 91. 92. 94. 98. 103. Der Collectivname für Farbe, gefärbt, bemalt sein, ist »*sapa*«. Nach Hardeland lautet die dayakische Bezeichnung für schwarz »*bilem*«, mit den Ableitungen »*babilem*« (schwarz, dunkelblau und Junkelgrau), welches dem »*babilen*« der Biadjus bei C. den Hamer entspricht, und »*bilebilem*« (schwärzlich); die Dayaks von Sarawak sagen nach Keppel »*singote*«, im Longwaischen heisst schwarz nach Bock »*mendong*«; die Kayans im Redjanggebiete nennen es nach Burns (Journ. of the Ind. Arch. III, 186) »*pitam*«, was dem malayischen »*hitam*«, das auch Dr. Bacz für die Kapuas-Dayaks anführt, gleichkommt; um etwas als pechschwarz oder sehr schwarz zu bezeichnen, gebrauchen die Dayaks die Ausdrücke »*mahok*«, »*ngdhus*« und »*mangdhus*«; glänzend schwarz oder dunkelbraun heisst »*lihop*«; das Schwarz, welches sich an blutunterlaufenen Stellen der Haut zeigt, wird »*mumuk*« genannt; »*babehet*«, in der Basa sangiang »*babelang*«, bedeutet: schwarz mit weissen Flecken; das Grau des Haares nennen die Dayaks »*owan*«; aschgrau heisst »*kawo*«, »*hakawo*« und »*kawokawo*« und bezeichnet im Allgemeinen auch matte, nicht lebendige Farben. Schwarze Farbe wird nach Xántus aus gebrannten, unreifen Cocosnussschalen, nach Hardeland aus den gekochten Blättern des Baumes »*tapanggang*« gewonnen; beim Verbrennen des Holzes vom Katiting- oder Katunäbaume gewinnt man einen schwarzen, klebrigen, scharfen Saft, ebenfalls »*katiting*« oder »*katun*« genannt, der zum Schwarzfärben der Zähne gebraucht wird. Die chinesische Tusche wird »*bak*« genannt. — Für weiss gebraucht man allgemein das Wort »*puti*« oder »*baputi*«, was vollständig dem malayischen »*putih*« entspricht; nur Bock gibt einen echt einheimischen Ausdruck, das longwaische »*smohong*« an; die weisse Farbe wird nach Xántus »aus dem Safte von *Ficus religiosa* (gemischt mit etwas Arecanuss) neuerer Zeit auch aus einer Kreide und Kalk verfertigt.« Auch nach Hardeland wird der Kalk »*ketok*«, der aus Muscheln gebrannt wird, zum Weissfärben verwendet; sein bandjaresisch-malayischer Name ist »*kapur*«, wovon »*mangapure*«, weiss, blinkend sein, gebildet wird. — Für die blaue Farbe fand ich nur bei Hardeland eine eigene Bezeichnung »*biro*«, zugleich für blaue Zeuge geltend, die auf das malayische »*biru*« zurückweist; die anderen Bezeichnungen sind mit jenen für schwarz identisch. Der blaue Farbstoff, der beim Tätowiren verwendet wird, kommt nach Dr. Bacz von der Wurzel »*bua tanna*«; nach derselben Autorität färben die Dayaks ihre Gewebe blau durch Eintauchen in Indigo »*ngara*«. — Roth heisst nach Dr. Bacz »*tulis*«, nach Bock im Longwaischen »*seek*«; nach Hardeland bezeichnet »*irairang*« das Hellroth, »*handang*« und »*bahandang*« das Roth und das Lichtbraun. Als rothe Farbe wird vornehmlich Drachenblut gebraucht; doch verwendet man auch die gestampften und gekochten Blätter des Strauches »*harudja*« und die purpurfarbenen Früchte der Schlingpflanze »*tahum*«, sowie die Früchte des Strauches »*kasumba*« oder »*supang*« zum Rothfärben von Zeugen u. dgl.; von den Früchten einer anderen Schlingpflanze »*djareneug*« kocht man einen rothen Farbstoff gleichen Namens. Mit der gestampften Wurzel des *Mangkudo*-Baumes wird gelbroth gefärbt. — Purpurfärbig, violett heisst »*ungu*«, welcher Name auch auf ebenso gefärbte Zeuge übergeht. — Gelb wird bei den Kayans im Redjanggebiete »*naimit*«, im Longwaischen (nach Bock) »*mensau*« genannt; bei Hardeland heisst es »*henda*« und »*bahenda*«, nach der Gelbwurz so genannt; die auch zum Färben verwendete wildwachsende stinkende Gelbwurz führt den Namen »*henda bangapan*«; eine andere Gelbwurzart ist »*bangalai*«, die ebenfalls zum

Farben dient; nach Xantus wird die gelbe Farbe aus Gambier bereitet; dunkelgelb, dunkelgrün heisst »marum«, das besonders zur Bezeichnung des Schmutzigen dient; »jhang« ist eine dunkelbraune, nicht dauerhafte Farbe, die aus der Borke verschiedener Bäume, namentlich des »saring pakä«, gewonnen wird; man verwendet sie zum Bestreichen von Holzwerk; zu demselben Zwecke gebraucht man eine braunrote, kleisterhafte Farbe, »talnga« genannt, welche die Dayaks von den Malayen kaufen; »kamor« ist eine braungelbe oder schwärzliche Farbe, mit welcher man die Schnüre der Fischangeln und die Netze färbt; in Pulopetak verwendet man dazu gewöhnlich die Farbe »jhang«, die dann aber auch »kamor« genannt wird; die braune Farbe wird nach Xantus aus Gambier und Schwarz bereitet. — Grün wird nach Hardeland »hidjau« oder »kahidjau« genannt und dient auch zur Bezeichnung des Unreifen; das Wort geht auf das malayische »hidju« zurück; ebenso haben die Dayaks von Sarawak nach Keppel für Grün keine besondere einheimische Bezeichnung, sondern nennen es »singute«, schwarz; doch haben die Dayaks in Süd-Borneo für das Hellgrün junger frischer Gewächse nach Hardeland ein eigenes Wort »haberon«, das von einer vielleicht nicht mehr gebräuchlichen Wurzel »beron« kommt; »bulit« bedeutet: auf schwarzem, rothem oder braunem Grunde weiss geprunkelt sein; unter »hapangmuraug bintik« versteht der Dayak das Verschiedenfarbige, Bunte; »bintik« ist der Ausdruck für Zeichnung, Bild, »mamintik« für Schreiben, Zeichnen, wozu gewöhnlich ein zugespitzter, in Farben getauchter Rottan »tatikan« verwendet wird. Zum Färben wird auch ein kleines, mit Farbe gefülltes Säckchen »handasan« gebraucht, mit welchem man die zu färbenden Stellen bestreicht; nach diesem Färbesäcke wird auch das Gelatlbein »handasan« genannt. Man hat auch hölzerne Stempel »tambagan« mit eingeschnittenen Figuren, welche man mit Farbe bestreicht und dann auf Gegenstände, besonders auf Hüten, abdruckt. Zum Schlusse sei der Leichenbemalung gedacht: allen Leichen werden sieben rothe Punkte in einer Reihe auf die Stirne und je ein rother Punkt auf alle Nägel an Händen und Füssen, welche überdies auch vergoldet werden, gemalt; das Bemalen der Leichen nennt man »manunding«.

Farbensinn der Dayaks, 98.
Feuersprung bei den Chinesen, 62.
Feuerzeuge, 115, 173, 175, 176.
 Dieser Ausdruck stammt von Dr. Bacé und ist so wie auch dessen dayakische Bezeichnung »tali api« nicht ganz richtig; denn diese sogenannten Feuerzeuge bestehen nur aus kleinen Dosen, in welchen man Tabak, Sirih, Kalk etc. aufbewahrt, während »tali api« andererseits nur eine Lunte bezeichnen kann: »tali« Faden, Strick, »api« oder »apui« Feuer; auch Dr. Bacé hat für Lunte denselben Ausdruck. — Den Tabak benennen die Dayaks mit dem rein malayischen Worte »tambaku«, abgekürzt »tamba« und rauchen ihn entweder in Pfeifen oder in Form von Cigarren. Die Tabakpfeifen, deren Kopf und Rohr aus Bambu gemacht werden, heissen »parutan« oder »prutan«; »parutan batok« ist die chinesische Pfeife; die kleinen Döschen aus Bambu heissen »patekang«, welche aus Kupfer »salmpa«. Die Cigarren führen den Namen »roko« oder »sampeong«, als deren Deckblatt man ein junges, abgeschältes und getrocknetes Blatt des Ipahstrauches, das »lalat« genannt wird, oder ein Schilfblatt verwendet. Cigarrentaschen, aus fein gesplissenem Rohr geflochten, heissen nach dem Katalog des Museums zu Bremen »epok«; bei Hardeland ist »apok« ein längliches Rottankörbchen mit einem Deckel. Für Feuerstein wird der malayische Ausdruck »batu api« angeführt; der Stahl heisst »radja«, was dem malayischen »badja« entspricht; die Dayaks vom Redjang nennen ihn nach Burns »titi maiing«, hartes Eisen.

Ficus religiosa, 74.
 eine von den Indern heilig gehaltene Feigenbaumart, aus deren Saft die Dayaks die weisse Farbe bereiten.

Fidschi-Insulaner, 1.
Flamboyantmuster, 115.
 gothische Masswerkverzierungen.
Flöten, 112, 113, 116, 173, 176.
 eine kurze Flöte aus Bambu ohne Löcher, von schrillem, aber lautem Ton, die man gebraucht, um sich auf der Jagd etc. damit Zeichen zu geben, heisst »talunding«, bei Grabowsky wohl irrthümlich »talundjng«; eine Flöte mit vier Löchern, welche Bock als Nasenflöte anführt, wird mit dem malayischen Worte »suling« bezeichnet; die in Fig. 116 abgebildete Flöte wird nach Bock »kleddi«, nach Dr. Bacé ebenfalls »suling« genannt. Ausserdem führt Grabowsky (Nr. 132) eine kleine Flöte »garipai« an, welche die Orang bukit, Bergmenschen des Pramassan alai-Gebirges in Mindai im Pfeilköcher tragen.

Fú, 121.
 chinesische Bezeichnung der als Glückssymbole betrachteten schematischen Darstellungen der Fledermäuse.

Foe kue ki, 157, 158.
: das Werk des chinesischen Reisenden Fa hian über seine Reisen in Indien, 399—414 n. Chr.

Formosa, 132, 143.
: Insel im chinesischen Meere, von den Chinesen *thaiwan* genannt.

Freshwater-Bai auf Neu-Guinea, 82.

Fünfeck, 135.
: Zeichen der Männlichkeit an den heiligen Töpfen der Dayaks.

Fu-kian, 136, 137, 150.
: Provinz im südöstlichen China.

Funori, 91.
: japanischer Algenkleister.

Futschau, 118, 137.
: Hauptstadt und Hafen in der chinesischen Provinz Fu-kian.

Gambir, 74.
: eine gelbbräunliche Harzart, welche von Malayen und Dayaks mit dem Sirih gekaut wird; man benützt sie zum Gelb- und Braunfärben.

Gana, 30.
: dayakische Bezeichnung für die Seele der leblosen Wesen; die Seele von Menschen und Thieren und einigen leblosen Dingen (wie Reis, Geld, Zeug, Waffen) heisst »hambaruan«, nach deren Tode »liau«.

Gandang, 114, 174.
: (Basa sangiang: »tawong«), eine über einen Meter lange dayakische Trommel, welche nur an einer Seite mit Hirschfell überzogen ist; man hält sie zwischen den Beinen und schlägt sie mit der flachen Hand. — Die »gandang mara« ist nur halb so lang, an einem Ende breiter und an beiden Seiten mit Fell überzogen. Beim Spiele werden stets zwei »gandang mara« geschlagen, die »paningka« mit schwächerem Klange und die längere »pangulong« mit stärkerem Tone, mit welcher man die Musik in schnelles Tempo bringt. Ein Seitenstück dazu bieten die indischen Trommeln »banya« und »tabla«, welche auch stets mit einander gespielt werden; nach Raja Tagore (Catalogue of musical instruments of India, Calcutta 1880, p. 11) sind diese Trommeln eine moderne Erfindung; sie können somit nicht als Vorbild der dayakischen Instrumente betrachtet werden.

Ganesa, 156.
: der indische Gott der Weisheit, welcher mit einem Elephantenkopfe, dem Symbol der Klugheit, abgebildet wird. Wörtlich bedeutet der Name: »Herr der Schaaren« und ist zusammengesetzt aus गण »gana«, Schaar, und ईश »isa«, Herrscher.

Gang, trippelnder der Dayakfrauen, erklärt, 95.

Ganges, 49, 54.
: Fluss in Vorderindien; sein indischer Name »gangā« kommt von der Wurzel »gam«, welche »krumm gehen« bedeutet.

Gantang, 165.
: ein malayisch-dayakisches Hohlmass für Reis, Salz, Oel etc., dem Gewichte nach etwa drei Kilogramm Reis entsprechend; doch ist das Gewichts- und Mengenverhältniss je nach der Localität verschieden.

Garantong, 24.
: ein kupfernes Musikinstrument der Dayaks, dem Gong der Malayen entsprechend.

Gassing, 90, 175, 176, 177.
: nach Dr. Bacz der dayakische Name für Spinnrad und für eine Art Kreisel, der aus einer an einem Holzstift befindlichen Scheibe besteht; es scheint somit dieses Wort die stehende Bewegung anzudeuten.

Gautama, 158.
: ein Beiname Buddha's und bedeutet: Abkömmling aus der Familie Gotama's, eines Wedendichters.

Gavial, 54.
: eine Art Krokodil, das vornehmlich in den Gangesgebieten lebt.

Geelvinkbai, 120.
: eine Bucht an der Westküste von Neu-Guinea.

Gefässcultus, 132.

Geflechte, 90, 93, 99.
: »darā« ist der Collectivname für Geflechte, sowie auch besonders für buntes und feines Flechtwerk. Aus der Sammlung Grabowsky besitzt das Museum für Völkerkunde in Berlin eine Mustermatte, deren Flechtornamente mir Dr. A. Grünwedel freundlichst copirte. Auf dieser Matte findet sich 1. das Randsaumgeflecht »darā palimping«, welches auch in den Fig. 64 und 65 den äussersten Saum bildet; 2. das Blümchengeflecht »darā papusu« oder »darā pusu« (Knospengeflecht), welches in den Fig. 64 und 65 den inneren Saum mit den Dreieckmotiven ausfüllt; 3. das Schlangengeflecht »darā handipa«, auf Taf. 3, Nr. 1—4 zu finden; 4. das Geflecht wie ein Tross der Sangalangfrucht »darā tampong sangalange«, auf Taf. 1, Nr. 17, Taf. 2, Nr. 13 und Fig. 64; vergl. S. 172; 5. das Kahngeflecht »darā sampan«, aus entgegengestellten T-Formen bestehend; 6. das Querholzgeflecht »darā panggar«, welches aus einer Reihe nebeneinanderstehender Rechtecke besteht und offenbar den Namen von den Bootsrippen »panggar rangkap« führt, welche die Innenwand des Schiffes in rechteckige Felder abtheilen; 7. das Timbageflecht »darā timba«;

»timba« oder »tamanyrok« heisst der Wasserschöpfer, der gewöhnlich in Schiffen verwendet wird; 8. das Geflecht wie Zweiglein der Bohne »dard pating saretak« und 9. das Korbgeflecht »dard letal sanggar«. Von »dard« wird das Verbum »mandard«, flechten, gebildet, welches unter Wegfall des d und mit dem Suffix an in der Basa sangiang als »man.arean«, abgekürzt »narean«, erscheint. Für Haarflechten, geflochtene Bänder u. dgl. wird »tampiket« gesagt. Zum Flechten wird vornehmlich Rottan »udi« und Bambu »humbang« verwendet; »bilap« nennt man noch jungen Bambu, der gespalten, von Mark und Bast gereinigt, roth oder gelb gefärbt ist; »bisak« ist Alles, was gesplissen ist, »bisak hambang« oder auch »bila« gespaltener Bambu; »tapah« ist eine Art Rottan, die weniger zum Flechten, als zum Binden verwendet wird; auch der Bast der Rohrart »bamban« dient zu gleichen Zwecken. Für Schlafmatten gebraucht man besonders das Schilfgewächs »puron«, da es weicher als Rottan ist; ausgebreitete Verwendung findet auch als Flechtmittel die gelbliche Hauptrippe »batang dawen« des Blattes der Ipah- oder Hapongpflanze, die nur in der Nähe des Meeres wächst und längere und breitere Blätter als die Cocoapalme hat; endlich flicht man aus den in ganz dünne Streifen geschnittenen Blättern der Schilfpflanze »lemba« eine Art Zeug, »shingkang« genannt. Als Flechtwerkzeug wird von Hardeland blos der »pilit« angeführt, ein aus Cocosnussschale verfertigtes Geräth, mit welchem man das Geflochtene dicht zusammenschliesst. Ausser Körben, Matten und Hüten werden noch folgende Flechtarbeiten bei den Dayaks angeführt: »hatap« (mal.: »atap«), über einen Stock »bangkawan« nebeneinander geschlagene und aneinander gereihte (geflochtene) Blätter der Ipahpflanze, womit man die Häuser deckt oder Wände herstellt; ein »hatap« wird an zwei Meter lang; »balat«, ein Geflecht aus Bambu, mit dem man kleine Buchten abschliesst, dass zur Zeit der Ebbe die Fische auf dem Trockenen zurückbleiben; »kabindai«, mit Rottan in einer Breite von zwei Metern dicht aneinandergeflochtene, über einen Meter lange Stücke »hidji« von der langstämmigen, zweiglosen Bambuart »bulus«; mehrere solche Kabindais, oft über 30 Stück, bilden einen »hempenge« und werden in Flüssen oder Meeresbuchten so eingesetzt, dass während der Fluth das Wasser darüberläuft und die Fische ein- und ausschwimmen können; auch lässt man in der Mitte eine Oeffnung, die bei Eintritt der Ebbe geschlossen wird, so dass die innen befindlichen Fische zurückbleiben müssen;

»sarangkep«, ein Geflecht aus Rottan, eine Art Bauer, mit vier Oeffnungen, hinter welche man Schlingen spannt; setzt man auf Vogelnester, um die alten Vögel, wenn sie zu den Fiern oder Jungen zurückkehren, zu fangen; »bundat«, ein Geflecht aus Bambu, rund um »lusok«, einen aus Blättermatten »kadjang« verfertigten runden Reisbehälter, aufgestellt zum Schutze gegen die Ratten, welche Bambu nicht leicht durchnagen können; »hengat«, ein schönes, aus Rottan geflochtenes Band, welches zur Verzierung um den Pfeilköcher »telep« gewunden wird; es bewahrt auch den Bambu, aus dem der Köcher gemacht ist, vor dem Zerspringen; »pahut«, das Rottangeflecht am oberen Ende des Beilstieles »pahera«, in welchem die eiserne Klinge »baliong« oder »bliong« steckt; »rinka pruik« ist nach Dr. Bacz ein Geflecht aus Rottan zum Aufbewahren der Töpfe. Grabowsky hatte in seiner Sammlung ferner ein Geflecht der Cigaretten des Trahan »dard.n rokon trahan«, welche auch von Sangiangs-Besessenen geraucht werden (»trahan« gehört der Basa sangiang an und bedeutet »djipen«, Sclave); ein Geflecht um ein geschnitztes Büffelhorn »dard tandok hadangan«, woraus die Besessenen Tuak oder Arak trinken (»tandok« Horn, »hadangan« Büffel); ein zweites »dard tandok hadangan«, welches beim Todtenfeste »tiwah« dem zu todtenden Büffel um das Horn gebunden wird; alle drei Stücke aus dem Kampong Kwala Kapuas; ferner ein zweites Geflecht, das dem Opferbüffel beim Todtenfeste um das Horn gebunden wird, aus dem Kampong Batu sambong am Mittellaufe des Kapuas und ein Geflecht »dard.n pantar« zum Verzieren der Pantars beim Todtenfeste; endlich noch ein Rottangeflecht »doroi«, welches einen Bestandtheil des Webstuhles bildet und, wie ich glaube, dem von Dr. Bacz »tampan« genannten Gurte aus Baumrinde entspricht (a. a. O., Nr. 8, 9, 10, 13, 14, 53). Im Katalog des Museums zu Barmen ist unter Nr. 75 ein Fächer, aus Rottan geflochten, angeführt, welchen Frauen gebrauchen, um sich Kühlung zuzufächeln oder auch damit Feuer anzufachen; der angegebene Name »kipas« ist malayisch; die dayakische Bezeichnung lautet »kitap«; ebendaselbst Nr. 118 ist auch ein aus Rohr geflochtener Panzer »badju ua«, wörtlich: Rottanjacke, verzeichnet. Hieran schliessen sich der »karungkong«, ein aus Stricken geflochtener, mit kleinen Schneckenscheiben »sulaus« (von der Balusoh-Schnecke) besetzter Panzer, der Brust und Rücken deckt und nur im Kriege getragen wird; nach Dr. Bacz führt er den Namen »gagou«; der »sangkarut« ist ebenfalls ein aus Stricken geflochtenes Oberkleid, das als Panzer im Kriege verwendet wird. Die auf solchen Panzern gemalten Ornamente sind auf Taf. 8, Nr. 4, 6, 9, 12 dargestellt.

Geisterbeschwörung, 28, 29.

Gela, 115.

Nach Veth dayakische Bezeichnung für geigenartige Streichinstrumente.

Gelang kayu, 175.

Nach Dr. Bacz dayakische Bezeichnung für Armringe aus Holz, welche Männer am Oberarme tragen.

Geometrische Gebilde, deren Entstehung erklärt 96.

Gesichtsmasken, 35, 36, 71.

Nach Dr. Bacz führen sie den Namen »ramma« oder »ramba«; nach Hardeland heissen diese bei fröhlichen Festen getragenen Holzmasken »tabuka« oder »sabuka«. Vgl. auch Andree, Ethnogr. Parallelen u. Vergleiche, Neue Folge, pag. 144, 145.

Gewebe, 90, 91, 93.

Die Collectivbezeichnung für Gewebe ist »tantang«; davon wird »manautang« oder »hatantang«, weben, und »panantang«, Weber oder Weberin, gebildet. Ausser der Baumwolle verwendet man auch das von Ananasblättern gewonnene Garn, das so wie die Ananas »kanat« heisst; im Katalog des Museums in Barmen Nr. 110 wird dafür der Name »Iawai malaka« angegeben; ebendort führt der Bast der Ananasblätter, den man durch Einweichen derselben und durch Schlagen mit einem scharfen kantigen Holze gewinnt, den Namen »ayut«; Hardeland schreibt dagegen »avuh«, was das Zubereitetsein der Blätter zu Nähgarn bedeutet; ebenfalls im Kataloge dieses Museums Nr. 111 findet man die Blätter der Sagopalme »rawen ambid«, wofür »dauen hambid« gelesen werden muss, welche auch, so lange sie noch ganz jung sind, zu Garn verarbeitet werden. Aus den jungen Blättern einer Palmenart »gabang« wird eine Sorte grobes Zeug »bidak« für Segeltuch gemacht. Aus dem Baste eines Baumes mit sehr breiten Blättern »baro« macht man Nähgarn. Dr. Bacz nennt ferner einen Zwirn »kikan« aus »kulit akar« aus der Akarrinde (sowohl »kulit«, Hülle, Fell, als auch »akar«, Wurzel, sind malayische Wörter). Die Collectivbezeichnung für Garn zum Nähen oder Weben ist »lawai«; mit Wachs überstrichen heisst es »kalintan«; ein anderer Name für Garn ist »rambu«; »banang bula« ist eine grobe Sorte von Nähgarn, die in Nagara verfertigt wird (»benang« ist die malayische Bezeichnung für Zwirn); gedreht oder gezwirnt, von Garn gesagt, heisst »kantih« oder »pulai«. — »Pemigi« oder »pamigi« heisst nach

Dr. Bacz der Baumwollreiniger und »gasman« das Spinnrad; Grabowsky Nr. 55 gibt für ein Spinninstrument aus dem Kampong Sungai ringin die Bezeichnung »badjang«, die sonst einen Hirsch bedeutet. »Tampad benung« (lies »benang«) ist nach Dr. Bacz das Körbchen, in welchem die Zwirnknäuel aufbewahrt werden; im Museum zu Barmen befindet sich ein aus Rottan geflochtenes Körbchen »tepa« (Nr. 30), welches nicht nur zum Aufbewahren von Betel, sondern zugleich auch als Nähkörbchen dient. Dr. Bacz nennt für den Färbeprozess bei Geweben folgende Gegenstände: Spannrahmen für gewöhnliche Kleiderstoffe »tanga ubo kayin«; »tangga« ist ein malayisches Wort, dem das dayakische »lampat« entspricht, und bedeutet Leiter, Treppe; da der Spannrahmen ein leiterartiges Aussehen hat, so erklärt sich der Name für Matayen von selbst; ob aber die Dayaks dafür dasselbe Wort oder »lampat« sagen, ist mir unbekannt; »ubn« dürfte das Wurzelwort für das malayische »buboh«, hineinstellen, sein; »kayin« ist auch malayisch und bedeutet: Linnen, Leinwand; Spannrahmen für Puakumbos »tanga« (l. tangga) ubo pua-kumbo«. Die Grasart, die zum Unterknüpfen dient, nennt Bacz »lmba«, was dem bei Hardeland »lemba« genannten Schilfgewächse entspricht; für das Unterknüpfen selbst führt Bacz wieder nur den malayischen Ausdruck »ikat« an; den Trog zum Färben nennt er »dulan«; »dulang« ist die Bezeichnung für allerlei Tröge, besonders aber für Schüsseln zum Goldwaschen, woraus das Zeitwort »mandulang«, Goldwaschen, gebildet wird. — Der Webstuhl führt verschiedene Namen: der im Katalog des Museums zu Barmen Nr. 109 »pawa angunan« genannte stammt aus dem östlich vom Mittellaufe des Barito gelegenen Landstrich Siong oder Sihong; Grabowsky führt zwei Webstühle an: »dawai timpung« aus dem Kampong Sungai ringin (»timpung« ist der Name eines Zeuges) und »ramon dawai« von den Ot Janum im Kampong Rudjak (»ramon« bedeutet: Bauholz, Güter, Sachen). »dawai« ist offenbar der Webstuhl oder das Weben; es wäre demnach zu übersetzen mit Zubehör zum Webstuhl); zu letzterem gehören: zwei feine runde Stäbe »pating bahum«, zwei dickere, in eine gekerbte Stäbe, »pating duroi«, ein breites Holz »birang«, ein gezahnter Stab »totot«, zwei Bambustäbe »bonkong«, ein Geflecht aus Rottan »duroi«, eine grosse Spule »sakuan asoko« (»asok« ist Rottan, welcher in die Enden der Matten eingeflochten wird, um denselben Festigkeit zu geben), eine kleine Spule »sakuan«, welche mit Garn versehen »bohun« heisst, und ein Stab zum Auseinanderhalten des bereits Gewebten »sakuan«. Dr. Bacz nennt den Webstuhl »tendai«, dessen Hauptbestandtheile der Gurt aus Baumrinde »tampan« und der Gewebebalken »tendai« sind; das Werkzeug zum Hinaufschlagen der Querfäden heisst »blas«. — Die Collectivbezeichnung für Zeuge ist »benang« (dasselbe Wort bedeutet im Malayischen Garn); in der Basa sangiang erscheinen dafür die beiden Ausdrücke »pahangan« und »tantan«. Die Zeuge sind zum grössten Theile gewebte Stoffe; doch werden auch geflochtene und aus Baumbast verfertigte Zeuge verwendet. Nachstehend folgt die Zusammenstellung der mir bekannt gewordenen Benennungen der einzelnen Stoffarten: »tambasah«, eine Art feines Zeug; »sarari«, ein feines Zeug, aus dem man Jacken macht; »sita« oder »tjita«, ein feines Zeug aus Baumwolle, sehr gebräuchlich; »kipar« (vom holländischen Worte gekepert), im Kreuz gewebt, eine Art Zeug; »sakalat«, Tuch; »lakan« (vom holländischen Laken), Tuch, Zeug zu Röcken etc.; »bidak«, grobes Zeug, welches zu Segeln etc. gebraucht und von den jungen Blättern der Palmenart »gabang« gemacht wird; »katji«, ein sehr feines, weisses Zeug; »amau«, eine sehr gebräuchliche Sorte feinen, weissen Zeuges; »buta« oder »benang buta«, ein grobes, weisses Zeug, welches zu Segeln, Säcken etc. gebraucht wird; »balantan«, ein grobes, weisses Zeug, welches zu Schlafgardinen verwendet wird; »benang bakapur«, eine Art dicken, weissen, mit Kalk (mal.: »kapur«) gefärbten Zeuges; »tambirah«, ein grobes, weisses Zeug mit schwarzem Rande; »usup«, ein sehr gebräuchliches grobes, weisses Zeug mit schwarzen Streifen, welches in Nagara gemacht wird; »barimar«, eine Art weiss und schwarz gestreiften Kleiderzeuges, welches viel zu Unterröcken »saloi« gebraucht wird; »balatuk«, grobes, auf Bornes fabricirtes weisses Zeug aus Baumwolle mit schwarzen Streifen; »sudas« oder »benang andas«, sehr gebräuchliches, schwarzes Zeug; »biru«, eine Sorte blauen Zeuges (»biru«, mal. = blau); »kadandang«, eine Art hellrothen Zeuges; »karikam«, ein Dunkelrothes grobes Zeug, welches viel zu Schlafgardinen gebraucht wird; »tambayrong«, roth gemustertes Zeug, welches häufig zu Shawls verwendet wird; »paleng«, eine Art groben, rothen Zeuges mit weissen Streifen; »benang djarak«, rothes Zeug mit weissen Zeichnungen; »pala«, ein grobes, rothes Zeug mit weissen Blümchen; »djarai«, eine sehr gebräuchliche Art rothen, weiss geblümten Tuches, welches als Shawl getragen wird; »kampurong«, ein rothes Zeug mit weissen und schwarzen Streifen; »sukin«, ein schwarz, weiss und roth gestreiftes Zeug; »malaka«, ein grobes, weiss, schwarz und roth gestreiftes Zeug; »karongbilis«, ein sehr gebräuchliches grobes, weiss, roth und schwarz gestreiftes Zeug; »gabar«, eine Sorte dicken, groben, roth, weiss und schwarz melirten Zeuges; »kambayat«, ein sehr gebräuchliches rothes Zeug mit schwarzen und weissen Rauten; »tambawa«, ein grobes, gelb und roth gestreiftes Zeug; »sandayan«, eine Art groben, rothen, weiss oder gelb gemusterten Zeuges; »kahkat«, ein sehr gebräuchliches, weiss, gelb, roth und schwarz gestreiftes Zeug; »siudai«, ein rotes Zeug mit schwarzen oder gelben etc. geschlängelten Streifen; »lambaiagong«, ein grobes, roth, gelb und grün gemustertes Zeug, welches viel zu Schlafgardinen gebraucht wird; »djinggas«, mal. »ginggang«, ein gestreiftes Zeug; »pararani« oder »puron pararani«, ein dickes, wolliges Zeug, das aus China stammt und als Schlafmatte verwendet wird; »isit«, eine sehr gebräuchliche Sorte gemusterten feinen Zeuges; »rupah«, ein gebräuchlicher gemusterter Kleiderstoff; »timpong«, ein mehr im Innern Borneos verfertigtes, sehr theueres, buntgewebtes Zeug aus Baumwolle; »batik«, sehr gebräuchliches, ziemlich dickes gemustertes Zeug; »batik batawi«, batavischer Batik, ist die feinste, ziemlich theuere Batiksorte, schwarz mit weissen Blumen; »batik bang«, rother Batikstoff mit weissen Blumen; »baludu«, Sammt. — Die Collectivbezeichnung für Seidenstoffe ist »benang satara«; »satara« oder »sutara« (mal.: »sutra«), Seide; »palangi«, ein seidener Stoff, der viel als Shawl getragen wird; »badjumas«, seidener, mit Gold durchwirkter Stoff, der als Shawl »sindjang« getragen wird; »katjambang«, eine Sorte seidenen, mit Goldfäden durchwebten Zeuges, welches als Shawl benützt wird; »radinpatani« oder »patani«, ein seidenes, mit Gold durchwebtes Zeug, welches als Gürtel und Shawl gebraucht wird; »batiko«, ein rothes seidenes Zeug mit gelbem Saume, welches an beiden Enden mit Gold gestickt ist und als Shawl gebraucht wird. — Von geflochtenen Zeugen ist mir bloss der »hungkang« bekannt, der aus den geplissenen und zusammengeflochtenen Blättern der Schilfpflanze »lemba« verfertigt wird. — Von den Baststoffen wird am häufigsten der »nyamo« verwendet, der aus dem Baste des gleichnamigen Baumes dadurch gewonnen wird, dass man den im Wasser geweichten Bast breit auseinander schlägt; auch von dem Baume

»Junok« wird auf diese Weise ein Baststoff erhalten; »gadok«, »benang gadok« oder »blatok gadok« ist ein grobes Zeug, welches im Binnenlande aus Baumbast bereitet wird; manche Bäume haben dreierlei Bast übereinander: der oberste heisst »upak«, der mittlere »kambé« und der unterste »isi«; Dr. Hager bringt für Baumbast die malayische Bezeichnung »kulit kayu« (Holzhülle); den zum Bastklopfen verwendeten Schlägel nennt er »malu«. — Die auf den Stoffen angebrachten Zeichnungen, wie Striche, Blumen etc. heissen »bintik«, in der Basa sangiang »bantikan«. — Nähen heisst »mangarung«; die Stickereien nennt man »suit«, »sulam« (mal) und »sungkit« (Basa kahayan). — Die Nähnadel, als welche häufig eine Fischgräte verwendet wird, heisst »pilus«; »semat« ist die Stecknadel (Dornen, Gräten etc.); eine dritte Nadel wird im Kataloge des Museums zu Barmen Nr. 90 als »siko«, Filetnadel, angeführt.

Giebelverzierungen, 16, 17, 19.

Gong, 114.
Musikinstrument, aus Java nach Borneo eingeführtes Metallbecken, nach Veth auch »tjanang« genannt.

Gorgonen, 43.

Gorgonenhaupt, 43, 68.
als Schilddecoration verwendet.

Goungboung, 97.
Bezeichnung für einen Frauenturban in Tschittagong.

Griechen, 68.

Gusi, 135, 139.
eine Art Djawet, heiliger Topf; denselben Namen, »guasi« geschrieben, bringt Burns im Kayan-Vocabular als Bezeichnung für Krug.

Giulji, 84.
ein grosser irdener Topf, der nach S. Müller die Spitze von gewissen Pfählen krönt; ein anderer Name ist »situn«; Hardeland schreibt »siton«.

Guyana, Französisch-, 4.

Hadji, 27.
malayisch-Jayakische Bezeichnung für zurückgekehrte Mekkapilger; aus dem arabischen »hádchijj«. Die im Texte gegebene Erklärung »or Mohamedan priests« ist nicht ganz richtig.

Hakenornament, 95.
ein ornamentales Urmotiv.

Hai-lung-wang, 64.
der König Seedrache, eine unserem Neptun entsprechende Gottheit der Chinesen.

Halamaung, 135.
eine Art Djawet, heiliger Topf, an dessen Aussenseite drei Nagas mit vier Klauen an den Pfoten hintereinander angebracht sind; Werth nach Hardeland 700—1200 Gulden.

Haliastur intermedius, 24.
der von den Dayaks »antang« genannte Schicksalsvogel.

Halmahera, 19, 119.
eine Molukken-Insel.

Hamanhku Buwono IV., 47.
Sultan von Djokdjakarta im zweiten Decennium des 19. Jahrhunderts.

Hamba, 40.
ein malayisches Wort, welches »Diener« bedeutet und nach S. Müller den ersten Theil des Wortes Hampatong bildet.

Hampatong, 18, 30, 32, 33, 44, 71, 84, 127, 171.
Nach S. Müller besteht dieses Wort aus den beiden malayischen Ausdrücken »hamba«, Diener, und »patong«, Bild. Hardeland sagt darüber Folgendes: »Hampatong, hölzerne oder irdene etc. Abbildungen von Menschen, Thieren etc. etc.; man macht sie entweder als Spielzeug für Kinder oder zu abgöttischen Zwecken. — Bei Tiwah, Todtenfesten, stellt man verschiedene Holzpuppen auf, deren Gana Sclaven des Verstorbenen werden sollen. — Bei Krankheitsfällen gebraucht man hampatong lantak, angenagelte Bilder, gewöhnlich nur ein Stück Holz oben zur Gestalt eines Menschenkopfes geschnitzt, welche man schlägt, misshandelt und zuletzt irgendwo festnagelt; sie sollen Stellvertreter des Kranken werden, damit der Kranke genese. — Hampatong udi, Püppchen von Rottan, gebraucht man bei Gerichtssachen. — Hampatong karohái tatau oder nur karohái tatau sind kleine Püppchen, wozu das Holz durch einen Traum angezeigt ist; man bewahrt sie sorgfältig im Hause und hofft auf Glück und Vortheil durch sie. — Auf die Reishaufen in dem Lepau, Reishäuschen, steckt man Hampatong parai oder sampan parai, hölzerne Bildchen, und hofft, dass dadurch Segen in den Reis komme, dass er nicht schnell alle werde, Ratten etc. ihm keinen Schaden thun.« — Andere derartige Bildnisse sind: »awah«, kleine hölzerne Puppen, die unter Zaubersprüchen gemacht und den, welchen man hasst, krank machen; »pangawå«, hölzerne Puppen, welche beim Ankaufe eines heiligen Topfes vor dem Hause am Flusse aufgepflanzt werden; »patindju«, drei hölzerne Püppchen, welche man dem Vogel »antang« bei günstiger Antwort zum Geschenke bringt. — Bock gebraucht stets den Ausdruck »tam-

patong«, wozu Rovido van der Aa bemerkt, dass diese Form »misschien eigenaardig aan Koetei« sei; allein auch in einem und demselben Districte können *h* und *t* wechseln, wie ein Studium des Wörterbuches Hardeland's zeigt, wo z. B. »hantimon«, Gurke, mit »tantimon«, »hanteloh«, Ei, mit »tanteloh«, »hatihis«, schlank, mit »tatihis«, »hampelas«, Name einiger Bäume, mit »tampelas« wechselt; allerdings sind hier die Formen mit *t* die gebräuchlicheren.

Hampatong sadiri, 37.
aus Reismehlteig gemachte Opferpüppchen.

Handipa, 172.
Dayakische Collectivbezeichnung für Schlangen; daher führen die auf Matten und Körben häufig vorkommenden Schlangenmotive (vgl. Taf. 3, Nr. 1—4) den Namen »dara handipa«.

Hantu, 19, 24, 32, 33.
Die dayakische Bezeichnung für Leiche, Aas; mit einem Begleitworte versehen bedeutet »hantu« verschiedene Arten von bösen Geistern; Hardeland zählt folgende auf: »hantu bantas«, Bauchwassersucht und Name des bösen Geistes, welcher diese Krankheit bewirkt; »hantu baranak«, böse Gespenster, und zwar die Seelen der Weiber, welche im Gebären gestorben sind; sie fahren in die schwangeren Weiber und suchen sie oder ihre Frucht zu tödten; »hantu karuno«, böse Gespenster, und zwar die Seelen Ermordeter; sie verursachen Stiche und Krämpfe im Körper.

Hantuen, 24, 25, 75.
auch »baduron« oder »hantuen baduron«, ist die dayakische Bezeichnung für bösartige Wesen, Menschen, welche des Nachts sich den Kopf abreissen, welcher dann mit den daranhängenden Eingeweiden durch die Luft fliegt und Krankheiten verursacht.

Hanuman, 49, 50.
Der Name des Affenkönigs der indischen Mythologie.

Han-wün-kung, 53.
auch »han-yu« genannt, ein chinesischer Staatsmann, Dichter und Gelehrter, der zwischen 768 und 824 n. Chr. lebte.

Han-yu, 53.
siehe »han-wün kung«.

Hatalla, 23, 24, 25.
Name des höchsten Gottes der Dayaks; das Wort stammt aus dem Arabischen, wird auch zuweilen mit dem arabischen Artikel versehen und lautet dann »alhatalla«; die einheimische Bezeichnung ist »mahatara«.

Hatuan blanga habuhut, 134.
eine Art Djawet, heiliger Topf, wörtlich übersetzt: eine männliche Blanga mit einem Reif (»bohut« ist der Reif, welcher en bas relief mitten um die Blanga läuft).

Hatuan blanga rempah, 134.
eine Art Djawet, heiliger Topf, und zwar eine männliche Blanga.

Hatuan halamaung, 133.
eine Art Djawet, heiliger Topf, und zwar ein männlicher Halamaung.

Hausapotheke, 41, 177.
Dr. Bacz führt dafür den Namen »supon« an, welcher mit der Bezeichnung »supu« bei Hardeland identisch sein dürfte; »supu« ist ein kleines porzellanenes Töpfchen mit einem Deckel (der »supon« des Dr. Bacz ist eine Dose aus Baumrinde mit hölzernem Deckel), in welches man »minyak«, wohlriechendes Oel, gibt, das man von Chinesen und Malayen kauft, um die Kleider damit zu salben. Der Ausdruck »Hausapotheke«, der europäischen Begriffen entlehnt ist, würde in diesem Falle nicht recht passen.

Haus des blauen Drachen, 55.
die Bezeichnung der Chinesen für den ersten Theil des Himmels in Osten.

Herakles, 43.

Hien-tsung, 53.
chinesischer Kaiser aus der Tang-Dynastie, welcher 806—821 n. Chr. regierte.

Himmel-Erde-Verband, 161.
ein chinesischer Geheimbund.

Hindu, 7, 26, 27, 134, 153, 156, 157, 158.

Hinducultur auf Borneo, 26, 27.

Hindureligion, 26, 27, 28, 51.

Hindustan, 6, 157.

Hinterindien, 74.

Hirato-Steingut, 118.
Name von japanischen Gefässen aus dem gleichnamigen Orte in der Provinz Hizen.

Hitsugi, 130.
oder »kuwan«, japanische Bezeichnung für Särge aus weissem Holze.

Hizen-Gefässe, 118.
die japanische Provinz Hizen (auf der letzten Silbe zu betonen; *z* = scharfes *s*) auf der Insel Kiu-schiu ist das Hauptcentrum der Porzellanfabrication.

Ho, 113.
chinesische Bezeichnung für eine Art Rohrorgel, welche wörtlich »angenehmen Zusammenklang« bedeutet.

Holbeintechnik, 98.

Holzfiguren bei den Dayaks, 17, 18, 23, 30, 32, 34.

Holzschnitzereien bei den Dayaks, 89, 93, 107, 110, 112, 115, 117, 122.
die dayakische Bezeichnung für Schnitzwerk und ausgeschnitzte Figuren ist »ukir« oder »ukir gareneng«; davon werden folgende

Bildungen abgeleitet: »bukir« oder »ukiukir«, mit Schnitzwerk verziert; »mukir« oder »hukir«, ausschnitten; »pukir«, »paukir« oder »pamukir«, der Schnitzer. Für Schmuck und Verzierung ist das gebräuchliche Wort »balawit«; Basreliefs, wie Blumen, Thiergestalten u. dgl. an Holzwerk, aber auch an Töpfen, nennt man »banghähen«; durchbrochene Arbeit, in Holz ausgeschnittene Figuren, »karawaug« oder »krawang«.

Hornschnitzereien bei den Dayaks, 83, 107.
Hosen, 99.

Dieses bei den Dayaks nicht einheimische und angeblich von den Bugis bei ihnen eingeführte Kleidungsstück trägt den Namen »saramar« oder »salawar«; auch die Malayen gebrauchen dafür den Ausdruck »sulwar«; die Ableitung dieses Wortes aus dem arabischen »sarâwîl« (plur. von »sirwâl«), welches sehr weite Hosen, auch Unterhosen bezeichnet, mit der häufig auftretenden Vertauschung der beiden Halbvocale l und r dürfte nicht bezweifelt werden können.

Hühneropfer, 19.

Die Collectivbezeichnung für Huhn ist »manok«; der Hahn heisst »djagau«, die Henne »pehuk«; wie sehr die Dayaks das Huhn als Hausthier hegen, geht vor Allem daraus hervor, dass sie für das künstlich gemachte Hühnernest die besondere Bezeichnung »karanai« haben (im Gegensatze zu »sarangan«, dem Neste, welches sich das Huhn selbst macht); ferner beweisen es die verschiedenen Namen, welche diesem Thier nach der Farbe oder sonstigen Eigenthümlichkeiten beigelegt werden, wie auch der besondere Ausdruck »sakan« für wilde Hühner, die etwas kleiner als die zahmen sind. Die betreffenden Namen sind folgende: »manok saragat«, ganz weisse Hühner (davon wird »nyarapat« oder »manyarapat«, weiss, grau sein, gebildet, das jedoch, wie es scheint, nur für das vom Alter gebleichte Haar gebraucht wird); »manok urit« oder blos »urit«, schwarz und weiss getüpfelte Hühner; »bidu« oder »manok bidu«, schwarze, weiss getüpfelte Hühner; »biring«, schwarze Hühner mit rothem Halse und Rücken; »barumbon« oder »manok barumbon«, gelbe Hühner mit rothen, schwarzen und weissen Flecken; »manok saradja«, Hühner mit sechs verschiedenen Farben; »manok kanahi«, Hühner, deren Fleisch und Knochen eine schwärzliche Farbe zeigen (»kanahi« ist der Name für schwarzen Reis, davon wird das Wort »manganahi«, schwarz oder sehr dunkelfarbig, gebildet; die Knochen solcher Hühner werden als Schutzmittel gegen Beschwörungen und Zaubereien getragen; »manok balik«, Hühner mit verkehrt stehenden Federn (»balik« bedeutet »umgedreht sein«); »manok pukong«, Hühner ohne Schwanz (»pukong« ist die Bezeichnung für »verstümmelt«; das Abhauen der Schwänze, namentlich bei Hühnern, scheint von den Dayaks mit Vorliebe geübt zu werden); »djampa« oder »manok djampa«, eine Art Hühner mit sehr kurzen Beinen; »tingen« oder »manok tingen«, eine Art kleiner Hühner. — Hühneropfer werden besonders von schwangeren Frauen oder für solche dargebracht, was seinen Grund in dem Glauben haben dürfte, dass die während des Gebärens sterbenden weiblichen Hantuens in böse Geister, »kangkamiak« oder »kamiak«, verwandelt werden, welche zumeist in Gestalt eines Huhnes in schwangere Frauen zu fahren suchen, um sie am Gebären zu hindern; sogar die Stimme einer solchen Kangkamiak ähnelt dem Geschrei einer Henne; Hühneropfer bringt man daher auch den Wassergöttern, »djata«, um die Schwangeren vor den bösen Geistern beschützen und leicht gebären zu lassen; wollen unfruchtbare Frauen (und auch Männer) Kindersegen erlangen, so veranstalten sie einem Djata ein grosses Fest, »baracamin« (von »rami«, fröhlich) genannt, bei welchem man in einem schön geschmückten Boote nach einem Wohnsitze der Djatas fährt und dort Hühner (und anderes Geflügel), deren Schnäbel mit Goldblech belegt sind, zum Opfer darbringt, indem man sie entweder lebendig in das Wasser wirft oder ihnen den Kopf abschneidet und blos diesen opfert, den Rumpf des Thieres aber verzehrt. In manchen Fällen scheint man sich jedoch mit aus Holz geschnitzten Vogelfiguren zu begnügen; das Museum der rheinischen Mission zu Barmen besitzt eine solche Figur »manok djata« (Katalog Nr. 78), welche dem Wassergotte geopfert, Heil und Segen erwirkt. — Hühner werden ferner bei Krankheiten dem Radja hantuen geopfert, damit er die von der Krankheit gefangen fortgeführte Seele des Menschen wieder freilasse; diese Opfer, bei denen mehrere Zauberer mitwirken, nennt man »hirek«, reinigen (von »irek«, gereinigt sein) und unterscheidet davon mehrere Arten: »baramayra« ist das Opfern von drei Hühnern; »manangkadja«, »nangkadja«, »mangarakau« oder »nagarakau«, das Opfern eines Huhnes; je nach dem Grade der Krankheit wird von der einen oder anderen Art Gebrauch gemacht. Das »hirek« wird jedoch nur dann angewendet, wenn die Krankheit durch böse Geister verursacht ist; hat aber ein Sangiang den Menschen krank gemacht, so muss man eine dem Hirek ganz ähnliche Ceremonie vornehmen, welche man »manyampo« oder »hasampo dengan« (von Krankheiten genesen) nennt und bei welcher zuweilen auch ein Huhn geschlachtet wird. Man verabsäumt nicht, die Gestalt und die Zahl der kleinen Knoten »tarianga« in den Eingeweiden eines geopferten Huhnes zu beachten, weil daraus auf den Verlauf der Krankheit Schlüsse gezogen werden können. Die bösen Geister, denen man sonst noch zuweilen Hühner opfert, sind: »idjin«, Waldgeister mit menschlicher Gestalt, von denen man durch Opfer grosse Stärke empfangen kann; »kamba«, Geister, welche theils im Wasser, theils in Gebüschen an kleinen Flüssen leben und den Menschen nur dann schaden, wenn sie beleidigt wurden, was z. B. durch Fällen von Bäumen in der Nähe ihres Wohnplatzes geschieht; »kariau«, Waldgeister in Gestalt von sechsjährigen Kindern, welche das Wild von den Jägern verbergen und daher bei erfolglosen Jagden Opfer erhalten; endlich gibt es noch ein weibliches Gespenst »indu rarawi« (Mutter Rarawi) oder blos »rarawi«, welches kleine Kinder plagt, so dass sie viel weinen; dieses Wesen versucht man gleichfalls durch Hühneropfer zu versöhnen. — Auch zum Erbitten von Glück »blaku ontong« benöthigt man des Hühneropfers, das man dem König des Glückes »radjan ontong« darbringt. Um gute Ernten zu erlangen, Glück auf Handelsreisen zu haben u. dgl., opfert man starken, mächtigen Waldgeistern »pampahileg« in der Regel sieben Hühner (oder ein Schwein; darnach würde ein Huhn der siebentel Theil vom Werthe eines Schweines haben). Auch den Schicksalsvögeln opfert man Hühner, und zwar dem Antang, wenn er Glück verkündigt und diese Verkündigung sich erfüllt, und dem Pantis, einem kleinen grauen Vogel mit grünem Rücken und rothbraunen Kreisen um die Augen, um das durch ihn verkündete Unglück abzuwenden oder das prophezeite Glück desto gewisser zu machen. Ferner opfert man jährlich ein rothes Huhn gewissen Zaubermitteln »pangantuho«, von welchen man glaubt, dass sie vor Krankheiten und sonstigen Zaubereien beschützen. Endlich opfert man Hühner, wenn man einen besonders geliebten Todten in den Sarg »raung« legt und diesen auf eine eigens dazu im Hause errichtete Bank »katil« stellt; diesen Act nennt man »mangatil raung«. Hieran schliesst sich noch die »manyaki«, mit Blut bestreichen (von der Wurzel »saki« abgeleitet), genannte Feierlichkeit, welche darin besteht, dass die Dayaks ihre Kinder jeden Monat bis zum 10.—12. Jahre

mit Blut bestreichen, um Krankheiten u. dgl. von ihnen fernzuhalten; reiche Leute schlachten zu dem Zwecke jedesmal ein Huhn; Arme nehmen dazu nur ein wenig Blut aus dem Kamme »djungul« eines Hahnes; diesen Vorgang nennt man »mandjungul«.

Hute, 103, 105, 106, 172.

In der Regel gehen die Dayaks barhaupt; Kopfbedeckungen werden nur bei langdauernder Arbeit im Freien von den Frauen, bei Kriegszugen von den Männern getragen. Der Begriff »Kopfbedeckung« dürfte in dem Worte talupong liegen, wenngleich es Hardeland blos in der Bedeutung von »Mütze, Kappe« anführt, da das davon abgeleitete Zeitwort »manatupong« vom Haare gebraucht wird, das den Kopf vollständig bedeckt. C. den Hamer führt in seiner »Proeve eener vergelijkenden woordenlijst« (Tijdschr. voor Ind. t.-, L- en v.-kunde, XXXII, p. 464, 465) drei Bezeichnungen für Hut an: Biadju: »puduk«; Maanyan: »punduk« und Tidungisch: »lubung«; letzteres deckt sich dem Stamme nach mit »laung«, welches im Kayan-Wörterverzeichnisse von Burns (Journ. of the Ind. Arch. III, p. 184) für den Bintulu- und Redjang-District ebenfalls als Bezeichnung für Hut angeführt wird; bei Hardeland bedeutet »laung« oder »laung« (zweisilbig zu sprechen) ein Kopftuch, welches nur Männer tragen; bei Perelaer, a. a. O p. 95, ist »laung« eine Kopfbedeckung in der Art, dass ein Tuch so um das Haupt gewunden wird, dass die Haare darunter und zwischen durch frei in den Wind flattern; nach Dr. Bacz bedeutet »labung« eine Kriegermütze. Im Longwayischen heisst der Hut nach Bock »tapan«. Die grossen, schirmartigen Frauenhüte »tanggoi« (Dr. Bacz sagt »tangi«) werden aus feingespaltenem Rotten mit zierlichen Ornamenten oder aus Blättern geflochten. Man verwendet dazu die Blätter der Nipapalme, einer breitblätterigen, »raia« (zweisilbig zu sprechen) genannten Pflanze und die jungen Blätter »pusok« der Ipah- oder Hapongpflanze, welche hutförmig rundgebogen, gebunden und getrocknet den Namen »kalungkong« führen; »kasau« heissen die oberen, »karangka« (nach Grabowsky »kumpang«) die inneren Blätter des Hutes; »bungu« oder »bungun tanggoi« ist das kleine, runde Käppchen, welches innen in die Mitte des grossen Sonnenhutes »tanggoi« geflochten ist, und womit dieser auf dem Kopfe festsitzt; »hunyok« nennt man die Spitze eines solchen Hutes. Hardeland zählt mehrere Arten von Tanggois auf: »tanggoi bunter«, runder, kesselförmiger Hut (»bunter«, kreisrund); »tanggoi lunyu« oder »tanggoi hu-

»nyok«, spitzer, trichterförmiger Hut (»hunyok« Spitze von grossen Dingen, wie Bergen etc., »lunyok« oder »punyok«, Spitze von kleinen Dingen); »tanggoi lahong«, ein rother Hut; »tanggoi basilap«, ein rother Hut mit weisser Spitze; »tanggoi lambagan« oder »tanggoi bintik«, ein bunt geflochtener Hut (»lambagan« nennt man hölzerne Stempel mit eingeschnittenen Figuren, welche man mit Farbe bestreicht und besonders auf Hüten abdruckt; »bintik« ist jede Art von Schrift und Zeichnung). Grabowsky fügt noch den »tanggoi dara«, einen geflochtenen Hut, hinzu, der zumeist bei festlichen Gelegenheiten getragen wird; zuweilen ist er mit kleinen Schnecken, »ayat busi« (spr. buschi) verziert (»ayat«, eine kleine weissgraue Schnecke, welche vielfach zu Verzierungen verwendet wird und wahrscheinlich eine Art Nassaschnecke ist; »busi«, »nsi« und »arak« bedeutet: von der Schale befreit; »ayat busi« sind demnach die leeren, ihrer Bewohner entledigten Schneckenhäuschen; Dr. Bacz führt für Frauenhüte ausser dem Namen »tangi«, welcher trichterförmigen Hüten beigelegt wird, noch die Bezeichnung »krau« an. Das Museum in Barmen besitzt einen aus Palmblättern verfertigten grossen Hut, der zum Zudecken von allerlei Esswaren dient, gelegentlich aber auch als Kopfbedeckung benützt werden soll. Der dafür angegebene Name »tudong« ist echt malayisch und bedeutet »bedecken«; die Dayaks bilden daraus mit dem das Passivum anzeigenden Präfixe ta das Wort »tatudong«; selten gebrauchen sie für diese Speisendeckel die anscheinend echt dayakische Bezeichnung »sahap«, welche auf das Warmhalten der Speisen hindeuten dürfte, da Hardeland ein offenbar von diesem Stammworte abgeleitetes Verbum »manyahap«, welches »heiss sein« bedeutet und ziemlich gebräuchlich ist, verzeichnet. Solche Speisendeckel werden auch von den Arabern verwendet und führen bei ihnen die dem Namen »tudong« analoge Bezeichnung »mikabba«. Wo immer diese Speisendeckel auftreten mögen, sind sie von einer mehr oder weniger halbkugeligen Form und aus Palmblattstreifen verfertigt; ob sie arabischen oder malayischen Ursprungs sind und ob sie bei den Dayaks von Antang an heimisch waren — nach der Bezeichnung »sahap« könnte man es fast vermuthen, da die Bedeutung derselben von jener der anderen vollständig abweicht — lasse ich dahingestellt sein. Zu den Frauenhüten — Perelaer nennt sie nicht bestimmt als solche und meint, der »tangoi« wäre kein nationales Kleidungsstück, sondern von den Malayen übernommen (a. a. O. p. 104) — gehören schliesslich die Witwenhüte aus kessel- oder trichterförmigem Geflechte, welche »tanggoi hentap« oder »los hentap« heissen und an der Aussenseite mit weissen Litzen besetzt sind. Nach Perelaer müssen die Witwen in der ersten Trauerzeit weisse Kleider tragen und sind demnach auch verpflichtet, eine weisse Kopfbedeckung zu nehmen, die oft nur aus einem weissen Kattun besteht, der nach Art unserer Kopftücher um das Haupt gebunden wird; dieses Kopftuch heisst »sambalayong«. Auch die Balians umhüllen ihr Haupt bei festlichen Gelegenheiten in ähnlicher Weise (Perelaer, p. 34). — Bei Kriegszügen sowie bei Festlichkeiten tragen die Dayaks den »sampulau«, ein kronenförmiges Rottangeflecht mit aufgesteckten Federn vom Argusfasan oder Nashornvogel; auch aus Affenfell werden Kriegshüte verfertigt. Grabowsky (Nr. 28 bis 30) unterscheidet zwei Arten, den »sampulau tinggang« und den »sampulau hanggang«; der erstere (gegenwärtig im Museum zu Hamburg) ist ein Kriegshut mit Federn vom Burung haruä (oder djua), *Phasianus Argus* und vom Burung tinggang (*Bucerus rhinoceros*). Von den einen er seinen Namen führt: Hardeland nennt »harudi« den Pfau; der Fasan dagegen heisst bei ihm »marak«; »burong« ist die Collectivbezeichnung für Vogel. Vom »sampulau hanggang« (»hangang«) hatte Grabowsky zwei Exemplare aus Borneo mitgebracht; das eine ist aus Rottan verfertigt und mit Argusfasanfedern besetzt, das andere aus Affenfell gemacht; »hangang« heisst nach Hardeland: einander anbellen; dagegen ist »anggang« der bandjaresische, d. h. der malayische Name für den Vogel Tingang; es wären sonach die beiden Bezeichnungen identisch. Das Museum in Barmen besitzt ebenfalls zwei Arten von Kriegshüten: den aus Rottan geflochtenen »kapiah« (Nr. 66) und den mit Argusfasanfedern verzierten »tatapu« (Nr. 68); »kapiah«, »kapia« oder »kapiah« ist die malayische Bezeichnung für Mütze oder Kappe und entspricht dem »salutup« der Dayaks, der aus Rottan oder Schilf geflochten oder auch aus Zeug verfertigt wird (Grabowsky hatte in seiner Sammlung einen Salutup für Kinder aus Bongkuanggras und einen aus Purunbinse); in der Basa sangiang führt er den Namen »tukal«; »tatapu« heisst nach Hardeland flach; vielleicht hängt es mit dem Worte »tatapong«, welches ebenfalls eine Mütze oder Kappe bezeichnet, zusammen. Dr. Bacz führt als Bezeichnung für Mütze den Ausdruck »tapi« an. Eine Kopfbedeckung die nur von Priestern und Zauberern, welche mit Sangiangs in Verbindung stehen, getragen wird, ist der »sangkol«, der in einem Tuche besteht, das mehrfach übereinander derart um den Kopf gewickelt wird, dass der Scheitel frei bleibt. Auch den Turban kennen die Dayaks unter dem Namen »saruban«. Zum Schlusse sei bemerkt, dass Bock im holländischen Berichte, p. 51, die Einfuhr von sehr gesuchten buginesischen Kopfbedeckungen »detta« erwähnt.

Hund, laufender, des Vitruvius, 107.
Ornament, in Vergleich gebracht mit dem »laufenden Krokodil« der Dayaks.

Hu-pi-lai, 158.
vergl. kublai-khan.

Husain ibn Ahmed el-Kadri, 155.
gründete im Jahre 1735 das Reich Pontianak.

Ichthyosis, 145.
Die Schuppenkrankheit führt nach C. den Hamer bei den Dayaks den Namen »kurab«; »kurap« ist jedoch nur der malayische Ausdruck, der bloss in der Basa bandjar, also in Bandjermasin gebraucht wird; die Jayakische Bezeichnung ist »kihis«.

Idaan, 8.
Nach Dr. Leyden die Bezeichnung der Bewohner Nord-Borneos.

Idjin, 25.
Jayakischer Name für böse Waldgeister, welche menschliche Gestalt und feuerrothe, lange, dicke Haare haben; vergl. Hühneropfer.

Igorroten, 119.
ein Volksstamm in der Berglandschaft auf der westlichen Seite der Philippinen-Insel Luzon.

Ikat, 91. 92. 94. 98.
die malayische Bezeichnung für das Unterknüpfen der Gewebe zum Behufe des Färbens; »ikat« bedeutet wörtlich: binden, festmachen.

Ikoh bayan, 147.
Jayakisches Tatowirmuster an der Wade; die wörtliche Uebersetzung wäre: Papageischwanz (»ikoh«, Schwanz, »bayan«, Name eines kleinen grünen Papageis).

Indien, 26. 27. 48. 49. 73. 78. 85. 113. 129. 132. 139. 154. 157. 158. 164.

Indigo, 92.
als Farbemittel bei den Dayaks gebraucht.

Indische Stoffe, 104.
verglichen mit den einfarbig geflochtenen Dayakmatten.

Indra, 26. 35.
Der Donnergott der Inder, der höchste der Naturgötter in den Wedas.

Iek-a-Permater, 5.

Insel der begrabenen Drachen, 53.
im chinesischen Bezirke Tsin-ning, auf welcher man angeblich Drachenfossilien fand.

Irik, 25.
ein Geist in Vogelgestalt, welcher nach dem Glauben der Sarawakstämme im Vereine mit dem Geiste Ara die Welt erschuf.

Islâm, 154.
Verbreitung desselben im ostindischen Archipel; »islâm« ist der Infinitiv von dem arabischen Zeitworte »aslama«, sich unterwerfen, i. e. dem Willen Gottes.

Isswara, 47. 48.
Beiname Saiwa's, des dritten Gottes der indischen Dreieinigkeit, und bedeutet: Herr; das Wort ist zusammengesetzt aus »iss«, herrschen, und »wara«, der Beste.

Jaarvogel, 84.
Die Holländer geben dem Nashornvogel diesen Namen, weil sie meinen, dass die Wülste des Hornes das Alter des Vogels in Jahren angeben.

Jacken, 42. 90. 93. 94. 98. 145.
Nach Burns bezeichnen die Kayans am Redjang und Bintulu die Jacke mit dem Worte »basong«; eine andere Collectivbenennung fand ich nicht. Die Jacken werden in zwei Gruppen geschieden, in Frauenjacken »badju« und in Männerjacken »klambi« oder »kalambi«. Nach Perelaer (a. a. O. p. 105) ist der »badju« ein ärmelloses, vorne geschlossenes Oberkleid, das etwas unter die Hüften reicht; es wird aus weissem Kattun gemacht und mit Indigo dunkelblau gefärbt; häufig werden die Badjus mit bunten Bordüren besetzt, deren Ornamentiren in einigen Beispielen auf Tafel 2 erläutert ist. Um die Jacken nach unten zu weiter zu machen, werden an den Seiten dreieckige Seitenstücke »surak« eingesetzt, welche die Dayaks erst von der Mitte an beginnen lassen, während die Malayen sie bereits unter der Schulter einsetzen. Gewöhnlich haben die Badjus, so wie unsere Hemden, unten einen Schlitz; fehlt dieser, so wird die Jacke dadurch enger und führt den bezeichnenden Namen »badju rakong«, Fassjacke (»rakong«, eine Art aus Baumbast gemachtes Fass); ist der Schlitz »silak« lang, heisst sie »badju silak«; eine sehr weite Jacke wird »badju salam« genannt (»salam«, muhammedanisch, von »slâm« abgeleitet). Grabowsky (Nr. 57) führt eine Festjacke für Frauen der Ot danum aus dem Kampong Rudjak am Kapuas an, welche »badju timpung« heisst (»timpung« ist nach Hardeland ein buntgewebtes, sehr theueres Zeug aus Baumwolle, welches im Innern Borneos gemacht wird). Im Museum

zu Barmen (Katalog Nr. 116) befindet sich eine mit Stickereien versehene Jacke »badju suit« (»suit«, Stickerei). Perelaer erzählt, dass reiche Dayakfrauen Jacken aus blauer oder rother Seide tragen, welche mit Golddraht durchwoben sind und daher »badju mas«, Goldjacken, heissen (»mas« ist der malayische Ausdruck für Gold; die Dayaks sagen »amas«, häufiger jedoch gebrauchen sie die Bezeichnung »bulau«). Dr. Bacz hat ebenfalls eine Festjacke mitgebracht, welche er als »badju kronkong sulan« bezeichnet. Ausser den aus gewebten Zeugen verfertigten Badjus werden auch solche aus Baumrinde getragen; Grabowsky (Nr. 59) hat eine Jacke aus Papuarinde mitgebracht; im Museum zu Barmen (Nr. 117) ist eine Jacke aus durchstepptem Baumbast »badju nyamo« (»nyamo« ist der Name eines Baumes) zu sehen; es scheint jedoch, dass diese Art Jacken mehr von Männern benützt werden, da die Männerjacken in der Regel aus Baumrinde verfertigt werden. Zu den Frauenjacken kann vielleicht auch der bei Hardeland verzeichnete »badan«, ein Kleid ohne Aermel, gerechnet werden. Die Männerjacken »klambi«, in der Basa sangiang »barun« genannt, sind vorne offen, so dass man die nackte Brust sehen kann, und gewöhnlich mit Aermeln versehen, auch reichen sie nur bis an die Hüften. Ist eine solche Jacke vorne zugenäht, so heisst sie »badju kurong« (»kurong«, eingesperrt sein); ein Badju ist nämlich vorne immer geschlossen; Jaher heisst auch der aus Rottan geflochtene Panzer im Museum zu Barmen (Nr. 118) »badju ue« (»ue«, Rottan). Fehlen einer Männerjacke die Aermel, so nennt man sie »klambi puko« oder blos »puko«; ärmellose Jacken aus Baumbast nennen die Maanyans »keanga«; »klambi kabaya« oder »klambi pandjang« (»pandjang«, lang) ist ein bis zu den Füssen reichendes Oberkleid; »klambi nyamo« ist eine Jacke aus Nyamorinde. Im Kriege tragen die Dayaks Rücken und Brust bedeckende Panzer, welche aus Baststricken geflochten und häufig vollständig mit den glatt und rund geschliffenen Scheiben »sulau« aus dem Balusoh-Schneckengehäuse besetzt sind. Solche Streitjacken, »karungkong« genannt, werden in der Regel schwarz bemalt, besonders mit den auf Tafel 8, Figur 12 vorgeführten Verzierungen, worunter die Palmetten geradezu typisch für die Streitjacken-Ornamentik der Dayaks sind. Dr. Bacz hat für diese aus Baststricken geflochtenen Kriegsrocke den Namen »gagon«.

Japan, 51, 58, 60, 74, 85, 91, 110, 113, 116, 118, 119, 120, 132, 133, 137.

Japan (auf der letzten Silbe zu betonen) ist eine von den Portugiesen und Holländern eingeführte Form des einheimischen Namens »nip-pon«, der nicht blos der Hauptinsel, sondern dem ganzen japanischen Reiche beigelegt wird.

Japaner, 71, 137, 138, 143, 153.

Java, 8, 19, 26, 27, 47, 71, 74, 85, 91, 114, 115, 119, 134, 140, 143, 154, 156, 157, 158, 161.

richtig »djawa« zu schreiben und zu sprechen; nach dieser Sunda-Insel nennen die Araber den ganzen ostindischen Archipel »dschawa«.

Javanen, 120, 156.

Jobi, 131.

eine Insel an der Nordküste Neu-Guineas.

Jowata, 27.

so schreibt Keppel in englischer Form den dayakischen Gottesnamen »djewata«.

Kadayan, 136.

Name eines dayakischen Volksstammes, der nach Keppel mit den Idaans identisch sein soll und an den Grenzen von Brunai wohnt.

Kadjangga, 134.

der dayakische Name des Beherrschers des Mondes (Perelaer schreibt »kadjanka«). Bei Mondesfinsternissen bringen ihm diejenigen, die vor irgend einem wichtigen Ereignisse stehen, ein Schwein zum Opfer, damit ihnen die Finsterniss nicht schade. Sein Sohn ist *Silai*, von dem die weissen Menschen abstammen sollen.

Kas, 55, 63, 82.

Bezeichnung für die an der Freshwater-Bai auf Neu-Guinea gebräuchlichen Schilde.

Kahayan, 7, 23, 24, 146.

Fluss in Süd-Borneo.

Kakih-bungah, 45.

siamesische Bezeichnung für einen Bronzebecher.

Kalamantan, 8.

Name einer sauren, auf Borneo gedeihenden Frucht, nach welcher die Dayaks und die Malayen Borneo »pulo kalamantan« nennen.

Kalassa, 104, 174, 175.

nach Dr. Bacz die dayakische Bezeichnung für Matten.

Kaliyawo malampe, 81, 177.

Nach Dr. Czurda auf Süd-Selebes gebräuchliche Bezeichnung für Schilde; der Ausdruck »kaliyawo« deckt sich mit dem dayakischen »kliau«.

Kambi, 71.

dayakische Bezeichnung für Riesengeister (Hardeland nennt sie »kamba«), die so gross sind, dass sie über die Wipfel der Bäume hinausragen. Sie können sich in verschiedene Thiere verwandeln und sind nach Salomon Müller mit Hauern bewaffnet.

Kambodscha, 85, 137.
Kambodschaner, 75.
Kamiak, 24.
vergl. Kangkamiak.
Kamping, 129.
mit diesem Namen bezeichnen nach Pohlman die Dayaks von Barangan die sonst »mandau« genannten Koppensneller.
Kampong, 12.
Die malayische Bezeichnung für Ansiedlung, Dorf. Die Dayaks verstehen darunter die Gesammtheit der Leute, welche einem Häuptling untergeordnet sind; daher heisst »maugampong« Häuptling sein. In der Regel fallen die beiden Begriffe zusammen.
Kanaken, 4.
polynesische Bezeichnung für Menschen.
Kangkamiak, 24.
oder »kamiak« ist die dayakische Bezeichnung für böse Gespenster, in welche alle weiblichen Hantuens verwandelt werden, die während des Gebärens sterben. Vergl. Hühneropfer.
Kanoko, 91.
ist ein japanisches Wort, welches bedeutet: gefleckt wie ein junger Hirsch; es wird für roth oder violett gefärbte und mit runden weissen Flecken versehene Seidengewebe gebraucht.
Kanoko-scha-tschirimen, 91.
japanische Bezeichnung für Kreppseidenstoffe, welche im Kanokomuster gefärbt sind (»scha«, Seidenflor; »tschirimen«, Krepp).
Kanoko-schibori, 91.
japanische Bezeichnung für Zeuge, die mittelst Unterknüpfens im Kanoko-Muster gefärbt sind.
Kanoko-tschirimen, 91.
vergl. Kanoko-scha-tschirimen.
Kanton, 53, 54, 160.
(chin.: »kwang-tscheu-fu«), Hauptstadt der chinesischen Provinz Kwang-tung.
Kanton der fünf Städte, 53.
in der alten chinesischen Provinz Schou; Fundort von Drachenfossilien.
Kao-tsung, 158.
Der dritte Kaiser aus der Tang-Dynastie, welcher von 649—684 n. Chr. regierte.
Kapaas, 90.
dayakische Bezeichnung für die feine Baumwolle, die man zum Spinnen verwendet.
Kapini, 13.
vergl. Kayu pindis.
Kapokbaum, 126.
»kapok« ist die dayakische Bezeichnung für die grobe Baumwolle, die man zum Ausstopfen der Kissen u. dgl. gebraucht; der Baum, welcher diese Sorte von Baumwolle liefert, heisst »batang kapok« (»batang«, Baum).

Kapuas, 8, 81, 106, 127, 139, 144, 171, 174.
Name eines grossen Stromes auf Borneo, der bei Pontianak in das Meer mündet.
Kapuas, 7, 24, 26, 133, 134, 148.
Name eines Flusses in Süd-Borneo, der auch Murong genannt wird.
Kapuzenmuskel, 140.
Karangan, 167.
Ort am Oberlaufe des Mampawa-Flusses im Gebiete von Landak.
Karian, 25.
dayakische Bezeichnung für Gespenster, welche die Gestalt von sechsjährigen Kindern haben, im Walde leben und den Jägern allerlei Schaden zufügen. Vergl. Hühneropfer.
Karrimata-Inseln, 150.
zu den Sunda-Inseln gehörig, zwischen Borneo und Billiton gelegen.
Karo, 50.
Name eines Battastammes auf Sumatra.
Karta, 27.
Ortsname auf Borneo; »karta« ist ein Sanskritwort und bedeutet: Arbeit, Geschicklichkeit.
Karthago, 160.
Katingan, 7, 32, 147.
ein Nebenfluss des Kahayan auf Borneo.
Kawok, 133, 134, 135.
dayakische Bezeichnung für eine kleine Art von Leguan mit gelben Streifen; Reliefdarstellungen von diesem Thiere glauben die Dayaks an ihren heiligen Töpfen zu finden.
Kayan, 71, 78, 138.
Name der dayakischen Stämme in Nord-Borneo.
Kayau, 122.
dayakische Bezeichnung für einen Kopfjäger.
Kayu bawar, 13.
nach Bock dayakische Bezeichnung für eine Holzart, die von Zimmerleuten verwendet wird.
Kayu besi, 13.
malayische Bezeichnung für Eisenholz (»kayu« Holz, »besi« Eisen); dieses Holz liefern verschiedene Baumarten, wie *Siderodendron triflorum*, *Metrosideros vera* und die *Sapotaceae*.
Kayu bintangor, 13.
nach Bock eine Holzart, welche zum Bootbau verwendet wird.
Kayu kapini, 13.
vergl. Kayu pindis.
Kayu pindis, 13.
eine auf Sumatra gebräuchliche Bezeichnung für Eisenholz (*Metrosideros*).
Keang, 98.
Bezeichnung der Maanyans für ärmellose Jacken aus Baumbast.
Keham, 157.
ein rechtsseitiger Nebenfluss des Mahakam; nach Bock bedeutet »keham« Stromschneller.

insbesondere nennt er die »keham tring« im Lawa, ebenfalls einem Nebenflusse des Mahakam, der mit dem Keham bei Muara pahu mündet. Bei Hardeland heisst die Stromschnelle »kiham« oder »gohong«.

Kelakian, 135.
Bezeichnung für roth oder gelb glasirte Djawets mit 6—8 Oeren.

Kemalau, 126.
dayakischer Name des Guttapercha; Bock führt die Bezeichnung »mallau« an.

Kenya, 59, 72, 78, 124. 125.
Name eines Dayakstammes im Gebiete von Kutai.

Kerrama, 82.
Ort an der Freshwater-Bai auf Neu-Guinea.

Ketebung, 114.
dayakische Bezeichnung für eine an der Westküste Borneos gebräuchliche Art von Trommeln. Hardeland führt zwei ähnliche Benennungen an: »katambong«, eine fast meterlange Trommel von Mannesdicke, welche nur an einem Ende (gewöhnlich mit Affenfell) bespannt ist; das andere Ende ist breiter; »katumbeng« sieht der vorigen fast gleich, ist aber kürzer und wird mehr im Innern Borneos verwendet. Diese Trommeln werden mit der flachen Hand gespielt.

Key-Archipel, 144.
eine Inselgruppe südöstlich von den Molukken.

Kien yau, 136.
chinesischer Name von Porzellangefässen, die unter der Sunng-Dynastie gemacht wurden.

Ki-li-uen, 138.
chinesische Bezeichnung für den Theil Borneos, in dem sich der Berg Kina balo befindet.

Kina balo, 158, 159, 162.
Name des höchsten Berges in Nordost-Borneo.

Kina bangun, 162.
Name eines kleinen Flusses an der Nordostküste Borneos.

Kina batangan, 162.
Name eines Flusses in Nordost-Borneo.

Kina benua, 162.
Ort auf der Insel Labuan in Nord-Borneo.

Kina taki, 162.
Name eines Flusses in Nordost-Borneo.

King, 69.
Name eines chinesischen Helden.

King-tschou, 69.
Name einer chinesischen Stadt.

Kioto, 116, 118.
Hauptstadt der japanischen Provinz Yamashiro.

Ki-rin, 69.
japanischer Name für das Einhorn.

Klambi, 174.
dayakische Bezeichnung für Mannerjacken.

Klaubuk, 71.
in Ost-Borneo vorkommende Bezeichnung für Schild; der erste Theil des Wortes leckt sich mit »kliau«.

Kleddi, 113, 114, 116.
ein dayakisches Wort, welches ich nur bei Bock fand, für eine Art Rohrorgel, die auf Borneo sehr gebräuchlich ist. Dr. Bacc nennt sie »suling«, worunter der Dayak aber nur die Nasenflöten versteht; die Malayen gebrauchen den Ausdruck »suling« als Collectivbezeichnung für Flöte.

Kliau, 12, 36, 42, 81,
eine in Ost-Borneo gebräuchliche Bezeichnung für Schild; erweiterte Formen dieses Namens sind »klaubuk« und »kaliyawo«, letztere auf Süd-Selebes heimisch.

Knospenformen in der dayakischen Ornamentik, 100, 101, 105.

Knupfen der Gewebe vor dem Färben, 91.

Kuyalan, 34, 35, 171.
eine blos von Dr. Bacc angeführte dayakische Bezeichnung für Schnitzwerke, welche in rohen Umrissen den Nashornvogel, auf dem Rücken mehrere andere Thiergestalten tragend, vorstellen.

Ko, 136.
chinesische Bezeichnung für eine Art Porzellangefässe.

Körbe, 102, 103, 104.
Wie in den Flechtarbeiten im Allgemeinen, so entwickeln die Dayaks im Besonderen in der Korbflechterei eine grosse Mannigfaltigkeit; dem entsprechend hat auch die Korb-Terminologie einen bedeutenden Umfang. Als Collectivbezeichnung erscheint bei Burns für die Kayans am Redjang und Biatulu das Wort »alat«. Zumeist werden die Körbe aus Rottan, seltener aus Bambu oder aus Blättern geflochten. Rottankörbe ohne Deckel sind folgende: »sampiting«, sehr gross; »atap«, gross, in der Gestalt einer Cigarrendose; »salipis«, in Gestalt eines Tragkorbes (nach Grabowsky, Nr 94, eine Rottantasche für ungekochten Reis; »badjut«, gross, aber flach, mit enger Oeffnung und weitem Bauch; »raga menaren«, eine von Dr. Bacc gebrachte Bezeichnung, welche einerseits das malayische Wort »raga« für Korb, und andererseits das gut dayakische Wort »manarean«, welches von der Wurzel »tara«, Geflecht, kommt und »Flechten« bedeutet, enthält; »gasok« und »salungkep« sind klein und viereckig; »tuntong« unten und oben viereckig, in der Mitte rund; ein ebensolcher, aber kleiner und flacher Korb ist der »palundus«; beide werden auch als Reismass verwendet. Rottankörbe mit Deckel sind: »kapek«; dieselbe Form ohne Deckel, welche

zum Aufbewahren von Sirih dient, nennt man »tepa«; »uagkeng«, lang; »dpok«, klein, länglich; »tantangok«, gross und viereckig; »tamboh«, »sumbul« oder »sumbul«, klein und viereckig; »timpa«, klein, unten rund, oben viereckig (nach Grabowsky, Nr. 90, zum Aufbewahren von Schmuck u. dgl dienend); »kanaga« oder »sanaga«, kistenartig. Als Bambukörbe werden im Museum zu Barmen genannt: »kandaga« (Nr. 36), viereckig und mit Blättergeflecht gefüttert; »kandaga buutar« (Nr. 37), achteckig (»buntar«, rund) und mit Blättergeflecht gefüttert; »kampil rakop« (Nr. 38), Handkörbchen; nach Hardeland ist der »kampil« oder »tampil« ein aus Blättern oder Rottan geflochtener Sack, in welchem man die kupfernen Deute, die einzige auf Borneo gangbare Münze, aufbewahrt. Unter den aus Blättern geflochtenen Körben wird hin der »tampeld« genannt. Im Obigen wurden jene Körbe zusammengestellt, welche keinem bestimmten Zwecke dienen. Im Folgenden sollen sie nach ihrer Verwendung gegliedert werden: Rückenkörbe: »butah« (Grabowsky schreibt »buta«, Dr. Bacz »butel«) ist ein aus Rottan geflochtener Kiepenkorb, welcher an Tragbändern auf dem Rücken getragen wird; »sambat« ist ein aus Rottan durchbrochen geflochtener, ranzenähnlicher, oft sehr grosser Tragkorb; in der Regel werden diese Körbe von den Frauen getragen; »landji« ist ein von Dr. Bacz gebrauchtes Wort für Rückenkorb, welches wohl dem »landjong«, einem schmalen, langen und runden Tragkorb aus Rohrgeflecht (Museum zu Barmen Nr. 53) entsprechen dürfte; »butong huling« (Museum zu Barmen, Nr. 56) ist ein Tragkorb aus fein gesplissenem Rottan mit hineingeflochtenen Verzierungen; »tangkalohan« (ebenda Nr. 104; Grabowsky, Nr. 107, schreibt »tangalopau«), aus Baumrinde, mit feingespaltenem Rottan umflochten und mit Holzdeckel versehen; man braucht ihn auf Reisen, da er vollkommen wasserdicht ist; »dungking« (Barmen, Nr. 45) ist ein Tragkorb, an dem hinten eine Klappe angebracht ist, die eine Mehrladung ermöglicht; von derselben Art, aber grösser, ist der »kba« (Grabowsky, Nr. 106); »lontong lowangan« (Museum zu Barmen, Nr. 51) ist ein Tragkorb, wie er von dem Stamme der Lowangans gebraucht wird. Die meiste Verwendung finden die Körbe für das Hauptnahrungsmittel der Dayaks, für den Reis: »tibang«, nach Dr. Bacz ein Reisbehälter; »tankin bangin«, nach Dr. Bacz ein Reiskorb; »lontong« (Barmen Nr. 54) ist ein aus Rohr geflochtener Tragkorb für Reis; »anak loutong«, ein kleiner Lontong (ebenda Nr. 55; »anak«, Kind); »palundu«, ein flacher Rottankorb, der 5—6 Gantang Reis fasst; »kadai«, ein grosser Reiskorb für 40 Gantang Reis; »lusuk« ein Reisbehälter aus Blättermatten; »karangking«, ein Reisbehälter aus Holz und Blättermatten; »salipi«, eine Rottantasche zum Aufbewahren von ungekochtem Reis für eine kurze Reise (Grabowsky, Nr. 94); »ayiro«, ein runder, flacher Korb zum Reisreinigen; »kintar« ist ein schüsselförmiges Sieb, in welchem die Reiskörner von der Spreu gereinigt werden; »kusak«, ein enger kleiner Korb zum Auswaschen des Reises im Flusse; »kiap«, ein flacher Korb zum Ausschwingen des gestampften Reises; am Kahayan gebraucht man für »kiap« das Wort »tapau«, welches auch bei Dr. Bacz in der Form »tjapau« erscheint und im Longwai-Dayakischen »Hut« bedeutet; für Reis- oder Mehlkörbchen führt Dr. Bacz die Bezeichnung »tampad tpini« (»tepung«, Backwerk, Brot, Kuchen) an. Für das Sieben des Mehles wird der aus Rottan geflochtene, flache und schüsselförmige »kalayar« verwendet. — Zum Auswaschen des Gemüses u. dgl. dient ein muldenförmiger Korb aus gespaltenem Rohr, »sauk« genannt (Barmen, Nr. 91). Als Fruchtkorb wird der »karandjang« oder »krandjang« genannt, ein viereckiger, nicht sehr dicht geflochtener Rottankorb, der am Kahayan den Namen »pakalo« führt. Der »bangkat« ist ein aus gesplissenem Bambu verfertigter länglichrunder Korb, in welchem man das Harz »nyating« (mal. »damar«), aus welchem Kerzen gemacht werden, aufbewahrt; auch der aus Blättermatten hergestellte runde Behälter »busuk« dient zuweilen dem gleichen Zwecke. Eine Art Räucherkorb ist der »kalangkang«, »klangkang« oder »kalangkang garu« (»garu«, Räucherwerk), in welchem man Weihrauch entzündet, um die darüber gehängten Kleider zu räuchern; die Kleider selbst bewahrt man entweder in Deckelkörben aus Rottan, auch in Kästchen aus Baumrinde, deren Deckel mit Rohr belegt sind (solche Behälter nennt man »kapek«), oder in Säckchen »kadut« aus Ananasgarn, die an einem Nagel am Dachbalken oder an der Decke aufgehängt werden (Barmen, Nr. 113; »kadut« oder »kandut« heisst Alles, was in Bündeln zusammengewickelt ist). Als Arbeitskorb wird der »timpa« verwendet, ein unten runder, oben viereckiger Rottankorb; »tampad benang« ist nach Dr. Bacz ein Körbchen, in welchem man Zwirnknäuel aufbewahrt (»benang«, Kleiderzeug); »tepa« ist ein aus Rottan geflochtenes Sirihkörbchen, welches aber zugleich als Nähkörbchen dient (Barmen, Nr. 31 und 82); die kleinen länglichen Deckelkörbchen aus Rottan, welche »apok« (Barmen, Nr. 83 »epok«) heissen, werden auch als Cigarrenbehälter verwendet; »garundjong« ist ein Korb, worin man den Tabak verpackt und verkauft; »salepange« ist eine aus Rottan geflochtene Tasche, welche man um den Leib gebunden an der Seite trägt; sie dient vielfach zum Aufbewahren von Pulver, Schrot und Zündhütchen. Die aus 3—5 übereinander gestellten Körbchen bestehenden Einsatzkörbe aus Rottan, in welchen man Speisen trägt, nennt man »rantang«; »rikar« ist ein aus Rottan geflochtener Korb, in welchem Teller aufbewahrt werden; demselben Zwecke dient der ebenfalls aus Rottan geflochtene »salang«. Lebendige Hühner, auch Fische, verwahrt man in dem Korbe »karungan« oder »krungan«. Zum Fischfange benutzt man Körbe oder Reusen mit sehr weiter Oeffnung, die nach innen zu enge ausläuft, so dass die Fische nicht mehr entweichen können; diese Fischreusen tragen nach gewissen Merkmalen verschiedene Namen: »basuran« oder »pasuran«, rund; »bonos«, länglichrund; »kalang«, gross; »takalak«, mit sehr weiter Oeffnung, und »tampirais«. Ferner bedient man sich eines langen flachen Korbes »sauk« (der auch zum Gemüseauswaschen verwendet wird), um in seichtem Wasser kleine Fische, Krebse u. dgl. zu fangen. Zum Fischfange nimmt man einen aus Rottan geflochtenen Korb, »randjong« oder »takiring«, in der Basa sangiang »djumbang« genannt, mit, um darin die gefangenen Fische aufzubewahren; »tambuan« ist ein grosser Fischkorb, in welchen man 2000—3000 Fische setzt. Zum Vogelfange verwendet man eine aus Rottan geflochtene Art Bauer mit vier Oeffnungen, »sarangkep«, die man auf die Nester setzt, um die alten Vögel, wenn sie zu ihren Eiern oder Jungen zurückkehren, zu fangen. Opfer für Götter hängt man in einem flachen, offenen, aus Bambu geflochtenen Korb »antjak« an Bäumen auf; auch hängt man rund um die Opfer, welche man den Djatas bringt, grosse, aus Blättern geflochtene und mit Flechtwerk verzierte Düten, »kambungan« oder »lambungan«, auf.

Kongsi, 162.
chinesischer Name von demokratischen Vereinigungen, welche nach ihren eigenen Gesetzen von selbstgewählten Oberhäuptern regiert werden.

Kontu, 31.
eine Art Hampatong.

Kopfjägerei als Ursache des Pfahlbaustiles, 19. Einführung derselben, 24. — eine religiöse Sitte, 122.

Koppensneller, 117, 177.
holländische Bezeichnung für die von den Dayaks »mandau« genannten Schwerter.

Korân, 155.
(apr. kur-án) ist der Infinitiv vom arabischen Verbum »kara'a«, lesen, und bedeutet zunächst »Lesen«, »Lesestück«, in übertragener Bedeutung das von Muhammed verfasste Gesetzbuch.

Korea, 118.
Koreanisches Wappen, 118.
Korea-Porzellan, 60.
Koromandelküste, 26.
Kota bangun, 157.
ein grosses Dorf am rechten Ufer des Mahakam, von mehr als 1000 Einwohnern (Malayen und Bugis) bewohnt. Der Name ist malayisch: »kota« (aus dem Sanskrit कुटी »kuti«, Haus), Festung und »bangun«, aufrichten.

Kota waringin, 156.
Ort in Südwest-Borneo.

Kreis, als Ornamentmotiv, 95, 99, 100, 101, 121, 129, 145, 146.
Kreisring, als Ornamentmotiv, 99, 100, 101, 106.
Kreistangentenmuster, 100, 101, 106, 121.
Kriegstänze, 33, 36.
Diese Tänze werden nach Keppel bei den Dayaks von Sarawak entweder mit dem Speere oder mit dem Schwerte ausgeführt; im ersteren Falle heissen sie »talambong«, im letzteren »mantja«. Den Kriegsschrei, der auch beim Tanze ausgestossen wird, nennt man nach Hardeland »lahap«.

Krim, 122.
Kris, 46, 47, 75, 129, 177.
Die Dayaks nennen den Kris, der auf Java und Selebes heimisch ist, »karis« (Dr. Bock schreibt »kris«); ist die zweischneidige Klinge gerade, so heisst er »sapukal«, ist sie geflammt »parong«. Der »karis«, dessen Griff aus feinem Holze oder Knochen in eine phantastische Figur ausgeschnitzt ist, wird nur zur Zierde getragen.

Krokodil, 27, 33, 35, 37, 53, 54, 58, 119, 120.
Die Krokodile, »badjai«, in der Basa sangiang »rawing« genannt, sind Sclaven der Djatas, haben menschliche Gestalt und erscheinen nur als Krokodile auf der Oberwelt. Man bringt ihnen Opfer und wagt es nicht, sie zu tödten; nur wenn Jemand durch ein Krokodil umgekommen ist, so müssen die nächsten Verwandten nach dem Gesetze der Blutrache durch einen eigenen Krokodilfänger »pangareran« so lange auf Krokodile Jagd machen lassen, bis eines erlegt ist, in dessen Magen sich noch menschliche Ueberreste finden. Der Pangareran bedient sich bei den

209

Krokodilsbeschwörungen der malayischen Sprache und fängt diese Thiere mit grossen Angeln, die an langen Rottanschnüren befestigt sind.

Krokodil, laufendes, ein dayakisches Ornament, 107.

Krokodilverehrung, 120.

Krokodilzähne, als Amulet, 17, 27, 30, 120.

Kschatrjya, 48.
Sanskritname für Angehörige der Kriegerkaste.

Kublai-khan, 138.
Kublai, Hu-pi-lai oder chinesisch Schi-tsu genannt, ist der erste Kaiser der Mongolen-Dynastie (Yuan) und regierte 1279—1294 n. Chr.

Kukang, 25.
ein böser Geist der Dayaks, der diesen Namen wegen seines Aussehens nach dem Thiere Kukang führt, das zum Geschlechte der Faulthiere gehört, einen Affenkopf hat, etwas grösser als eine Katze und von gelber Farbe ist.

Kumbhakarna, 46.
Name eines Râkschasa.

Kumi, 129.
Name eines Volkes in Arrakan (Hinterindien).

Kunop, 112, 175.
nach Dr. Bacz dayakische Bezeichnung für Bambubüchsen.

Kunststil, malayischer, 163.

Kupang, 122.
Name einer Localität auf Timor.

Kurap, 115.
malayische Bezeichnung für eine Art Schuppenkrankheit, die sich über den ganzen Körper verbreitet; die Dayaks nennen sie »kiki«.

Kuta, 27.
ein Ortsname auf Borneo, der von sanskritischem Ursprunge (कुट »kuta«, Schwierigkeiten machen) ist und »Festung« bedeutet. Vergl. die Zusammensetzungen mit »kota«.

Kutai, 8, 10, 59, 67, 73, 77, 78, 81, 120, 122, 134, 135, 136, 137, 138, 139.
Sultanat an der Ostküste Borneos.

Kuti, 27.
ein Ortsname auf Borneo, der von sanskritischem Ursprunge (कुटि »kuti«, Haus) ist und »kleine Festung« bedeutet.

Kutjing, 162.
der frühere Name von Sarawak.

Kuwan, 137.
der japanische Name für Sarg; eine zweite Bezeichnung ist »shitsugi«.

Kwala kapuas, 171.
Ort auf Borneo, am Flusse Murong, der auch »kapuas« genannt wird.

Kwang tung, 53.
Name der chinesischen Provinz, deren Hauptstadt Kanton ist.

Kwan-yu, 69.
Name eines chinesischen Generals.

Kyma, als dayakisches Ornamentmotiv, 107, 108, 109, 110, 112, 117.

Kymation, als dayakisches Ornamentmotiv, 107.

Labu, 113, 115.
malayische Bezeichnung für Kürbisfrüchte.

Labuan, 142.
Insel an der Nordküste Borneos, im britischen Besitz. Nach Keppel's Ansicht bedeutet das Wort »Ankerplatz«; Hardeland nennt den Ankerplatz, Hafen, »palabuhan«, von der Wurzel »labuh«, die auch malayisch ist und »niederlassen«, »herabsenken« bezeichnet.

Ladangbauer, 121.
Bezeichnung für denjenigen, der Wald zum Anlegen von Reisfeldern »ladang« (ein malayisches Wort) fällt.

Lahay, 17.
Ort am gleichnamigen, linksseitigen Nebenflusse des Barito.

Lahore, 101.

Lalang rangkang, 111, 113.
Bezeichnung für eine Art Djawets; »rangkang« bedeutet in der Basa sangiang: sehr alt.

Lamin, 16.
dayakische Bezeichnung für Haus; in Central-Borneo gebraucht.

Lampong, 102.
Landschaft auf Südost-Sumatra.

Landak, 8, 11, 167.
Stadt und Bezirk auf West-Borneo.

Landji, 101.
von Dr. Bacz gebrauchte Bezeichnung für Tragkörbe.

Lan-fung, 144.
Sitz einer chinesischen Eidgenossenschaft auf Borneo.

Langgai, 117.
dayakische Bezeichnung für kleine, oben schräg rückwärts gebogene Schnitzmesser.

Lanká, 49.
Sanskritname (लङ्का) für die Hauptstadt Ceylons und auch für Ceylon selbst.

Lanzen, 108, 109, 112, 113.
die Collectivbezeichnung lautet »lundju«; da aber »lundju« auch ein männlicher Eigenname ist, so ist es für diejenigen, in deren Familie dieser Name vorkommt, verboten, den gebräuchlichen Ausdruck zu nehmen, und sie müssen dann dafür »lumpus« sagen; in der Basa sangiang heisst die Lanze »renteng«. Dr. Bacz giebt die Bezeichnung »sanko« an; »sangko« bedeutet

nach Grabowsky (Nr. 143) jedoch nur die Lanzenspitze. Von den verschiedenen Arten werden folgende genannt: »tumbak« oder »tumbak gandjur« (oder auch »gandjur« allein) mit nicht breiter, aber dicker, bajonettartiger Eisenspitze; »doha«, mit langem eisernen Stiel unter der Spitze; »tambuloh«, mit kleiner Spitze an langem Eisenstiele; »buno«, nach Grabowsky, Nr. 153—155, auch »rando« genannt, ist eine Lanze mit zwei runden Widerhaken »hampak« (daher auch »buno hampak«), welche jetzt nicht mehr verfertigt wird; die noch vorhandenen Exemplare stammen aus alten Zeiten und werden nur bei grossen Festen, wie beim Tiwah- oder Todtenfeste, gebraucht. Ausserdem führt Hardeland eine Lanze, »sapitabon«, an, von der er nur bemerkt, dass sie zu Pulopetak nicht im Gebrauche steht; Grabowsky hat unter Nr. 151 eine Lanze, »sambilatiung«, aus Kwala kapuas, ohne eine Beschreibung davon zu geben. Hervorgehoben müssen noch die Blasrohrlanzen werden, Blasrohre mit abnehmbarer Lanzenspitze; sie führen die Namen »sipet« oder »sumpitan«, in der Basa sangiang heissen sie »lohinglambal«; das obere Ende mit der daran befestigten Spitze wird »tampaung«, die Spitze selbst »sanggoh« (bei Grabowsky »sangin«) genannt; die Spitze der gewöhnlichen Lanzen hingegen führt den Namen »isin lundjn«, das Fleisch der Lanze (auch von den Klingen der Messer, Dolche u. dgl. gebrauchen die Dayaks den Ausdruck »isi«; das »n« bei »isin« ist die Genitivbezeichnung); das Visir am Blasrohre bildet eine kleine, krummgebogene Eisenspitze »kalahulon« oder »kahulon«, die am oberen Ende eingelassen wird.

Lao, 119.
Name eines Volksstammes, der zu den Thai- oder Schan-Völkern gehört und südlich von China in Hinterindien wohnt.

Lappländer, 4.

Larah, 160.
Ort auf West-Borneo.

Lawa, 148.
ein rechtsseitiger Nebenfluss des Mahakam, der bei Muara pahu mündet.

Lawang, 14, 33.
Dayakische Bezeichnung für Thüren aus Brettern; Thüren aus Blättern heissen »atep«, welches Wort auch allgemein als Collectivbezeichnung für Thüren gebraucht wird und nicht mit der malayischen Benennung für Dach »atap«, dayakisch »hatap«, verwechselt werden darf. Der Begriff »lawang« ist auch auf die von Thüren abgeschlossenen Räume, auf die Einzelwohnungen, übergegangen.

Ledah tanah, 12.
Gebiet auf Nord-Borneo bei Sarawak.

Leichenbestattung, 17, 18, 33, 34, 137.

Lemba, 91, 92.
Dayakischer Name eines Schilfgewächses, dessen Blätter in ganz dünne Streifen geschnitten werden, aus welchen ein Zeug, »hungkang« genannt, geflochten wird; diese Streifen werden auch zum Unterknüpfen beim Färben der Gewebe verwendet.

Leng, 126.
Longwai-dayakische Bezeichnung für Mandauklingen, welche in geraden, einfachen Linien begrenzt sind; ein anderer Name ist »monong«.

Leoparden, aus Holz geschnitzt, bei den Dayaks, 33.

Lewu liau, 35.
das Reich der abgeschiedenen Seelen bei den Dayaks; »lewu«, Dorf, Land; »liau«, die Seele des Verstorbenen.

Lidjib, 126.
Longwai-dayakische Bezeichnung für Mandauklingen, bei welchen die Kantenverzierungen bis fast zur Spitze laufen.

Lilang, 24.
Name eines Sangiang, der auf dem Wasser bei Stürmen angerufen wird.

Limbang, 162.
Fluss auf Nordwest-Borneo.

Limpu, 160.
chinesischer Hafenplatz.

Linga, 117, 156, 157.
Sanskritwort (लिंग) für das männliche Glied, welches als Symbol der zeugenden Kraft Gegenstand eines ausgebreiteten Cultus wurde.

Linga- und Yoni-Darstellungen, 78, 116.

Ling ka tsui, 55.
Bezeichnung in der Volkssprache von Amoy für Wolkenbruch; wörtlich: der Drache bringt Wasser.

Lintong, 95.
dayakische Bezeichnung für den als Gürtel verwendeten, gespaltenen und buntgefärbten Rottan, welchen die Frauen in etwa 20 Windungen um den Leib schlingen, um eine gerade Haltung zu erzielen. Der Lintong ist demnach das dayakische Mieder.

Lionardo, 43.

Li-potong, 126.
Longwai-dayakische Bezeichnung für Mandauklingen, bei welchen die Kantenverzierungen noch auf der Höhe des Rückens endigen.

Liu-pei, 69.
Name eines chinesischen Helden.

Llanos, 54.

Loangoküste, 4.
Longbleh, 148.
  Ort im Gebiete von Kutai.
Longu tinga, 129.
  nach Dr. Bacz dayakische Bezeichnung für hufeisenförmige Ohrgehänge
Longwai, 13, 15, 126, 127, 149.
  Ort im Gebiete von Kutai.
Lopak, 24.
  Kanal auf Süd-Borneo.
Lo-sat, 70.
  vergl. Lo-tscha-so.
Lo-tscha-so, 70.
  chinesische Bezeichnung für einen Râkschasa.
Lü mung, 69.
  Name eines chinesischen Helden.
Lu-tsee-ming, 69.
  vergl. Lü-mung.
Luftgeister, 23.
  Die Dayaks sehen in den Luftgeistern, zu welchen sie vornehmlich die Sangiangs zählen, gute und hilfreiche Wesen.
Lung, 51, 52, 54, 56, 60.
  chinesischer Name des Drachen.
Lunga, 117, 174.
  nach Dr. Bacz die dayakische Bezeichnung für Schnitzmesser; Hardeland und andere Autoren nennen es »langgdäi«.
Lunga parang, 173.
  nach Dr. Bacz die Bezeichnung für eine Art Messer; das malayische Wort »parang« bedeutet: Hackmesser.
Lung-hu fu-ti-tschen, 68.
  Name einer chinesischen Schlachtordnung.
Lung tschuan-Seladon, 136.
Lupoug, 30.
  dayakische Bezeichnung für die Medicinbüchsen der Manangs.
Luschai, 129.
  Name eines Hügelstammes von Tschittagong in Hinterindien.
Luçon, 132.

Maan, 159.
  Volksstamm auf Nord-Borneo.
Maanyan, 23, 98, 164.
  Volksstamm auf Süd-Borneo.
Madagaskar, 120.
Madai, 8.
  Nebenfluss des Kapuas auf West-Borneo.
Madihit, 162.
  Fluss auf West-Borneo.
Madjapahit, 133, 143, 156.
  Name einer Stadt und eines alten Reiches auf Java.
Madura, 74.
  Insel, zur Java-Gruppe gehörig.

Mäander, 95.
  vergl. Hakenornament.
Männerwochenbett, 28.
  vergl. Couvade.
Magh, 129.
  ein Hügelstamm von Tschittagong in Hinterindien.
Mahâdêwa, 78, 117.
  Beiname Siwa's; wörtlich: der grosse Gott. Häufig wird auch »Mahadeo« geschrieben.
Mahakam, 8.
  Fluss im Gebiete von Kutai.
Mahâindyâ, 47.
  Name einer Riesin in der indischen Mythologie.
Mahatara, 25, 133, 134.
  der höchste Gott der Dayaks; vergl. Hatalla.
Makanan, 95, 135.
  ein malayisches Wort, welches »Speise« bedeutet (von »makan«, essen); das auf heiligen Geräten vorkommende Symbol für Speisen ist der Rhombus.
Makan, 160.
Makassaren, 81, 120.
  Völkerschaft auf Selebes.
Malabar, 137.
Malakka, 155, 159.
Malang Sumérang, 85.
  Name einer, in einem japanischen Topengspiele vorkommenden Persönlichkeit. Im Topeng treten, im Gegensatze zum Wayang, in dem nur Marionetten vorgeführt werden, Menschen auf, die Masken vor das Gesicht binden; eine solche Maske ist die des Malang Sumérang, die in Raffles »History of Java« abgebildet ist.
Malayen, 12, 17, 19, 23, 26, 28, 36, 120, 123, 127, 155, 156, 159, 161, 163.
Malo, 8, 17.
  Fluss und Ort im oberen Kapuasgebiete.
Malu, 130, 131, 173.
  nach Dr. Bacz dayakische Bezeichnung für den Töpferschlägel.
Mampawa, 33, 122, 156, 160.
  Stadt auf der Westküste Borneos.
Manang, 28, 29, 30.
  Name von dayakischen Zauberern.
Mandau, 12, 36, 117, 124, 125, 126, 127, 128, 129, 146.
  Name des dayakischen Schwertes.
Mandschu-Dynastie, 60.
  die Mandschu-Dynastie oder die Dynastie Tai-tsing regiert von 1645 n. Chr. an in China.
Manduing, 33.
  Ort am Katingan auf Süd-Borneo.
Mangkabo, 156.

Manketau, 8.
Name eines nomadisirenden Dayakstammes.

Manok, 143, 145, 146.
dayakische Bezeichnung für Huhn und für ein spiralenförmiges Tätowirmuster.

Manok nuok, 146, 147.
spiralenförmiges Tätowirmuster der Dayaks auf der Brust (*nuok*, Brust).

Manuhing, 146.
Fluss im Kahayangebiete.

Mauyandi, 24.
Name eines Sanginng.

Martabani, 138.
persisch-türkische Bezeichnung für Seladon-Gefässe.

Martapura, 157.
Stadt auf Süd-Borneo, nordöstlich von Bandjermasin.

Martavanen, 138.
Bezeichnung für Seladon-Gefässe.

Mascarnus, 60.

Mata djoh, 126.
dayakischer Name einer Verzierung auf Mandauklingen; »mata«, vor Suffixen »matan«, das Auge.

Mata kalong, 126.
Spiralenverzierungen auf Mandauklingen.

Matan, 123.
Stadt am Pawantlusse auf Borneo.

Matan punai, 95, 145, 146.
ein dayakisches Tätowirmuster in Form eines Rhombus, welcher vom Handgelenke bis zur Hälfte des Oberarmes in einer Reihe etwa zwanzigmal eingestochen wird; »matan punai« bedeutet wörtlich: Taubenauge (»punai« ist eine Art wilder Tauben).

Materialrichtigkeit, 60.

Matten, 104, 105, 172.
Unter den Schlagwörtern *Geflechte*, *Hüte* und *Körbe* wurde bereits die grosse Mannigfaltigkeit der Formen und Muster, wie das bedeutende Talent der Dayaks zu solchen Arbeiten mehrfach hervorgehoben. Die Flechtkunst steht bei diesem Volke auf einer hohen Stufe der Entwicklung und wird, was Material und Ornamentik betrifft, mit bewundernswerthem Feingefühl geübt. Eltern gebrauchen verschiedene Zaubermittel, »*karuhis*«, um ihre Kinder in den Flechtarbeiten geschickt zu machen; Hardeland führt als solche die »*karuhai mandjawet*« (»*mandjawet*«, Flechtwerk machen) an, welche aus verschiedenen Gräsern oder Baumblättern bestehen, die man kaut und den kleinen Kindern auf den Kopf spuckt; den grösseren reibt man die Finger mit ihnen ein; jede Familie hat ihre eigenen, traditionellen Gras- und Blattarten. Um Flechtwerk gut und dadurch werthvoller zu machen, gebraucht man »*karuhai djawet*« (*djawet*, Flechtwerk, zu unterscheiden von der gleichnamigen Bezeichnung für die heiligen Töpfe), welche aus Holzstückchen bestehen, die man in die betreffenden Arbeiten einflicht; auch bei diesen hat jede Familie ihre eigene, nur ihr bekannte Sorte Holz. Da das Flechten eine häusliche und ruhige Arbeit ist, so beschäftigen sich fast ausnahmslos nur die Frauen damit, die bei ihrer Arbeit es vermeiden, nach vorliegenden Mustern »*taminan*« sich zu halten, da es für dumm »*kanuang*« gilt, Vorlagen zu benützen »*hatamunan*«; es tragen daher die Flechtornamente wohl den allgemeinen Typus, der sie als dayakisch kennzeichnet, aber auch einen individuellen Charakter, den man am deutlichsten dort wahrnimmt, wo eine Reihe gleicher Ornamente bei ungenauer Berechnung des Raumes die gebotene Fläche nicht ausfüllt und die Lücke durch ein im gleichen Stile componirtes, in den Einzelheiten aber ganz neues Muster ausgefüllt wird. Bevor eine Matte begonnen wird, muss die Dayakin sich den Plan, nach welchem sie arbeiten will, genau überlegen, was man »*atoh amak*«, das Planen der Matte, nennt. Als Material benützt man gewöhnlich Rottan oder die Blätter verschiedener Pflanzen. Nicht alle Rottangattungen sind zum Mattenflechten gleich geeignet, man nimmt für feines Flechtwerk nach Perelaer »*udi anak*«, kleinen oder jungen Rottan, und »*udi lintong*«, Rottan, aus welchem die Hüftengürtel der Frauen gemacht werden. Vor dem Spalten wird der Rottan an einem Ende je nach seiner Dicke mit mehr oder weniger Einschnitten versehen, was man »*nyarakap*« (von »*sarakap*«, eingekerbt sein) nennt; diese Arbeit erfordert, da die Streifen von gleicher Breite und Dicke sein sollen, grosse Aufmerksamkeit und wird daher nur von Kundigen handwerksmässig geübt. Nachdem der Rottan gespalten ist, werden die einzelnen Streifen, die noch einige Unregelmässigkeiten aufweisen, durch ein kleines scharfes Loch in einer Kokosnussschale gezogen, wodurch sie einerseits geglättet werden und anderseits die gewünschte Gleichmässigkeit erhalten; dieser Vorgang heisst »*mandurut udi*« (von »*durut*«, Franse; in analoger Weise sagt man auch »*mandurut kawat*«, aus Eisendraht ziehen). Ganz fein gesplissener Rottan, wie er nur zur Mattenflechterei verwendet wird, heisst »*balau amak*«, Mattenhaar (»*balau*«, Kopfhaar). Für die verschiedenen Arten des Flechtens selbst gibt Hardeland folgende Ausdrücke an: »*manasak*« (von der Wurzel »*tasak*«), je einen

Streifen über einen, »manabuhi« (von »tabuhi«) je zwei über zwei, und »hakayan«, gegen einander oder kreuzweise flechten. Für unachtsam geflochtene Matten, bei welchen an manchen Stellen statt eines zwei oder drei Streifen überschlagen sind, gebraucht man die Bezeichnung »balalangkau« (»langkau«, das Ueberschlagen werden). Mit dem aus Kokosnussschale verfertigten »pilit« (von »ilit«, dicht zusammen) werden die einzelnen Streifen zusammengeschoben. Die Breite der Matten wird nach der Anzahl der Streifen bemessen oder nach der Zahl der Vierecke »hiwang«, worunter man alle Arten, wie Quadrat, Rhombus, Deltoid u. s. w. versteht, angegeben. Diese Vierecke dienen als Rahmen für die im Texte eingehend besprochenen Ornamente oder sie enthalten weitere, kleinere Vierecke, was man »panganak«, soviel als »Kleine haben« (von »anak«, Kind) nennt. Zum grossen Theile werden die Matten aus ungefärbtem Materiale geflochten, wodurch die Muster nur bei schief auffallendem Lichte hervortreten; man nimmt aber auch gefärbte Streifen und flicht bunte Matten »amak silip«, die gewöhnlich derart erzeugt werden, dass man auf den fertig geflochtenen einfarbigen Untergrund mit dünn gespaltenem verschiedenfarbigem Rottan bunte Ornamente oder Figuren aufflicht, was man »manyilip« nennt. In vielen Fällen wird unter der Matte ein gröberes Geflecht angeflochten, das den Namen »tantilap« oder »tilap«, Futter, führt. Um den Matten einen festen Halt zu geben, flicht man in den Rand eine eigene Art Rottan »awak« und nennt daher die Rand bezeichnend »indu amak«, die Mutter der Matte; andere Namen sind »lipi« (Jaron »malipi«, eine dicke, steife Kante an eine Matte flechten) und »sarukan« (das Anoder Untergestecktsein). Die Ecken oder Spitzen der Matten heissen »tamputing« oder »puting«. Der Collectivname für Matten ist »amak«. Rottanmatten werden daher »amak udi« genannt; haben sie nur die Breite einer Rottanlänge, so heissen sie »amak barambar« (von »rambar«, ein Stück); bilden mehrere Rottanlängen die Breite, so führen sie den Namen »amak tantong« (von »tantong«, angefügt sein). Andere Rottanmatten sind: »pasar« oder »amak pasar«, aus sehr dünn gespaltenem Rottan geflochten, gewöhnlich weiss, roth und schwarz gestreift, zumeist als Schlafmatte verwendet; »tatuping«, grob; »lampit« oder »amak lampit«, zum Hausflurbedecken; »talung« oder »amak tabing«, gross und grob, zum Reistrocknen; eine kleinere Art heisst nach Grabowsky, Nr. 102, »amak tuping«;

»halayan« oder »amak halayan« ist ebenfalls eine grosse, grobe Matte, auf welcher der Reis getrocknet wird; »halap« ist eine breite, quadratische Matte, die ebenfalls zum Trocknen verwendet wird; »barung« ist eine Badematte für Kranke; »manah« ist eine kleine, hohlgeflochtene Matte, welche bei Festen als Teller gebraucht wird (Museum zu Barmen, Nr. 35). Dr. Hacz führt für Matten folgende Bezeichnungen an: »tikai«, »bidai« und »kalassa«; Javon entspricht »tikai« dem malayischen »tikar« (vergl. darüber »Ipar«); »bidai« ist nach Hardeland der am Kahayan gebräuchliche Ausdruck für »atep urai«, ein loses Rottangeflecht, welches aufgerollt und wieder niedergelassen werden kann und vor offene Fenster und Thüren gehängt wird, damit, ohne dass die Luftcirculation gestört würde, die Räume vor dem Eindringen verschiedener Thiere bewahrt bleiben (»atep«, Thür, »urai«, herabhängen). Ferner hat Grabowsky unter Nr. 100 eine nicht weiter bestimmte Rottanmatte »amak daran rohing«. Im Kayan-Vocabular von Burns heisst die Matte »brat« und im Longwaischen nach Bock »pen« (in der holländischen Ausgabe fehlt das Wort). — Die zweite Gruppe bilden die Binsenmatten, unter welchen die Puronmatten die häufigste Verwendung finden; »puron« ist der Name eines Schilfgewächses, welches so dick wie junger Rottan wird und sich in Folge seiner Zartheit besonders zu Schlafmatten eignet, die ebenfalls »puron« oder »amak puron« heissen; eine kleine aus Puron geflochtene Matte wird »barian« oder »pasian« genannt; »amak danau« heisst jede Matte, die aus Wasserschilf verfertigt wird (»danau«, See, Teich). Zu einer dritten Gruppe lassen sich die Blättermatten, die man gewöhnlich zu Wänden, Thüren u. dgl. verwendet, vereinigen. Das vorzüglichste Material dazu liefern die Blätter einer Palmenart, die »ipah« oder »hapong« heisst und in der Nähe des Meeres gedeiht; noch in saftigem Zustande werden die Blätter lose zusammengeflochten und als Geflecht erst getrocknet; die noch frischen Geflechte heissen »kandarai«. Solche Matten, die nach der Natur des Stoffes schon ziemlich locker gearbeitet sind, nennt man »kadjang« oder seltener »bukut«; »sirip« oder (in der Sprache von Bandjermasin) »panambai« ist eine Art kleiner Kadjang; »rubing« ist eine an den Bootsseiten errichtete Wand von Kadjangs, die zum Schutze gegen das Einschlagen der Wellen dient; »tantangan« ist ein Kadjang, der flach auf ein Boot ohne Dach gelegt wird. Ausser den Ipahblättern verwendet man auch die Blätter der

Palmenart »biru«, aus welcher eine Matte »kadjang biru« geflochten wird, die selbst gegen den stärksten Regen vortrefflichen Schutz gewährt (Museum zu Barmen, Nr. 110); auch die Blätter der Pudakpalme werden zu Matten, die »amak pudak« heissen, verarbeitet. Dr. Bacz kennt ferner die aus Wasserpalmblättern geflochtene »punan« und die aus Nipablättern verfertigte »djagun«. Im Handel werden die Matten gewöhnlich per »kudi«, d. i. zu 20 Stück verkauft; ein Stück allein wird als »rambar« bezeichnet. Eine von den Chinesen eingeführte Schlafmatte aus Jickem, wolligen Zeug, welche »pararania« oder »purun pararania« genannt wird, schliesst die Reihe der zur Flecht- (und Webe-) Technik gehörigen Matten der Dayaks. Im Anhange muss noch der kleinen Sitzmättchen »tapái« (Dr. Bacz nennt sie »tapih«) gedacht werden, die aus einem Stück Fell (vom Bären u. dgl.) bestehen und im inneren Borneo von den Männern gebraucht werden; man befestigt den »tapái« hinten am Schamtuch, so dass man jederzeit, wo man Rast machen will, eine Sitzmatte zur Verfügung hat. Der Dayak hält ungemein viel auf die sorgfältige Pflege seiner Matten, wie sich aus dem Gesagten ergibt, er hat sogar eigene Mattenschoner, »rakar« oder »djeken«, die aus einem aus Rottan geflochtenen Gestell bestehen, worauf man die vom offenen Feuer genommenen Töpfe setzt; allerdings müssen die Töpfe in Folge ihres kugeligen Bodens eine Unterlage haben; doch deutet die zarte und luftige Construction der Rakars darauf hin, dass sie so viel als möglich den Boden zu schonen haben. Für besondere Gelegenheiten, bei Festlichkeiten, feierlichen Versammlungen, hat man eigene Prunkmatten, die im gewöhnlichen Leben keine Verwendung finden. Wenn vor einem Häuptling oder Dorfältesten eine Klage ausgetragen werden soll, so wird für die streitenden Parteien zum Niedersetzen eine Matte entrollt; dies ist die erste Bedingung für das Gerichtsverfahren, und das Geld, welches in der Klagesache gezahlt werden muss, heisst daher »ampar amak«, das Ausbreiten der Matte. Und »ampar amak!« (Breite die Matte aus!) ruft der Dayak zu dem Wassergotte Djata, wenn er in Stunden der Gefahr während eines Sturmes sich auf dem Wasser befindet.

Medicinmänner bei den Dayaks, 28. 30. 33.
Medusa, 43.
Melan, 90.
  Ort von Modang-Dayaks bewohnt, am Klintjau-Flusse im Gebiete von Kutei.
Melanesien, 71.

Meliau, 8.
  Ort und Bezirk am Kapuas zwischen Tayan und Sanggau.
Menangkabau, 143
  ehemaliges Reich auf der Insel Sumatra
Menschenhaar als Schildbehang, 71. 77. 82. 171.
Menschenschädel, verzierte, 14. 15. 35. 30. 106. 121.
Menyamei, 24.
  vergl. Manyamäi.
Merbabu, 134.
  Berg auf Java.
Metallarbeiten, 93. 123. 129.
Metalltechnik, 89.
Michelangelo, 43.
Mikado, 69. 120. 138.
  Name des japanesischen Kaisers; bedeutet: erhabenes Thor.
Ming-Dynastie, 60. 138.
  regierte in China 1386—1644 n. Chr.
Mletscha, 48.
  Sanskritbezeichnung für einen nicht indisch sprechenden Volksstamm im nördlichen Indien; das Wort kommt von der Sanskritwurzel म्लेच्छ् »mletsch«, welche »dunkel sprechen« bedeutet.
Modang, 12. 15. 18. 120. 125.
  Name eines Dayakstammes im Gebiete von Kutei.
Modellirungen an Schädeln, 36.
Molukken, 132.
  oder Gewürz-Inseln im Indischen Ocean.
Monggo batu, 156.
  Name eines Felsens am linken Ufer des Sekayam auf West-Borneo mit Resten aus der Hindu-Zeit.
Mongolen, 138.
Monong, 126.
  vergl. Leng.
Montradu, 160.
  Name einer sehr bevölkerten chinesischen Stadt in der Nähe von reichen Goldgruben auf West-Borneo.
Mrung, 114. 116
  Name eines Hügelstammes von Tschittagong.
Muhammed, 154.
Mysore, 130. 131.
  (spr. Maisur), britischer Vasallenstaat im südlichen Indien.

Nâga, 28. 37. 49 55. 135. 138.
  Sanskritbezeichnung für Schlange, die auch im ostindischen Archipel allgemein gebräuchlich ist.
Naga, 146.
  Dayakisches Tatowirmuster in der Höhe der Herzgrube.

Naga, 139.
: Name einer Art Djawets.

Naga galang petak, 37.
: Jayakischer Name der Weltschlange.

Naga narnarang, 37.
: Jayakischer Name der aus Holz geschnitzten Weltschlange.

Nagara, 123, 130, 157.
: bedeutende Stadt am Nagarafluss auf Süd-Borneo.

Nandi, 156.
: Name des heiligen Stieres der Inder.

Nangkap semengat, 29.
: Jayakische Bezeichnung für die Beschwörung von Krankheiten, welche bedeutet: Einfangen der flüchtigen Seele.

Narasingha, 74.
: Name der vierten Incarnation Wischnu's; bedeutet: Mannlöwe.

Narumi-schibori, 91.
: japanischer Name eines Baumwollenzeuges von Narumi in der Provinz Owari, welches mittelst des Knüpfverfahrens gefärbt wird.

Nashornvogel, 34, 35, 81, 127, 171.

Nassaschnecken, als Verzierung, 30, 98, 175.

Neezin, 71.
: Name eines berühmten japanischen Waffenschmiedes.

Nephelium, 172.
: Name einer unserer Kastanie ähnlichen Pflanze.

Neu-Guinea, 4, 16, 17, 35, 82, 94, 105, 106, 110, 131.
: die grösste Insel der Erde.

Neu-Irland, 35.
: Insel der Neu-Britania-Gruppe

Neu-Kaledonien, 4.

Neu-Seeland, 110, 143.

Ngadju, 7.
: ein dayakisches Wort, welches »flussauf warts« bedeutet.

Nias, 82, 83, 110.
: Insel im indischen Ocean, zur Sumatra-Gruppe gehörig.

Nibung, 13.
: malayischer Name der Palme *Caryota urens*; die Dayaks nennen sie »rigali«; ihr sehr hartes Holz wird, zu Brettern gespalten, als Dielenholz verwendet und zu Lattenwerk in den Blätterwänden gebraucht; die zarten Herzblätter werden gegessen.

Nipa, 13.
: malayischer Name der Palme *Nipa fruticans*; die Dayaks nennen sie »ipah« oder »hapong«; ihre Blätter werden zur Dachbedeckung und zu Mattengeflechten verwendet; aus den jungen Blättern macht man Hüte, Säcke u. dgl.; die Herzblätter und Früchte werden gegessen; aus der Asche der Blattstiele gewinnt man Salz.

Novara Expedition, 15, 50, 68, 108, 114, 173.

Ntarum, 112, 114, 174.
: nach Dr. Bacz dayakische Bezeichnung für Trommel.

Nyamo, 145.
: Jayakischer Name eines Baumes, dessen Bast man zu einem Stoffe auseinanderschlägt, aus dem die Männerjacken »klambi« verfertigt werden. Aus dem Baste der jungen Bäumchen macht man Stricke und auch Bürsten, die beim Tätowiren verwendet werden.

Nyaring, 25.
: dayakischer Name von bösen Gespenstern mit Menschengestalt und feuerrothen Haaren, die auf Bäumen leben.

Nyarum, 106.
: Ort in Tibet.

Obat, 29.
: Jayakischer Name für Heilmittel.

Octagon, 102.

Ocean, 16.
: Name eines Stammes auf Sumatra.

Ohrschmuck, 36.
: die Dayaks tragen zierlich geschnitzte und gefärbte Holzscheiben von oft bedeutendem Durchmesser in den Ohrläppchen, so dass deren unterer Rand nicht selten bis an die Schultern herabreicht; diese Ohrpflöcke heissen »suwang« (Dr. Bacz schreibt »subang«; »subang« ist der malayische Ausdruck), in der Bassa sangiang »bengkel«; sind sie mit Gold verziert, so nennt man sie »suwang bulau« (bulau«, Gold), Grabowsky, Nr. 39, führt ferner die »suwang paking« an, welche zur steten Erweiterung der Ohrlöcher dienen; »anting« (in der Bassa sangiang) sind Ohrringe, von welchen, wie Bock schreibt, bis 16 Ringe an einem Ohre getragen werden; diese Ringe sind gewöhnlich aus Zinn und an der unten hängenden Seite eingeschnitten, so dass sie beliebig herausgenommen und eingehängt werden können; nach Dr. Bacz heisst eine solche Ohrringgarnitur »epending«. Ohrringe nach europäischer Form werden »santianting« genannt; Dr. Bacz führt ausserdem noch Ohrgehänge unter den Namen »longu tinga« und »grungong rakat« an. Nach Bock werden in Ohrrande an verschiedenen Stellen auch rothe oder blaue Bänder, Knöpfe, Holzstücke oder Federn getragen. Unter »ingkang« wird alles das inbegriffen, was man in die Ohrlöcher steckt, um sie grösser zu machen: schwere, bleierne Ringe, zusammengerollte elastische Blätter und Aehnliches.

Ohrstöpsel, 129.
    vergl. Ohrschmuck.
Olo, 7.
    Jayakische Bezeichnung für Mensch.
Olo ngadju, 7, 18, 23, 144, 171.
    Dayakstamm auf Süd-Borneo.
Olo ot, 7, 98.
    Dayakstamm auf Central-Borneo.
Opferhäuschen der Dayaks, 18.
Orang kantu, 174.
    ein Dayakstamm am Kapuas auf West-Borneo.
Orang lusun, 50.
    ein Battastamm auf Sumatra.
Ormusd, 52.
    das gute Princip in der Religion Zoroasters.
Osiris, 52.
Ot, 7, 16.
    vergl. Olo ot.
Ot danum, 7, 147.
    Name von Dayakstämmen auf Süd-Borneo, die an Flüssen wohnen.
Oyampi, 4.
    Name eines Volkes in Französisch-Guyana.
Oyapock, 4.
    Fluss in Französisch-Guyana.

Padi, 117, 165.
    malayischer Name für Reis.
Pagingoh, 26.
    Name einer Jayakischen Gottheit.
Pa-kwa, 118.
    Name der acht Trigramme der Chinesen.
Palembang, 16, 19, 137, 155.
    Stadt an der Ostküste Sumatras.
Palmette, ein dayakisches Ornament, 12.
Palmette, indische, 112.
Palmyra-Palme, 136.
    die gemeine Fächerpalme, *Borassus flabelliformis* L.
Pamali, 28.
    ein Jayakisches Wort, richtig »pali«, welches das Verbotene bedeutet; »pamali« nennt man denjenigen, der etwas für verboten erklärt.
Pamangkat, 26.
    Name eines Berges auf West-Borneo.
Pamampa, 26.
    Name einer dayakischen Gottheit.
Panembahan, 160.
Pangah, 15.
    dayakische Bezeichnung für Wachthäuser; nach Keppel verstehen die Sarawak-Dayaks darunter ein Schädelhaus.
Pangeran tumanggog, 162.
    malayischer Würdentitel.
Paniring, 26.
    Name einer Jayakischen Gottheit.

Pamuta, 26.
    Name einer Jayakischen Gottheit.
Pantar, 33.
    Jayakische Bezeichnung für geschnitzte Pfähle, welche bei Todtenfesten aufgerichtet werden.
Panti, 18.
    Name einer Jayakischen Gottheit.
Pantjar, 15.
    Jayakische Bezeichnung für Wachthäuser.
Pantok, 144.
    dayakischer Name der Tätowirnadel.
Panutang, 144, 147.
    Jayakische Bezeichnung für denjenigen, welcher die Tätowirungen vornimmt.
Panyangaran, 84.
    vergl. Singaran.
Papaloi, 24.
    vergl. Bapapalu.
Papua, 4, 94, 120.
    Name der kraushaarigen Bewohner des ostindischen Archipels, namentlich von Neu-Guinea.
Parang, 14, 30, 73, 74, 117, 129.
    malayische Bezeichnung für Haumesser.
Parang djimpul, 176, 177.
    nach Dr. Bacz Jayakische Bezeichnung für eine Art Schwert.
Pari, 8.
    Name eines Dayakstammes im Innern Borneo's.
Parwati, 47.
    in der indischen Mythologie die Tochter Dakscha's.
Pasah langkambak, 18.
    Jayakische Bezeichnung für die Opferhäuschen der schwangeren Frauen; »pasah«, Haus, Hütte.
Pasah ontong, 18.
    dayakische Bezeichnung für Opferhäuschen, mit welchen man Glück erbittet.
Pasir, 8, 156.
    Fluss und Stadt an der Ostküste Borneos.
Passim, 106.
    Ort auf Nordwest-Neu-Guinea.
Passumah, 156.
    District auf der Hochebene im Innern Süd-Sumatras.
Patih, 156.
    ein malayischer Ehrenname für Häuptlinge und Würdenträger.
Pating, 145, 146.
    dayakisches Wort, welches »Zweig« bedeutet und auch auf die Linienzeichnung des Tätowirmusters »manok« angewendet wird.
Patong, 30.
    malayische Bezeichnung für Bild, welche den zweiten Theil des Wortes »hampatong« bilden soll; die Dayaks haben umgekehrt aus letzterem

die Abkürzung »patong«, Püppchen, als weiblichen Kosenamen gemacht.
Pawang, 29.
Name der Medicinmänner auf Malakka.
Payadju, 26.
Name einer Jayakischen Gottheit.
Pe-hu, 60.
chinesischer Name des weissen Tigers.
Pei-to, 136.
chinesischer Name der Palmyra-Palme.
Pe-kin, 64, 155.
Name der Hauptstadt Chinas; bedeutet: der Hof des Nordens.
Pemigi, 99.
nach Dr. Bacz Jayakische Bezeichnung für Baumwollreiniger; vergl. Gewebe.
Penihing-Dayaks, 125.
ein Volksstamm auf Ost-Borneo.
Peninvau, 15.
Ort auf Nord-Borneo.
Penyang, 146.
Jayakische Bezeichnung für kleine Holzstückchen, die als Zaubermittel, in einem Krokodilzahne verwahrt, am Leibe oder als Mandaubehang getragen werden; sie sollen Muth und Tapferkeit verleihen. Im Kahayangebiete wird auch ein Tätowirmuster mit diesem Namen belegt.
Perle, 55, 56.
Bezeichnung für den Ball, welcher in chinesischen Drachendarstellungen als Symbol der Sonne dient.
Perser, 52, 138.
Perseus, 43.
Peter, 15.
Jayakische Bezeichnung für Wachthäuschen.
Pfahlbaustil, 19, 153.
Pflanzenformen, stilisirte, 121, 122.
Phala, 158.
chinesischer Name des nordöstlichen Theiles von Borneo.
Philippinen, 19, 132, 137, 138, 139.
Piassa, 8.
Ort am Kapuas, zwischen Salimbau und Djongkong.
Pisangblätter, 115.
werden als schmerzstillendes Mittel beim Tätowiren gebraucht.
Pisátcha, 48.
Sanskritbezeichnung (पिशाच) für böse Geister.
Pitam, 93.
Bezeichnung der Kayans für schwarz.
Plambangan, 47.
Ort auf Java.
Poh-kedjen, 124.
Bergland in Central-Borneo.
Polychrome Plastik, 31.

Hein, Die bildenden Künste bei den Dayaks.

Pontianak, 155, 161, 162.
Stadt an der Kapuasmündung auf West-Borneo.
Portugiesen, 159.
Porzellangefässe auf Borneo, 137.
Porzellanvasen, als Särge verwendet, 137.
Potted ancestors, 137.
»eingetöpfte Vorfahren«, ein in Amoy und Futschau gebrauchtes Scherzwort, welches auf die Sitte, die Leichen in Porzellangefässen zu bestatten, zurückgeführt wird.
Poyang, 30.
Name der Medicinmänner auf Malakka.
Prau, 121.
malayisch-Jayakischer Name für alle Arten kleiner Schiffe.
Praxiteles, 43.
Priok, 130, 176.
Nach Dr. Bacz Jayakische Bezeichnung für Kochtöpfe.
Ptuakumbu, 90, 93, 94.
Nach Dr. Bacz Jayakische Bezeichnung für teppichartige Prunkstoffe.
Pudjut, 25.
Jayakischer Name von Waldgeistern in Menschengestalt mit plattem Kopfe.
Pulang ganah, 26.
Name einer Jayakischen Gottheit.
Pulo kalamantan, 8.
vergl. Kalamantan.
Pulo petak, 24.
Name der grossen Insel im Barito-Delta auf Süd-Borneo.
Punan, 8, 16, 125.
Name eines Dayakstammes im inneren Borneo.
Pura, 27.
Sanskritwort (पुर), welches Stadt bedeutet und in Ortsnamen auf Borneo, z. B. in Martapura, vorkommt.
Putir santang, 25.
Name der sieben Töchter des Gottes Mahatara, welche die Dayaks anrufen, wenn sie von den Göttern durch das Los etwas erfragen wollen.

Quadrat, 95, 102.
Quadratfüllungen, 97, 99, 100, 172.

Raden Danda, 91.
Name eines Häuptlings im Kutaigebiete.
Raden kudong, 24.
Name eines Jayakischen Wassergeistes.
Radja bawang bulan, 23.
»König des goldenen Thores«, Beiname des dayakischen Gottes Radjan ontong.
Radja hantangan, 24.
Name einer Jayakischen Gottheit.

28

Radja hantuen, 35.
  Name einer dayakischen Gottheit.
Radjan ontong, 23, 24.
  »König des Glückes«, Name einer dayakischen Gottheit.
Radja pahit, 111.
  Name eines Königs vom javanischen Reiche Madjapahit, der bei den Dayaks zu einer mythischen Persönlichkeit wurde.
Radja siat, 24.
  Name einer dayakischen Gottheit; »siat« ist die Bezeichnung für alle bösen, Unglück verursachenden Wesen, deren Wohnung im Himmel noch über dem Sangianglande ist.
Raga menarem, 101, 173, 174.
  nach Dr. Bacz dayakische Bezeichnung für Körbchen.
Rahong bungai, 133, 134.
  Ort am Oberlaufe des Murung-Kapuas auf Süd-Borneo.
Rahu, 75.
  Sanskritbezeichnung eines Dämons; die Kambodschaner nennen ihn Reahu.
Rajamala, 85.
  Name einer in einem Topengspiele vorkommenden Persönlichkeit; vergl. Malang-Sumérang.
Rakit, 14.
  malayische Bezeichnung für Flösse, auf welchen sich Kaufläden befinden; der Dayak nennt derartige schwimmende Häuser »lanting«.
Raksasa, 39, 42, 50, 52, 70, 85.
  mit diesem, dem Sanskritworte »rakschasa« entsprechenden malayischen Namen werden die besonders auf der Insel Bali verfertigten Dämonendarstellungen bezeichnet.
Raksha, 18.
  ist der Imperativ der Sanskritwurzel रक्ष् »raksch«, beschützen.
Rakschasa, 16, 17, 48, 49, 50, 70, 71, 118, 158.
  Sanskritname einer Art von bösen Dämonen.
Rambutan, 172.
  malayischer Name der Pflanze *Nephelium lappaceum*.
Ramma, 36.
  nach Dr. Bacz dayakische Bezeichnung für Gesichtsmasken.
Rampai baha, 149.
  ein dayakisches Tätowirmuster auf dem Nacken.
Raphael Santi, 41.
  Hauptmeister der umbrischen Malerschule (1483—1520).
Rapun, 173.
  nach Dr. Bacz dayakische Bezeichnung für Blasebalg.
Ratu tjampa, 133.
  Name einer mythischen Persönlichkeit; »ratu« ist die malayisch-dayakische Bezeichnung für König.

Ràmana, 46, 49, 158.
  Sanskritname des Königs der Rakschasas.
Reahu, 75.
  vergl. Rahu.
Rebab, 115.
  malayische Bezeichnung für Geigen; das arabische Wort رباب »rabab« wird auf ein- oder zweisaitige Streichinstrumente angewendet; Hardeland führt für die dayakischen Violinen ebenfalls den Namen »rabap« an; es ist zu bemerken, dass dieses Wort überall dort, wo sich islamischer Einfluss geltend machte, nachgewiesen werden kann.
Rebâna, 115.
  Name eines bei den Dayaks vorkommenden Musikinstrumentes; auch die Araber nennen eine Art Violine رباﻧﺔ »rabâna«.
Rechteck, 95.
Rectus abdominis, 115.
Redjang, 8, 73.
  Name eines Flusses auf Nord-Borneo.
Religion der Dayaks, 24.
Rhio, 161.
  holländische Niederlassung auf der Westküste der Insel Bintang im Sunda-Archipel.
Rhombenornamente, 83, 94, 97, 98.
Rhombus, 95, 102, 135, 145.
Ringe, 36.
  die Dayaks tragen Ringe in den Ohren (vergl. Ohrschmuck), an den Armen (vergl. Armschmuck), an den Fingern und an den Beinen. Die Fingerringe heissen »sisin«, bilden sie blos Reifen ohne Steine »bulus«; der Reif im Gegensatz zum Steine wird »bingkai« genannt. Beinringe, »lawah«, scheinen nur im Innern getragen zu werden; sind sie aus Kupfer verfertigt, so heissen sie »gelang«, womit die Malayen jedoch ihre Armringe benennen.
Rinka priok, 191.
  nach Dr. Bacz dayakische Bezeichnung für aus Rottan geflochtene Topfgestelle; Hardeland hat dafür den Namen »rakar«.
Riong, 145, 146.
  dayakischer Name der Strahlenverzierung im Tätowirmuster Manok.
Riyô, 60.
  japanischer Name des Drachen.
Rugal, 92.
  nach Dr. Bacz dayakischer Name des Indigo.
Römer, 62, 93.
Rohrorgel, 114.
Rohrpalme, 192.
  vergl. Rottan.
Romanische Medusa, 33.
Rottan, 13, 192, 193.
  der malayische Name der Rohrpalme *Calamus rottan*; der dayakische Ausdruck ist »uai« oder

»uwdi«; die beste Sorte ist »udi sigi« oder »udi toto«, der wirkliche Rottan, welcher hellgelb ist und sich sehr gut und fein spalten lässt; weniger zum Flechten, aber gut als Bindemittel lässt sich der sehr zähe »udi tapah« verwenden, der von dunkler Farbe und schlecht spaltbar ist; der »udi iris« ist sehr dünn, schwärzlich und ziemlich werthlos; der »udi taliesa« ist sehr dick, aber fast unspaltbar und daher wenig verwendet; ebenso der dunkle und schwammige »udi hantu«.

Rottanstöcke, als Scheinwaffen, 36.

Ruder, 119.
die gewöhnlichen kurzen Ruder, die zierlich und zweckentsprechend aus Eisenholz geschnitzt werden, heissen »besai«; sie bestehen aus dem Stiele »dandan« und dem Blatte »dawen besai«; die langen Ruder nennt man »dayong«; »kamburi« oder »kambudi« ist das Steuerruder. Grabowsky führt unter Nr. 126 ein spitzes Ruder »besai suruk« an, welches zum Abstossen von den Felsen beim Passiren der Stromschnellen im oberen Murong-Kapuas gebraucht wird; Hardeland bezeichnet als »suruk« Baumstämme, welche man unter die Flösse schiebt, um sie flott zu machen; die beim Flossen verwendeten Ruder »go« dienen lediglich zum Steuern und bestehen wie bei uns aus einer Stange mit unten daran gebundenem Brett; als Bindemittel bedienen sich die dayakischen Flösser des Rottans, so wie die Donauflösser die Weidenruthen dazu benützen. Dr. Bacz nennt die Ruder »snayon«.

Rungging, 38.
Name der japanischen Tänzerinnen.

Rusa, 135, 139.
Name einer Djawetart.

Sadong, 73.
Fluss auf Nord-Borneo.

Sakawak, 24.
Name eines Sangiang

Sakarra, 27.
Name einer dayakischen Gottheit.

Sakkarau, 73.
Fluss auf Nord-Borneo.

Sakya Sinha, 158.
vergl. Sâkhya.

Sala, 145
soll nach C. den Hamer in der Basa bandjar statt des dayakischen »sara« (mit der bekannten Vertauschung der beiden Halbvocale) gebraucht werden und »zwischen« bedeuten; nach Hardeland wird »sara« in dem Sinne der Präposition »längs« verwendet; daher heisst »sarau« das Ufer, weil man längs desselben hinfährt.

Salaka, 24.
dayakische Bezeichnung für Silber.

Sala pimping, 145.
vergl. Sara pimping.

Salimbau, 8.
Ort am Kapuas zwischen Suhait und Piassa.

Salomon-Inseln, 71.

Samal, 132.
Insel in der Bucht von Davao auf Süd-Mindanao.

Samangha, 26.
dayakische Name für den Traumgott.

Samarahau, 157.
Ort östlich von Sarawak.

Samarang, 160.
Stadt auf der Nordküste Javas.

Samban, 146.
dayakische Bezeichnung für einen Brustschmuck, der von der Jugend an einer Schnur um den Hals getragen wird.

Sambas, 8, 26, 156, 160, 162.
Stadt am gleichnamigen Flusse auf West-Borneo.

Sambila-tiong, 24.
Name eines mythischen Häuptlings, der unter den Dayaks das Kopfschnellen einführte.

Samburup, 18.
dayakischer Name eines Opferhäuschens.

Samfat-tsai, 137.
kantonesischer Name der Stadt Palembang

Sampan, 172.
dayakische Bezeichnung für ein Boot, welches in einem Schiffe oder grösseren Boote mitgenommen wird.

Sandong raung, 84.
vergl. Sarg.

Sandong tulang, 84.
vergl. Sarg.

San-fo-tchi, 137.
chinesischer Name der Stadt Palembang.

Seng, 113, 114, 116.
chinesischer Name einer Rohrorgel.

Sangalang, 172.
dayakischer Name eines Baumes, der kastanienartige Früchte trägt.

Sanggau, 8, 15, 156.
Stadt an der Mündung des Sekajam in den Kapuas zwischen Meliau und Sekadau.

Sangiang, 23
dayakischer Name für gute, hilfreiche Wesen, welche im himmlischen Sangianglande leben.

Sangkulirang, 16, 157.
Stadt an der Ostküste Borneos.

Sangumang, 24.
Name eines Sangiang.

San hin, 115.
chinesisches Saiteninstrument

28*

Sanko, 173.
nach Dr. Bacz dayakische Bezeichnung für Lanzen.
San Pro, 15.
Ort auf Nord-Borneo.
Sansibar, 137.
Sanskritnamen auf Borneo, 27.
Santubong, 12.
Ort auf Nord-Borneo
Sapauk, 8, 157.
Ort am Kapuas zwischen Sekadau und Blitang.
Sapundu, 33, 172.
Jayakische Bezeichnung für Pfähle, welche oben in Menschenköpfe ausgeschnitzt sind; an dieselben werden beim Todtenfeste die Opferbüffel festgebunden.
Saran pimping, 145, 146.
dayakische Bezeichnung für ein Tätowirmuster auf dem Oberarme; die von C. den Hamer gegebene Erklärung »tusschen de randen« ist wohl nicht zutreffend; »saran« bedeutet nebst Ufer auch Grenze, Rand; »pimping« ist der Name der auf die Blasrohrpfeile aufgesteckten Baummarkkegel, welche die Stelle der Federn vertreten; Der Name wäre darnach zu übersetzen mit: Rand (i. e. Contour, Gestalt) eines Pimping. Statt »saran« wird auch »sala« gesagt.
Sarawak, 8, 25, 66, 71, 78, 92, 138, 157, 162.
Stadt und District auf Nord-Borneo, auch Kutjing genannt.
Sarbasa, 137.
arabischer Name der Stadt Pakembang.
Sarebas, 73.
Fluss auf Nord-Borneo.
Sarg, 110, 119.
Sobald ein Dayak stirbt, wird er zunächst in einen Sarg gelegt, welcher entweder aus einem Blocke Holz geschnitzt ist und »raung« heisst oder aus zusammengefügten Brettern besteht und dann »kakurong« genannt wird. In diesem Sarge bleibt der Leichnam bis zum Todtenfeste, das oft nach Jahren erst gefeiert wird, liegen; deshalb bringt man am unteren Ende des etwas schief gestellten Sarges ein langes Bambusrohr »tanturuk« an, welches die aus der Leiche fliessende Jauche ableitet. Nach der Verwesung des Leichnams werden die Knochen beim Todtenfeste in einen grossen, reich mit Schnitzwerk verzierten Sarg »sandong« (Dr. Bacz nennt ihn »sunkop«) übertragen; Der Sandong ist eine Art Familiengrab, das viele Jahre benutzt werden kann und auf einem heiligen Platze, 3–4 Meter hoch über dem Erdboden, auf zierlich geschnitzten Pfosten unter einem Blätterdache ruht; ist der Sarg flach und offen, so nennt man ihn »karring« und errichtet über ihn ein an den Seiten offenes Häuschen; steht der Sarg mit den Knochenresten jedoch nicht auf Pfählen, sondern auf oder halb in der Erde, so heisst er »djirap«. Hardeland führt ferner als Bezeichnung für Sarg das Wort »kuburan«, welches vollständig dem arabischen قبر »kabr«, das im Plural قبور »kubûr« lautet und »Grab« bedeutet, entspricht. — Ist der Sandong so gross, dass mehrere Raungs neben- und übereinander in ihm Platz haben, so führt er den Namen »sandong raungs«; S. Müller gibt für ihn auch den Ausdruck »santong tulang«, Knochen-Sandong an (»tulang«, Knochen).
Sargschnitzereien bei den Dayaks, 119, 120, 121.
Sarong, 90, 93, 94, 95, 98, 93.
malayisch-dayakische Bezeichnung für die Frauenröcke, welche von den Hüften bis zu den Knieen reichen; die sehr engen und kurzen Röcke heissen »talon«, die längeren und weiteren »tapih«.
Sarong seltup, 127.
dayakische Bezeichnung für die Mandauscheiden.
Satsuma-Faïence, 55.
Satsuma ist der Name einer japanischen Provinz an der Südwestküste der Insel Kiusiu
Schachbrettmuster, 145.
Schädelhäuser der Dayaks, 15
Schamanismus, 30.
Schang-Dynastie, 45.
regierte in China 1766—1122 v. Chr.
Schanghai, 160.
Hafen in der chinesischen Provinz Kiangsu.
Schang-ti, 60.
nach Du Sartel chinesische Bezeichnung für den Geist, welcher den Jahreszeiten vorsteht.
Schan-si, 52.
Name einer chinesischen Provinz, deren westliche und südliche Grenze der Huang-ho bildet.
Schan-tung, 52.
Name einer chinesischen Provinz, welche südlich an den Huang-ho und östlich an das Meer grenzt.
Scheh, Herzog von, 58.
ein Zeitgenosse Kong-fu-tse's.
Scheiden für Mandaus, 127.
Scheng, 113.
chinesischer Name für Rohrorgeln
Scherif Ali, 159.
Schwager des chinesischen Heerführers Songtiping.
Scherif Husain ibn Ahmed el Kadri, 155.
gründete im Jahre 1735 das Reich Pontianak auf Borneo.

Schibori, 91.
: japanisches Wort, welches »gebunden«, »geknüpft« bedeutet und in Namen von Stoffen vorkommt, die nach dem Unterknüpfen gefärbt sind.
Schicksalsvogel, 24.
: vergl. Antang.
Schiffschnabelverzierungen der Papuas, 4, 105. 106. 110.
Schih yin kui, 70.
: ein chinesisches Wort, welches »menschenfressende Teufel« bedeutet.
Schilde, 42. 43. 44. 51. 53. 54. 55. 57. 59. 60. 61. 63—85. 171. 172. 175. 176. 177.
: Zu den ausführlichen Erläuterungen im Texte wäre noch zu bemerken, dass der lange sechseckige Schild »talawang« im Dusongebiete den Namen »kalubet« führt, der sich an die auf Ost-Borneo gebräuchlichen Bezeichnungen »kliau« und »klaubuk« anlehnt. Ausser dem Talawang wird, jedoch seltener, ein kleiner, länglich-runder Schild »taming« verwendet.
Schingu, 4.
: Fluss in Brasilien.
Schlangen, geschnitzte, 31. 33. 37.
Schlangenlinien in der dayakischen Ornamentik, 100.
Schnitzmesser, 117.
: der dayakische Name für diese Messer ist »langgäi« (Dr. Bacz schreibt »lunga«), in der Basasangiang »simbel« oder »turik«; unter »simbel« versteht man auch Messer, deren Klinge und Heft aus einem Stück Eisen gearbeitet sind.
Schnitzwerke, 34.
: vergl. Holzschnitzereien.
Schoang-lung-tschen, 68.
: Name einer chinesischen Schlachtordnung.
Schou, 53.
: Name einer alten chinesischen Provinz.
Schuppenkrankheit, 143.
: vergl. Ichthyosis.
Schwarz, 92.
: eine Farbe, für welche die Dayaks dieselbe Bezeichnung wie für blau und grün verwenden.
Schweinsköpfe, Schmuck für Todtenhallen, 18.
Scullery, 15.
Sculpturen, 33.
: vergl. Holzschnitzereien.
See-Dayaks, 138. 139.
Seedrache, 64.
: eine chinesische Gottheit.
Seelenwanderung, 28. 120.
Segun dungban, 127.
: longwaische Bezeichnung für Mandauscheiden, deren beide Holzplatten nur an den Enden gebunden sind.
Segun senpot, 127.
: eine andere Bezeichnung für »segun dungban«.

Sekadau, 157.
: Ort am Kapuas, zwischen Sanggau und Sapauk.
Sekampong, 102.
: Bezirk auf Süd-Sumatra.
Sekayam, 15. 31. 33. 156.
: rechtsseitiger, bei Sanggau mündender Nebenfluss des Kapuas auf West-Borneo.
Selebes, 61. 63. 73. 74. 75. 77. 80. 81. 97. 101. 104. 105. 119. 166.
: nach Riedel (Zeitschr. f. Ethnol. III, 110) ist der Name von »sula besi«, Eiseninsel, abzuleiten.
Sembaliung, 16.
: District auf Ost-Borneo.
Sepending, 129.
: vergl. Ohrschmuck.
Seram, 60. 144.
Siam, 6. 43. 46. 49. 114. 119.
Siam, 135.
: dayakische Bezeichnung für einen grossen, schwarzen Wassertopf.
Siang, 69.
: Name eines chinesischen Helden.
Si Bassos, 30.
: Name der Medicinmänner bei den Battas.
Sidon, 160.
Sieben, eine heilige Zahl der Dayaks, 31. 134.
Silat, 8.
: Ort am Kapuas, zwischen Sintang und Suhait.
Simunjon, 73.
: Fluss auf Nord-Borneo.
Sing, 110.
: vergl. Sang.
Singalong burong, 26.
: Name des dayakischen Kriegsgottes.
Singa-radja, 49.
: Ort auf der Insel Bali.
Singaran, 84.
: Hardeland schreibt »sanggaran«; es ist die Bezeichnung für lange Mastbäume, auf deren Mitte ein grosser irdener Topf mit ausgeschlagenem Boden aufgeschoben ist; am Ende ist ein Querholz befestigt, auf welchem zu jeder Seite des Mastes drei hölzerne Spiesse stecken; die Spitze wird von einem hölzernen Vogel gekrönt. Die Sanggarans werden beim Todtenfeste aufgepflanzt, weil man glaubt, dass deren Seele »gana« sich im Geisterlande in allerlei Schätze für die Verstorbenen verwandle. Aus »sanggaran« ist die zweite Bezeichnung »panyanggaran« abgeleitet.
Singha, 138.
: Sanskritbezeichnung für Löwe.
Singi, 13.
: Name eines dayakischen Bergstammes im Gebiete von Sarawak.

Singote, 92.
  nach Keppel dayakische Bezeichnung für »schwarz« und »grün«.
Singumang, 24.
  vergl. Sangumang.
Sinhala, 158.
  Sanskritname Ceylons.
Sinhalaya, 158.
  vergl. Sinhala.
Sinhamukasūra, 47.
  Name eines Rākschasa.
Sinhika, 49.
  Name einer Rākschasī.
Siniawan, 162.
  Ort im Gebiete von Sarawak.
Sinkan, 130.
  nach Dr. Bact dayakische Bezeichnung für eine Vorrichtung zum Aufhängen der Töpfe über dem Feuer.
Sinkawan, 166.
  Ort auf Nord-Borneo.
Sin-ta-kiu, 161.
  Name einer chinesischen Eidgenossenschaft auf Borneo.
Sintang, 8, 156.
  Ort am Kapuas, zwischen Blitang und Silat.
Sintfluth, 25.
Sirambau, 13, 15.
  Ort auf Nord-Borneo.
Sirap, 13.
  malayische Bezeichnung für Dachschindeln, welche auf Borneo aus Eisenholz geschnitten werden.
Sirat, 94, 95, 96, 97, 98, 100, 173.
  vergl. Tjawat.
Sirih, 115, 123.
Sirih- und Kalkdosen, 111.
  Im Allgemeinen bezeichnet man diese Dosen mit dem Ausdrucke »sarangan sirih«, Sirihgefässe; in der Basa sangiang führen sie den Namen »anggom«. Nach dem Materiale, aus dem sie verfertigt sind, unterscheidet man aus Rottan geflochtene, »tepa«, aus Holz geschnitzte und polirte, »gutak«, und aus Kupfer gearbeitete Sirihdosen; die letzteren heissen »salupa« oder »abon«; ferner kommen auch aus Pisangblättern gemachte Sirih-Düten »gabong« vor. Für den beim Sirihkauen verwendeten Kalk führt Hardeland zwei Dosen an, eine Bambu-Dose, welche durch einen hölzernen Pfropfen geschlossen wird, »palekang«, und ein Döschen aus Messing, »kapura« (von »kapur«, Kalk). Ausserdem stehen grössere Behälter aus Messing, die an der Aussenseite in der Regel hübsche, aber nicht dayakische Gravirungen zeigen und in sich alle Döschen für die verschiedenen Ingredienzen enthalten, im Gebrauch; solche Behälter nennt man »landjang« (Museum zu Barmen, Nr. 6 und 7.)
Sisir, 177.
  malayische Bezeichnung für Kamm.
Sitā, 49.
  Gemahlin Rāma's, einer Incarnation Wischnu's.
Siton, 84.
  vergl. Gutji.
Siyō, 113.
  japanischer Name der chinesischen Rohrorgel.
Sobang, 114.
  Dayakischer Name für eine Art Trommel.
Songtiping, 159.
  Name eines chinesischen Heerführers.
So-op guamliklik, 126, 128.
  longwaische Bezeichnung für Mandaugriffe mit tief eingeschnittenen Verzierungen.
So-op kembong, 126, 128.
  longwaische Bezeichnung für einfache und glatte Mandaugriffe.
So-op krembeh, 126, 128.
  longwaische Bezeichnung für Mandaugriffe mit leicht eingeschnittenen Verzierungen.
So-op nyong pendjoh, 126, 128.
  longwaische Bezeichnung für Mandaugriffe, welche einen stilisirten Kopf darstellen.
Sowang, 129.
  dayakische Bezeichnung für Ohrstöpsel.
Sowang parampuan, 176.
  dayakisch-malayische Bezeichnung eines Ohrstöpsels für Frauen (»parampuan«, Weib).
Spanier, 160.
Spanisches Rohr, 103.
  vergl. Rottan.
Spannrahmen, 90, 91.
  Vorrichtung zum Färben der Gewebe, nach ihrer Form »tangga«, Leiter, genannt.
Spinnrad, 90.
  vergl. Gasian.
Spinnradhaspel, als Verzierung auf Töpfen, 135.
Spinnradverzierungen, 119, 123.
Spirale, eingekantete, 41, 76, 77, 78, 81, 82, 110, 115, 147.
Spiralenornament, 41.
Srau, 105, 175, 176.
  nach Dr. Bact dayakische Bezeichnung für Frauenhüte.
Sri Pengatib, 47.
  Name eines javanischen Waffenschmiedes.
Srunai, 115.
  nach Dr. Bact dayakische Bezeichnung für ein Streichinstrument; nach Hardeland ist »sarunai« eine grosse Flöte.
Ssakra, 27.
  Beiname des indischen Gottes Indra; abgeleitet von der Wurzel शक् »ssak«, vermögen, können.

Sudpra, 158.
: Sanskritname Buddha's.
Südra, 48.
: Bezeichnung der Angehörigen der vierten indischen Kaste.
Ssuka, 27.
: Sanskritname des Papageis.
Stampandei, 26.
: Name einer dayakischen Gottheit.
Stenogramm, ornamentales, 107.
Stickerei, altmalayische, 83. 118.
Streichinstrumente, 115.
: Als Typus der dayakischen Streichinstrumente kann der »garadap« bezeichnet werden, der aus einer halben, mit Fischhaut bespannten Cocosnussschale an einem länglichen, etwas ausgehöhlten Stück Holze besteht; die beiden Saiten aus Bindfaden oder Kupferdraht laufen über einen am Ende der Cocosnussschale befindlichen Steg. Bock führt eine andere zweisaitige Geige »djimpai« an, welche hinten offen ist und deren Saiten aus feingespaltenem Rottan bestehen. Fremden Ursprunges sind die beiden Violinen »rabap« und »rebana«; die europäische Violine wird »biula« genannt. Dr. Bock nennt die einheimische Violine »runai«, worunter man jedoch eine Flöte versteht. Ein anderes Saiteninstrument ist eine 3—4 saitige Harte »kasapi« oder »kutjapi«, welche mit einem kleinen Stück Holz gespielt wird.
Subhramanya, 48.
: der Sohn Isswara's, welcher nach der indischen Mythologie das Riesengeschlecht ausrottete.
Sudamerika, 51.
Südsee-Insulaner, 28.
Suhaut, 6.
: Ort am Kapuas, zwischen Silat und Salimbau.
Sukadana, 37. 156.
: Stadt auf der Westküste Borneos.
Sukadana, 162.
: Ort auf Süd-Sumatra.
Sukla, 27.
: ein Sanskritwort, welches »Glück« bedeutet und das Bestimmungswort im Namen Sukadana bildet.
Sulat, 117. 127.
: nach Dr. Bock dayakische Bezeichnung für Wirknadeln und für Nadeln, welche beim Korbflechten verwendet werden.
Suling, 112. 123. 126.
: dayakische Bezeichnung für eine Flöte mit vier Löchern.
Sultan kuning, 24.
: Name des Wassergottes von Pulo petak.
Sulu-Inseln, 150.

Sumatra, 8. 16. 19. 30. 50. 102. 105. 110. 111. 112. 120. 131. 137. 140. 143. 154. 155. 156. 161. 163.
Sumpitan, 74.
: dayakische Bezeichnung für Blasrohrlanzen.
Sungai Duri, 112.
: Ort nördlich von Mempawa, an der Westküste Borneos.
Sungai tengah, 162.
: Ort im Gebiete von Sarawak.
Sung-Dynastie, 51. 58. 136. 158.
: regierte 420—479 n. Chr. in China.
Sung-Gefässe, 136.
Sunkop, 175. 176.
: nach Dr. Bock dayakische Bezeichnung für Sarg.
Supon, 177.
: nach Dr. Bock dayakische Bezeichnung für Hausapotheke; Hardeland führt unter »»upu« ein kleines Töpfchen aus Porzellan mit einem Deckel an, in welchem man wohlriechende Oele u. dgl. aufbewahrt; die beiden Namen dürften der Bedeutung nach identisch sein.
Sûrapadma, 47. 48.
: Name eines Râkschasa.
Surasâ, 49.
: Name einer Râkschasi.
Sutura coronalis, 106.
Sutura lambdoidea, 121.
Sutura sagittalis, 106.
Suyá, 1.
: Name eines Volkes in Brasilien.
Swastika, 83.

Tabalien, 13.
: dayakische Bezeichnung für Eisenholz.
Tabakdosen auf Neu-Guinea, 4.
Tabu, 28.
: polynesische Bezeichnung für verbotene Dinge, welche dem dayakischen »pali« entspricht.
Tadjau, 111.
: dayakische Bezeichnung für heilige Töpfe, welche einen Werth von weniger als 200 Gulden haben.
Tänzer, dayakische, 28.
Tänzerinnen, dayakische, 28.
Tätowiren, 143. 144. 145. 147.
Tätowirmuster, dayakische, 84. 93. 95. 143. 147.
Tätowirmuster, japanische, 62.
Tätowirmuster, neuseeländische, 46. 142.
Tagalen, 150.
: Name eines Volkes auf Luzon.
Tai-kong, 24.
: Name einer chinesischen Eidgenossenschaft auf Borneo.
Taikosama, 158.
: Name eines chinesischen Kaisers.

Taikun, 138.
Takolok, 146.
  dayakische Bezeichnung für Kopf.
Talawang, 42. 77.
  dayakische Bezeichnung für Schild.
Tali api, 115. 117.
  nach Dr. Bacz dayakische Bezeichnung für Feuerzeug; vergl. Feuerzeuge.
Tali mulong, 129.
  nach Dr. Bacz dayakische Bezeichnung für Bauchgürtel aus Rottan; »tali« bedeutet alle Arten von Stricken.
Talismane, 29. 30.
Talopapa, 23.
  dayakische Collectivbezeichnung für böse Geister.
Tambuleng tuso, 146.
  Name eines dayakischen Tätowirmusters rings um die Brustwarze; »tambuleng« ist der weiche markige Theil am oberen Palmstamme; »tuso« ist die Brust; »tambuleng tuso« dürfte demnach auch die Brustwarze sammt dem Warzenhofe bedeuten.
Tampad benang, 104.
  nach Dr. Bacz dayakische Bezeichnung für Körbchen, welche zur Aufnahme der Zwirnknäuel dienen. Dieser Ausdruck ist malayisch: »tampat«, Platz, Ort; »benang«, Garn.
Tampad sabun, 112.
  nach Dr. Bacz Bezeichnung für Bambubüchsen, welche zur Aufbewahrung eines Seifensurrogates dienen; »sabun«, Seife.
Tampad tepong, 104.
  nach Dr. Bacz dayakische Bezeichnung für Reis- und Mehlkörbe; »tepong«, allerhand Backwerk, Brot, Kuchen.
Tampan, 92.
  nach Dr. Bacz dayakische Bezeichnung für den aus Baumrinde verfertigten Gurt beim Webstuhle.
Tamparuli, 139.
  Ort auf Nord-Borneo.
Tampasuk, 162.
  Ort auf Nord-Borneo.
Tampong, 172.
  dayakische Bezeichnung für ein Bündel Früchte.
Tampung sangalang, 172.
  dayakischer Name eines Flechtmusters.
Tan, 115.
  chinesischer Name einer Schlange, mit deren Haut der Körper eines Saiteninstrumentes bespannt wird.
Tanah kumpok, 25.
  »geformte Erde«, Name der beiden ersten Menschen in der dayakischen Kosmogonie.

Tang-Dynastie, 53. 158.
  regierte in China 619—907 n. Chr.
Tangga, 14.
  malayisches Wort für Treppe, Leiter; die Dayaks sagen »tampat«.
Tangga, 99.
  vergl. Spannrahmen.
Tanggoi, 172.
  dayakische Bezeichnung für die grossen trichterförmigen Frauenhüte.
Tanggoi dara, 172.
  Nach Dr. Grabowsky (Nr. 114—118) dayakische Bezeichnung für grosse geflochtene Hüte, welche bei Festen getragen werden; »dara«, Geflecht.
Tango, 91.
  Name einer japanischen Provinz.
Tango no seku, 58.
  japanischer Name des Drachenfestes.
Tankin bangin, 104. 174. 176.
  Nach Dr. Bacz dayakische Bezeichnung für Reiskörbe.
Tantint, 25.
  dayakischer Name eines Vogels.
Tantu, 144.
  dayakische Bezeichnung für Tätowirnadel.
Tanzmasken, 35.
  vergl. Gesichtsmasken.
Tapih, 98.
  dayakische Bezeichnung für die weiten Frauenröcke.
Tapih, 104. 176.
  nach Dr. Bacz dayakische Bezeichnung für Sitzmättchen; Hardeland u. A. geben den Namen »tapdi« an.
Taoistische Aufzüge, 62.
Tap-set-sien, 126.
  longwaischer Name der sternförmigen Verzierungen an den Mandauklingen.
Tārakāsūra, 47.
  Name eines Râkshasa.
Tata ramo-ramo, 16.
  Name einer Art auf Sumatra anzutreffender Schnitzwerke.
Ta-thsing-yong-tsching-nien-tschi, 118.
  Wortlaut einer chinesischen Marke auf einem Porzellanteller.
Tatsu, 60.
  japanischer Name des Drachen.
Tatu, 111.
  das polynesische Stammwort für »Tätowiren«, richtiger »Tatuiren«.
Taurier, 122.
Tawaran, 162.
  Ort auf Nord-Borneo.
Tayan, 8.
  Ort am Kapuas, zwischen Pontianak und Meliau.

Teganung, 114.
  dayakische Bezeichnung für eine Art Trommel.
Telai, 164.
  dayakische Bezeichnung für religiöse Lieder.
Teleosaurus, 52.
Tempayan, 95, 133, 135.
  malayische Bezeichnung für alte chinesische Porzellangefässe.
Tempon kanarJan, 24.
  Name eines Sangiang.
Tempon telon, 18, 24.
  Name eines Sangiang.
Tempuling, 129.
  dayakische Bezeichnung für Speer.
Tendai, 92.
  nach Dr Bock dayakische Bezeichnung für Webstuhl.
Tendai, 92.
  nach Dr Bock dayakische Bezeichnung eines aus Eisenholz geschnitzten Balkens am Webstuhl.
Tengarung, 125.
  Ort auf Ost-Borneo.
Tengger, 119.
  Gebirge auf Java, südöstlich von Surabaya.
Tenimber-Archipel, 144.
  Inselgruppe in Ostindien, zwischen Timorlaut und den Key-Inseln.
Ternate, 150.
  eine Molukken-Insel.
Teweh, 148.
  ein linksseitiger Nebenfluss des Barito.
Textilarbeiten, 80, 90.
  vergl. Gewebe.
Thierfiguren, stilisirte, 16.
Thierornamente der Peruaner, 5.
Thonarbeiten, 130, 133.
Tibet, 6, 68, 74, 106, 120, 123.
Tidung, 8.
  Name eines Dayakstammes auf Ost-Borneo.
Tiger, chinesischer, 60- 68, 74.
Tiger, stilisirter, 16.
  vergl Tata ramo-ramo.
Tigerdarstellungen, Dayakische, 33.
Tigermasken, 62, 64, 65, 68.
Tigerschilde, 64, 65, 69, 85.
Tigerzähne, als Talismane bei den Dayaks, 17, 30, 62.
Tikar, 104, Tafelerkl. 174, 175.
  malayische Bezeichnung für Matten.
Tiktiri, 114.
  Sanskritbezeichnung für eine zweipfeifige Rohrorgel.
Timor, 120.
  Name einer Sunda-Insel.
Tingang, 75, 83, 84.
  dayakischer Name des Nashornvogels, von dem Hardeland zwei Arten nennt.

Ting-Linen, 45, 136.
Tipperah, 129.
  Name eines Hügelstammes von Tschittagong.
Tirun, 8.
  vergl. Tidung.
Tiwah, 33.
  Dayakischer Name des Todtenfestes.
Tjanang, 114.
  Name eines Musikinstrumentes, das aus einem Metallbecken besteht und im ostindischen Archipel viel im Gebrauch steht.
Tjawat, 93, 94, 95, 97, 98, 144, 146, 171.
  dayakische Bezeichnung für die Lendentücher der Männer.
Tjeribon, 135.
  Stadt auf der Nordküste Javas.
Tobah, 97.
  Name eines Sees im Battaklande auf Sumatra.
Todtenbestattung, 17, 18, 33, 34, 137.
Todtenbildnisse, 119.
Todtenfest, 33.
Todtenhallen, 17, 18.
Todtenverehrung, 119.
Todtenvogel der Chinesen 27.
  auch die Dayaks kennen eine kleine Eule »busik« als Todtenvogel.
Töpfe, 130, 131, 134.
  Die Töpferei steht bei den Dayaks noch auf einer sehr niederen Stufe der Entwicklung, obwohl die Werthschätzung der sogenannten heiligen Töpfe »djawet«, welche zweifellos chinesischen Ursprunges sind, auf das Gegentheil verweisen sollte. Bezeichnungen, welche dem Gebiete einer künstlerischen Technik angehören, beziehen sich demnach nur auf fremdländische Industrieerzeugnisse, wie »sohup«, Glasur; »bangkahen«, Basreliefs, Blumen, Thiergestalten etc. an Töpfen; »parada« oder »prada«, Goldschaum, mit welchem der Rand von Tassen verziert ist. — Bevor die irdenen Töpfe in Gebrauch genommen werden, unterwirft man sie dem »minang«, Ausbrennen, um sie dadurch dauerhafter zu machen; hat das Gefäss einen schlechten Geruch, so wird es in kochendes Wasser gestellt, was man »ngalasuan«, von »lasu«, Hitze, nennt. »Ramon petak« oder »ramo petak« ist der Collectivname für irdene Waare (»ramo«, Sache, »petak«, Erde). Im Folgenden sind die wichtigsten Topfarten mit Ausschluss der Djawets zusammengestellt: »makau«, ein irdener Topf mit enger Oeffnung und weitem Bauche; »siton«, ein oben und unten enger, rundlicher irdener Topf mit weitem Bauche; »bukong«, ein grosser gelber Topf mit stark umge-

bogenem Rande; »gahuri«, ein grosser irdener Topf von grüner Farbe mit tief gefurchter Aussenseite; »pasek«, ein grosser irdener Wassertopf mit enger Oeffnung; »siam«, ein grosser, schwarzer Wassertopf. Alle bisher genannten Gefässe haben weiten Bauch und enge Oeffnung und führen den besonderen Namen »blanai« oder »balanai«; ausgenommen sind die »blanai gandang«, Trommel-Blanai, deren Mündung und Bauch gleichweit sind, und die »blana pantu«, ein unten breiter, pyramidal nach oben zulaufender Topf. Fernere Arten sind: »baroko« oder »kapit«, ein kleiner irdener Topf für das Trinkwasser, welches sich in der Blanai abgekühlt hat; »karamaung« oder »sampa«, ein grosser irdener Wassertopf; »jukom«, ein grosser irdener Topf zum Wasserschöpfen; »kurung«, ein irdener Krug; »gundi«, ein irdener Wasserkrug; »landan«, ein runder irdener Kochtopf; »kabali«, ein weiter Kochtopf mit enger Oeffnung; »kabali tasonga«, ein Kabali-Topf aus Messing; »dandangan« oder »edang«, ein grosser irdener Topf, in welchem man den Reis über Wasserdampf kocht; »kada«, ein kleines, rundes, irdenes Töpfchen mit Deckel; »karua«, ein runder irdener Topf mit Deckel, grösser als der Kada-Topf; »bakam«, ein kleines Töpfchen, von dem sechs Arten aufgezählt werden: »bakam bakarak«, froschbakam, länglich oval, schmal, grün; »bakam bangau«, rund, weiss (»bangau« ist ein weisser Sumpfvogel mit schwarzen Beinen und kurzem Schwanz); »bakam barayara«, segelndes Bakam, achteckig, gelb oder grün; »bakam batu«, Steinbakam, rund, grün; »bakam bindjai«, der armdicken, länglichrunden Frucht des Bindjaibaumes ähnlich; »bakam kasa«, aus Glas; »sian«, ein kleiner, runder Topf mit Ausgussrohr »uti«; »sugu«, ein kleines Töpfchen aus Porzellan mit Deckel, in welchem man wohlriechende Oele u. dgl. aufbewahrt (vergl. Supon); »dadupa«, ein kleiner irdener Topf, der zum Räuchern dient; »parambaran«, »rambaran« oder »karambaran«, ein dünner, irdener Topf, in welchem man die Harzkerzen »talwong« steckt, also eine Art Thonleuchter. Dr. Baer führt für die Töpfe den Namen »prink« an, welcher dem »parnik« oder »priok« bei Hardeland entspricht, wo er als Schmelztiegel erklärt wird. Als Deckel für die Töpfe werden, soferne sie nicht schon aus demselben Materiale vorhanden sind, entweder Holzbrettchen »tutup« oder Zeugstücke »angop«, »pangop«, mit welchem die Gefässe überbunden werden, gebraucht.

Töpfereien, 80, 116, 131.

Topfschlägel, 4, 121, 130, 131.

Topantunuasu, 119.
  Volk auf Central-Selebes.

Torengeflecht, ein dayakisches Ornament, 76, 77, 82.

Tu vi adja, 61, 63, 73, 75, 77, 80, 81, 84, 85.
  Volk auf Central-Selebes.

Trabai, 42, 81, 175, 176.
  nach Dr. Baer dayakische Bezeichnung für Schilde.

Trapezmuster, 98.

Tring, 127, 147, 148, 149.
  Name eines Dayakstammes im Gebiete von Kutai.

Trommeln, 112, 114.
  Vergl. Gandang, Ketebung, Stawan, Sobang, Teganung. Ausser den schon besprochenen Trommeln ist nur noch der »karempet« zu erwähnen, der kürzer als der »katambong« ist, diesem im Uebrigen ganz gleich sieht und im Bosonlande im Gebrauch steht. Eine in Bandjermasin übliche Trommel ist der »dauh«, mit dem man zum Gebete ruft.

Tsang, 68.
  chinesisches Wort, welches »blau« und »grün« bedeutet.

Tsang-lung-tschen, 68.
  Name einer chinesischen Schlachtordnung.

Tschakma, 129.
  Name eines Hügelstammes von Tschittagong.

Tscheng, 53.
  ein chinesisches Längenmass.

Tschang-fei, 60.
  Name eines chinesischen Helden.

Tscha-no-yu, 138.
  Name der japanischen Theegesellschaften.

Tschan-tscheng, 137.
  chinesischer Name eines Theiles von Cochinchina.

Tschao, 113.
  chinesische Bezeichnung für eine Art Rohrorgel; das Wort bedeutet: »Vogelnest«.

Tschao-tschau, 53.
  Stadt und District im nördlichen Theile der chinesischen Provinz Kwang-tung.

Tscheng-hai, 119.
  Ort in Siam.

Tschen-la, 137.
  chinesischer Name für Kambodscha.

Tsche-u-Dynastie, 45, 55, 58.
  regierte in China 1122—255 v. Chr.

Tschien-yang, 136.
  Stadt im nördlichen Theile der chinesischen Provinz Fu-kian.

Tsching-tang, 58.
  der erste Kaiser der chinesischen Schang-Dynastie; regierte 1766—1753 v. Chr.

Tschittagong, 96, 114, 139.
: Stadt und District in Hinterindien, am bengalischen Meerbusen.
Tschuan-tschau-fu, 136.
: Hafenstadt in der chinesischen Provinz Fukian.
Tschün, 136.
: Name von chinesischen Porzellangefässen.
Tsei-hli, 52.
: Name eines chinesischen Districtes.
Tsin-Dynastie, 53.
: regierte in China 260—420 n. Chr.
Tsing lung-tschen, 68.
: Name einer chinesischen Schlachtordnung.
Tsing-ti, 58.
: chinesischer Kaiser aus der Tsche-u-Dynastie.
Tsin-ning, 53.
: Stadt und District in der chinesischen Provinz Kan-su.
Tsun-Gefässe, 45.
Tuak, 17.
: dayakische Bezeichnung für Reisbranntwein.
Tubri, 114.
: indischer Name einer Rohrorgel mit zwei Pfeifen, im Sanskrit "tiktiri" genannt.
Türken, 138.
Tukang langit, 147.
: Dayakischer Name eines Tätowirmusters auf der Hand.
Tumbang hiang, 133, 135.
: Ort auf Süd-Borneo.
Tundjung, 135, 127, 148.
: Name eines Dayakstammes auf Ost-Borneo.
Tunis, 160.
Tunyung, 18.
: malayischer Name einer Baumart.
Tuppa, 27.
: Name einer dayakischen Gottheit.
Turus, 145.
: ein dayakisches Wort, welches "Stiel", "Stock", nach Hardeland auch "Grenzpfahl" bedeutet.
Turus takulok naga, 146.
: "Schlangenkopfstiel" ist ein dayakisches Tätowirmuster zwischen Nabel und Brustwarzen.
Turus usok, 145, 146, 147.
: "Bruststiel" ist ein dayakisches Tätowirmuster auf der Vorderseite des Rumpfes.
Tuso, 146.
: dayakisches Wort, welches "Brust" im engsten Sinne bedeutet; die Brust als Vordertheil des Oberleibes aufgefasst, heisst "usok".
Tutang, 144.
: dayakisches Wort, welches "tätowirt sein" bedeutet.
Typhon, 52.
Tyrus, 160.

U-chen, 65.
: Name eines chinesischen Feldherrn.
Ukir, 144.
: nach Dr. Bacz dayakische Bezeichnung für das Tätowirinstrument; nach Hardeland bedeutet es "Bildwerk" im Sinne von an Holzwerk ausgeschnittenen Figuren.
Ulus, 97.
: Bezeichnung für das Hüfttuch der Battas.
Unterknüpfung, 90, 91, 92.
: vergl. Ikat.
Urheya, 113.
: ein chinesisches Werk.
Urmotive, ornamentale, 3, 93, 107.
Usok, 145.
: dayakisches Wort, welches "Brust" im ganzen Umfange bedeutet; vergl. Tuso.
Ütse, 65.
: Name eines chinesischen Feldherrn.

Vampyrglaube, 25.
Vogelflug, 18, 24.
: Von allen Vögeln, welche Vorzeichen "dahiang" geben, scheint nur der Antang, ein Raubvogel aus dem Falkengeschlechte, Glück oder Unglück durch den Flug anzudeuten; die anderen Vögel enthüllen die Zukunft durch ihren Ruf.
Vorderindien, 74.

Wachthäuschen der Dayaks, 15.
Wahu, 26, 157.
: District im nördlichsten Theile des Gebietes von Kutai.
Wang, 64.
: chinesisches Wort, welches "König" bedeutet.
Wassergeister der Dayaks, 18, 23, 24, 37.
Wayang, 136, 157.
: malayische Bezeichnung für ein Puppenspiel, welches besonders auf Java gepflegt wurde und wird; auch bei den Dayaks steht es im Gebrauche; vergl. Malang Sumërang.
Weberei, 91, 93.
: vergl. Gewebe.
Webstuhl, 92.
: nach Dr. Bacz heisst er "teudai", nach Grabowsky, Nr. 53, "ramun dawai" und Nr. 54 "dawai timpung"; Hardeland hat merkwürdigerweise von diesem bei den Dayaks so wichtigen und auch häufigen Geräthe gar keine Kenntniss genommen.
Wedas, 48.
: Sammlung altindischer Gesänge.
Wellenliniendecor, 77.
Weltschlange der Dayaks, 28, 37.
Wen-lai, 158.
: chinesischer Name für Brunai.

Wen-ti, 158.
   chinesischer Kaiser aus der Sung-Dynastie, regierte 424—453 n. Chr.
Wen-tschi-ma-schen, 137.
   chinesischer Name für Bandjermasin.
Whampoa, 58.
   Insel in der chinesischen Provinz Kwang-tung. 15 Kilometer von Kanton entfernt.
Wibhischana, 46.
   Name eines Rākschasa; bedeutet »schrecklich« (von der Wurzel भी »bhi«, sich fürchten).
Windhya, 19.
   Gebirge in Vorderindien.
Wirabhadra, 47.
   Name einer indischen Gottheit.
Wirknadel, 117.
   vergl. Sulat.
Wischnu, 47, 71, 75.
Woge, ein ornamentales Urmotiv, 107, 108, 117.

Yāga, 47.
   Sanskritwort, welches »Opfer« bedeutet.
Yakscha, 48.
   Sanskritwort, welches »essen« bedeutet.
Yakscha, 48, 50, 71.
   Name von indischen Halbgöttern.
Ya-long-kiang, 106.
   Fluss in Tibet.
Yang, 63, 117.
   Das chinesische Symbol des Weiblichen.

Yin, 117.
   Das chinesische Symbol des Männlichen.
Yin- und Yang-Symbol, 51, 55, 59, 60, 78, 81, 85, 116, 117, 118.
Yoh-tscha, 70.
   vergl. Lo-tscha-so.
Yokohama, 118.
Yoni, 78, 116, 117, 157.
   Sanskritbezeichnung der weiblichen Geschlechtstheile.
Yu, 136.
   Name von chinesischen Porzellangefässen.
Yuan, 136.
   Name von chinesischen Porzellangefässen.
Yung-lo, 158.
   chinesischer Kaiser aus der Ming-Dynastie; regierte 1403—1424 n. Chr.

Zaitun, 136.
   arabischer Name einer nicht genau festgestellten Localität in China.
Zauberlieder, 29.
Zauberer, 28.
Zauberstäbe der Battas, 111.
Zauberweiber, 28.
Zickzackband, 93.
   der dayakische Name dafür ist »kundjat«.
Zweiaxig-symmetrische Füllungsformen, 102.

Druckfehler.

Seite 26, Zeile 5 von oben lies *who* statt *wo*.
" 53, " 3 " " " *magiques* statt *magique*.
" 65, " 37 " " " *leur* statt *eur*.
" 162, " 13 " " " *Kuching (Kutjing)* statt *Kuching*.
" 184, " 5 " " " *Law* 114, 115.
" 200, " 8 " " " »bangkähen« statt »banghähen«.

Tafel 1.

Ornamente der Dayaks.

Nach den Objecten in der ethnographischen Sammlung des k. k. Hofmuseums zu Wien aufgenommen und gezeichnet von Prof. A. R. Heim.

1. Jackendecor. 2. Rottan-Sirihtasche. 3. Jackendecor. 4. Rottangeflecht Kurb-hem. 5 und 6. Schnitzerei an einem Messer. 7 und 8. Schnitzerei an einer Flöte. 9. Feuerzeug. 10 und 11. Flechtornamente an Körben. 14. Schnitzerei an einem Bambu. 12, 13, 15, 16 und 17. Bordüren an Lendentüchern.

Tafel 2.

Ornamente der Dayaks.

Nach den Objecten in der ethnographischen Sammlung des k. k. Hofmuseums zu Wien aufgenommen und gezeichnet von Prof. A. R. Hein.

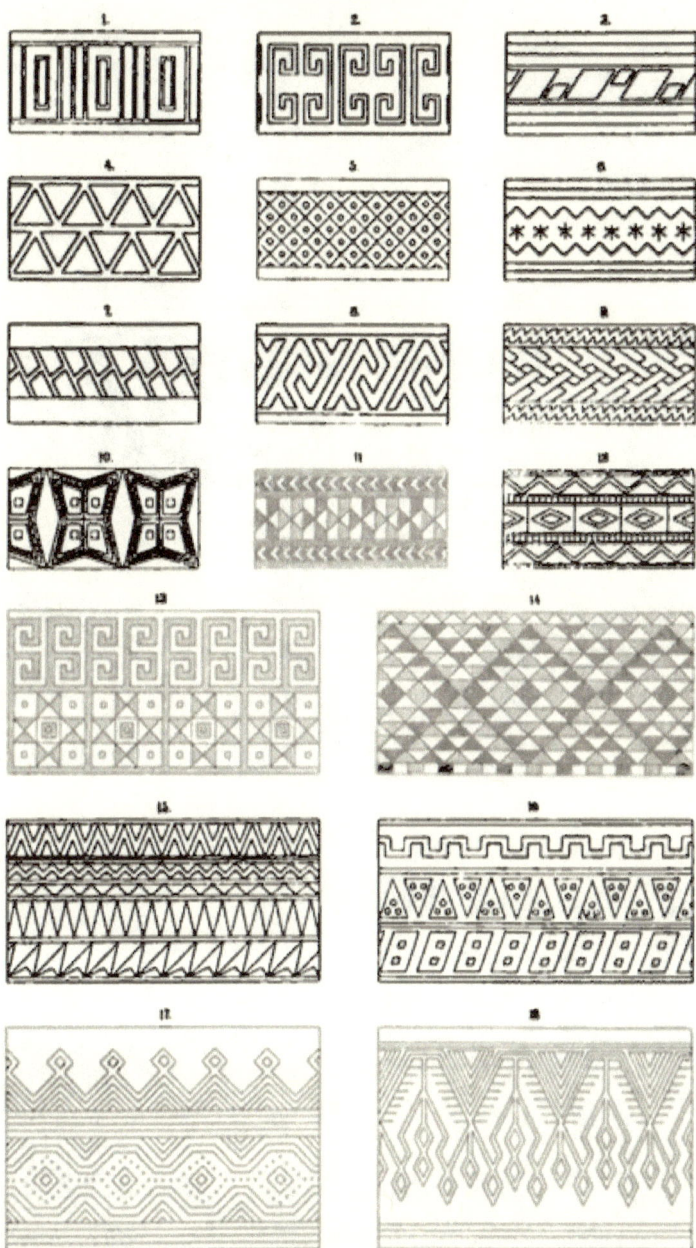

1. Schnitzerei an einem Töpferschlägel. 2. Jackendecor. 3. Schnitzerei an einer Lanze. 4. An einem Ruder. 5. Korbgeflecht. 6. Jackendecor. 7. Geschnitzte Eisenholzform. 8. Geschnitzte Lanze. 9. Schnitzerei an einer Trommel. 10. Matte. 11, 12 und 14. Jackenbordüren. 13. Korbgeflecht. 15. Schnitzerei an einem Messer. 16. Bambusgeflecht. 17. und 18. Bordüren an Lendentüchern.

Ornamente der Dayaks.

Nach den Objecten in der ethnographischen Sammlung des k. k. Hofmuseums zu Wien aufgenommen und gezeichnet von Prof. A. R. Hein.

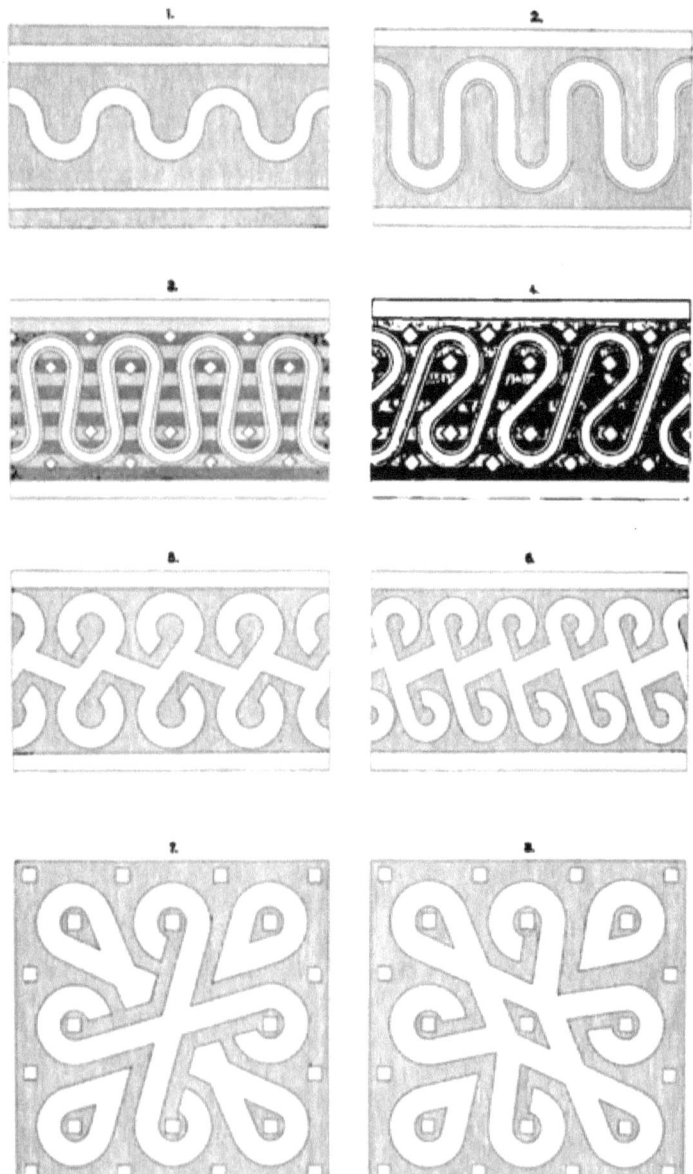

1 und 2. Mattengeflechte. 3 und 4. Borduren an Lendentüchern. 5, 6, 7 und 8. Flechtmuster an Rottankörben.

Ornamente der Dayaks.

Nach den Objecten in der ethnographischen Sammlung des k. k. Hofmuseums zu Wien aufgenommen und gezeichnet von Prof. A. R. Hein.

1.

2.

3.

4.

5.

6.

7.

Tafel 5.

Ornamente der Dayaks.

Nach den Objecten in der ethnographischen Sammlung des k. k. Hofmuseums zu Wien aufgenommen und gezeichnet von Prof. A. R. Hein

1 und 2. Frauenhüte aus geflochtenem Rottan

Tafel 6.

Ornamente der Dayaks.

Nach den Objecten in der ethnographischen Sammlung des k. k. Hofmuseums zu Wien aufgenommen und gezeichnet von Prof. A. R. Hein.

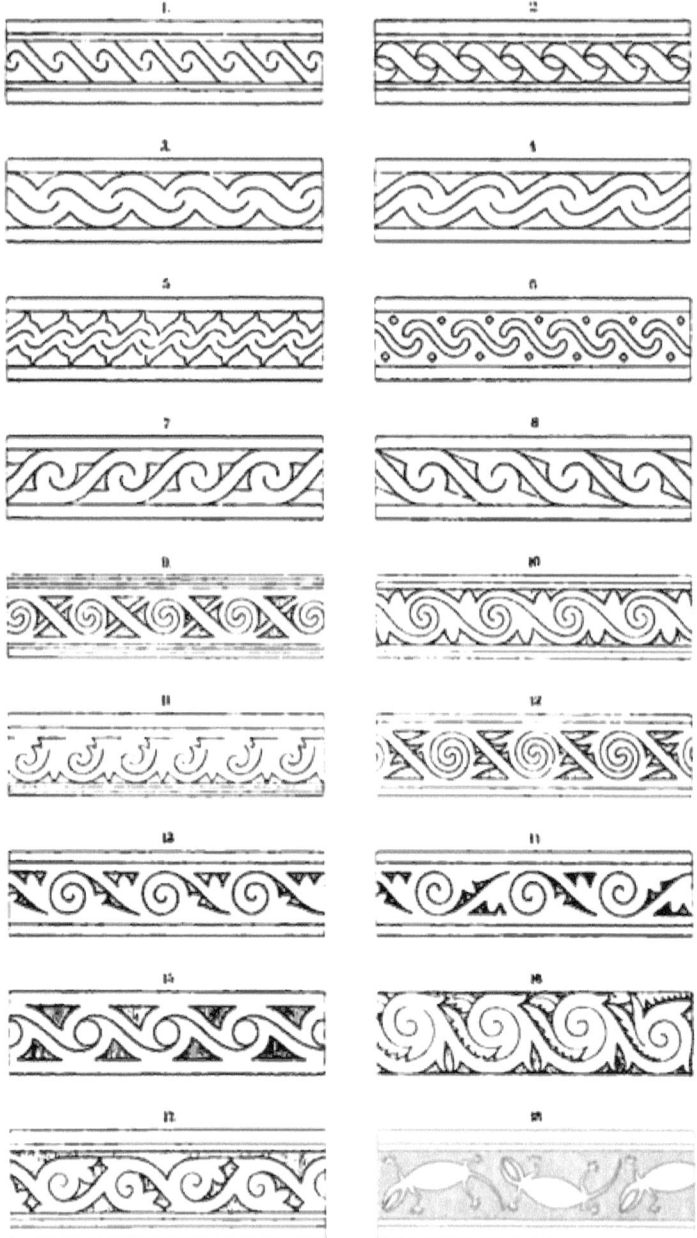

1, 3, 7, 8 und 17. Schnitzereien an Bambubüchsen. 2. Schnitzerei an einem Fenstersarg. 4. Schnitzerei an einem Mandau. 5 und 18. Schnitzerei an einem Sarge. 6. Mattengeflecht. 9, 10 und 11. Ornamente an Schnitzmessern. 12. Armbanddecor. 13 und 14. Schnitzerei an einem Ruderbootmodell. 15 und 16. Schnitzerei an einem Spinnrade.

Tafel 7.

Ornamente der Dayaks.

Nach den Objecten in der ethnographischen Sammlung des k. k. Hofmuseums zu Wien aufgenommen und gezeichnet von Prof. A. R. Hein.

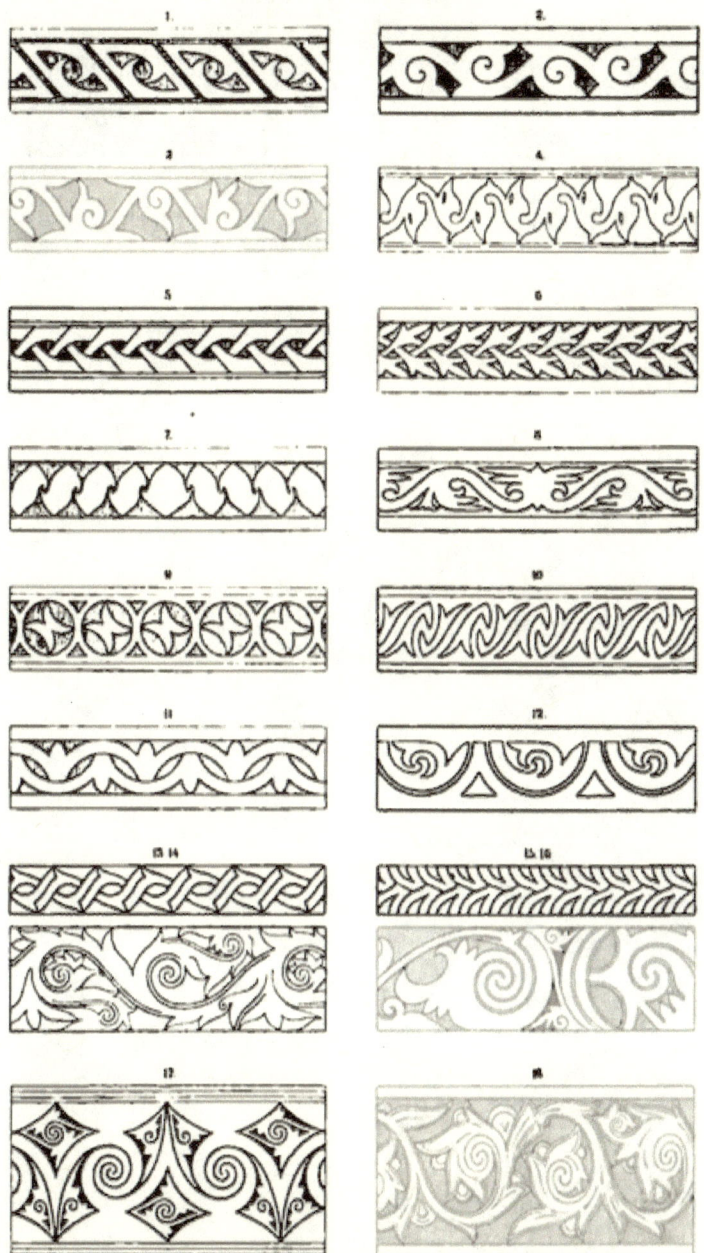

1, 11 und 12. Schnitzereien an einem Spinnrade. 2, 3, 6, 13, 15 und 18. Gravierungen auf Bambubuchsen. 5, 4, 9 und 14. Decor an Feuerzeugen. 7. Malerei an einem Schilde. 8, 16 und 17. Schnitzereien an Messern. 10. Schnitzerei an einer Lanze.

Tafel 8

Ornamente der Dayaks.

Nach den Objecten in der ethnographischen Sammlung des k. k. Hofmuseums zu Wien aufgenommen und gezeichnet von Prof. A. R. Hein.

1. Ornament an einem Kochtopf. 2. Schnitzerei an einer Flöte. 3. Schnitzerei an einem Mandau. 4, 6, 9 und 12. Gemalter Jackendecor. 5. Schnitzerei an einer Trommel. 7 und 8. Schnitzerei an Feuerzeugen. 10. Korbgeflecht. 11. Ruderdecor. 13. Korbschüssel. 14. Kreiselplatte. 15. Sitzmatte. 16. Speisedeckel. 17. Theil einer Bambubüchse. 18. Ohrstöpsel. 19, 20, 22 und 23. Rottankörbe. 21. Mandaugriff. 24 und 25. Frauenhüte.

Tafel 9.

Ornamente der Dayaks.

Nach den Objecten in der ethnographischen Sammlung des k. k. Hofmuseums zu Wien aufgenommen und gezeichnet von Prof. A. R. Hein.

1 und 3. Dayakschilde. 2. Sarg. 4. Ornamentation eines geschnitzten Kopfes. 5. Mütze aus Flechtwerk. 6. Ruderdecor. 7. Geschnitzte Parangscheide. 8. Gravierung einer Parangklinge. 9. Werkmadelgriff. 10. Graviertes Bambusbüchschen. 11, 12 und 13. Mandauscheiden.

Ornamente der Dayaks.

Nach den Objecten in der ethnographischen Sammlung des k. k. Hofmuseums zu Wien aufgenommen und gezeichnet von Prof. A. R. Hein.

1. Schnitzerei an einem Kamme «suiet». 2, 3 und 14. Gravierungen auf Bambu. 4. Schnitzerei an einem Sarge «suukop». 5 und 11. Schnitzerei an einem Spinnrade «gassiau». 6, 8 und 10. Dayakschilde «klau». 7 und 9. Malereien an Schilden. 12. Ornament an einem Dolchmesser «kris». 13. Deckel einer Hausapotheke «supom».

www.ingramcontent.com/pod-product-compliance
Lightning Source LLC
Chambersburg PA
CBHW021808230426
43669CB00008B/667